MLS 機械学習
スタートアップ
シリーズ

ベイズ推論による
機械学習 入門

Introduction to Machine Learning
by Bayesian Inference

須山敦志 著

杉山 将 監修

JN217721

講談社

■ 監修にあたって

　目下，人工知能ブームの真っ只中です！　情報・ウェブ系の企業は当然として，情報技術と直接関係のないさまざまな企業も人工知能に興味をもち，ネットニュースや新聞にも毎日のように人工知能の文字が飛び交っています．また，学術界においても，情報系だけでなく，理学，工学，医学，農学，薬学などのさまざまな理系分野で人工知能に関する研究が行われており，さらには，法学，倫理学，経済学などの文系分野でも，人工知能に関する議論が活発化しています．このような人工知能分野の盛り上がりを受け，私自身もこの分野の研究者の1人として，非常にエキサイティングな毎日を過ごしています．

　しかし，世間で見かける人工知能に関する情報の多くは，人工知能によって何ができるようになるか，そして，人工知能は私達の日常生活にどんな影響を与えるか，といった非技術系のものです．一方，本書を手にした好奇心の豊かな皆さんは，そのような人工知能がどのように作られているのか，という人工知能の技術的な側面に興味をおもちだと思います．本書は，そのような皆さんの知的好奇心を満たし，実用的な技術の獲得を支援します．

　現在の最先端の人工知能は，コンピュータにヒトのような学習能力をもたせる機械学習と呼ばれる技術によって支えられています．機械学習の研究はこの20年余りで飛躍的に発展し，カーネル法，ベイズ推論，深層学習など，実用的な技術が開発されました．近年，これらの技術の詳細を記したさまざまな和書が出版され，日本語で機械学習の専門知識を得る環境が整いつつあります．しかし，これらの専門書は数学的に高度な内容を含むことが多く，この分野への大きな参入障壁となっています．

　本書はベイズ推論に特化した入門書であり，機械学習の基礎から先端的なベイズ推論アルゴリズムの詳細まで，わかりやすく解説しています．大学の教養レベルの数学の知識さえあれば，高度な機械学習手法の数学的な導出を1つ1つ追っていくことができ，その原理を理解することができます．自分が学生の頃にこのような教科書があったら良かったのに，と感じさせる一冊です．

　2017年6月

理化学研究所 革新知能統合研究センター センター長
東京大学 大学院新領域創成科学研究科 教授

杉山 将

■ まえがき

　近年，計算機と通信技術の飛躍的な進歩により，いまだかつてないほどの多次元・多量のデータが取り扱える環境が整ってきました．それに伴って，自動車や工場などに取り付けられている各種のセンサーから取得されるデータを解析して機器の異常を検知したり，ウェブ上に蓄積されているテキストデータの内容を要約することによってマーケティング戦略に生かすなど，実践的なデータ解析に関する要望が非常に高まってきています．一方で，こういったデータは実態としては単なる整然とした数値の羅列であるため，何かしらの「知的な」処理を施さなければ有益な解析を行うことができません．このような背景から，機械学習と呼ばれる技術はデータに対して「意味」を抽出し，まだ観測されていない現象に対して「予測」を行うことを目的とする方法論として発展してきました．

　しかし，このような大量データを使った解析に対する要望の高まりと技術の目覚ましい進歩があるにもかかわらず，機械学習を駆使してうまく現実の課題解決に取り組むことのできる技術者はそれほど多くはいないのが現状です．この背景には，機械学習における基礎研究が急速な勢いで発展してきているために，応用分野における技術習得が間に合っていないという現実があるのはもちろんですが，その一方で機械学習という技術領域自体が多種多様な「ツール群」あるいは「アルゴリズム群」として認識されているために，各構成技術をバラバラに勉強し理解しなければならないということにも原因があると思われます．新しいアルゴリズム，新しい方法論が国際学会や産業界で毎年のように開発されているため，技術者は多大な時間をかけて1つ1つのアルゴリズムを勉強することに終始してしまい，データを使った問題解決に関する本質的な原理・原則を理解するのは非常に困難な状況になっています．

　本書は，このような問題意識を起点として執筆されたデータ解析手法の解説書です．データ解析の分野は歴史的な経緯からいくつかのコミュニティが存在しますが，現在では対象とする課題設定から大まかに統計学と機械学習に分けられ，さらにデータから推定・予測を行う方法論として頻度主義とベイズ主義に分けられます．本書では，これらのコミュニティの中でも近年特に注目を集めているベイズ主義機械学習（ベイズ学習）に基づいた実践的な

データ解析アルゴリズムの構築法に関して解説をします．また，既存の機械学習の参考書の多くが1つ1つのツールあるいはアルゴリズムの動作原理と使い方に焦点を当てている一方で，本書は技術者が自らアルゴリズムを「デザイン」することに重点をおいた非常にユニークな内容になっています．作曲家は頭に思い描いた美しいメロディーを譜面に落とし込むことができます．また，優れたプログラマーは自分が実現したい機能をロジカルにソースコードに書き上げていくことができます．それとまったく同じようなことが機械学習アルゴリズムの開発においても可能であり，データを使って実現したい目標やデータの特性をある程度把握できれば，あとは確率モデリングと推論アルゴリズムを使った一貫したアプローチにより解決法を導くことができるようになります．さらに，解いている課題に合わせて既存のアルゴリズムに「ちょっとした工夫」を加えて予測精度や計算速度を向上させたり，同じモデルで複数のアプリケーションを同時に実現するなどの柔軟な拡張も可能になります．

本書では次のような方を標準的な読者対象としています．

- これから機械学習やベイズ学習を研究で使いたい学生
- データに関わる業務や基礎科学に携わっており，最新の機械学習技術を使いこなしたい技術者および研究者
- すでにいくつかの機械学習技術を使っているが，もっと問題に合わせて自由にアルゴリズムを構築・改良したい技術者および研究者

本書では，線形代数，微分積分，統計学やプログラミングなどといった，主に理数系の大学1，2年生で習うような基本的な数学とコンピュータの知識が必要になってきます．ただし，必ずしもこれらを完全に理解した状態で読み始める必要はなく，内容の理解に詰まった際にこれらに関する教科書を適宜参考にする程度でよいでしょう．本書の数式の量は比較的多いような印象を受けられるかもしれませんが，これはアルゴリズムの導出にあたってしつこいくらい1つ1つ丁寧に計算手順を書き下しているためです．また，本書ではベイズ学習の基本原理に則り，一貫して「モデルの構築→推論の導出」という手順でアルゴリズムを作っていきます．計算が得意な方から見ると繰り返しばかりが目立ってしまうかもしれませんが，これはこのような丁寧な式展開が行われていることと，アルゴリズム導出の基本ステップが一貫していることが理由でもあります．

本書では，最終的に「目的や状況に合わせて自由にアルゴリズムを作れる

ようになること」を目標とし，余計な脱線はなるべく省き，基礎となる考え方を1つ1つ順を追って説明していきます．したがって，本書はリファレンス的に利用することも可能ではありますが，基本的には最初の章から順番に読み進めていくことを想定して構成されています．図 0.1 に本書で学ぶ内容や手順の概要を示しています．1 章では，機械学習や確率推論の概要，アルゴリズムを構築するうえで基本となる確率計算，グラフィカルモデル，意思決定などの重要な概念を解説します．2 章および 3 章では，学習アルゴリズムをデザインするために必須のパーツとなる各種の確率分布（ガウス分布など）を紹介し，さらにそれらを使って回帰（連続値の予測）などのもっともシンプルな学習アルゴリズムを作っていくことにします．4 章では，2 章で紹介した種々の確率分布を使って，混合モデルと呼ばれる少しだけ複雑な確率モデルを構築してみます．また，混合モデルから計算効率の高い推論アルゴリズムを導くために，ギブスサンプリングや変分推論（変分ベイズ）と呼ばれる実用性の高い近似アルゴリズムを導入します．続く 5 章はここまでに紹介した方法をふんだんに使ったショーケースのような章で，4 章で紹介したモデルの構築手段や近似アルゴリズムの導出方法をそのまま幅広い問題に適用していきます．ここでは，画像圧縮や時系列モデル，自然言語処理，推薦技術，ニューラルネットワークなど，近年急速に応用が進められている各種アルゴリズムをすべてベイズ推論の枠組みで導出してみます．これら全体の

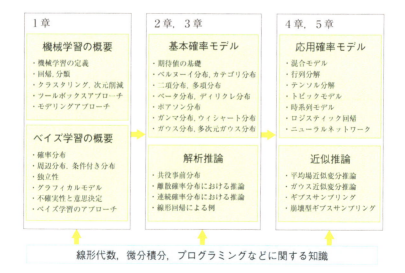

図 0.1　本書でカバーする内容．

章を通して土台となる数学（線形代数，微積分）やプログラミングなどの実装手段に関しては，補足が必要であると思われる部分のみ付録や脚注，コーヒーブレイクなどで適宜説明していきます。

一方，本書では説明を簡略化したい都合から，誤解を招かない範囲で数学的に厳密な議論は避けていることに注意してください。また，強化学習やベイジアンノンパラメトリクスの理論，深層学習に関わる最新のテクニックは応用上非常に重要ではありますが，本書では詳細には踏み込まず，関連のある個所で適宜触れる程度に留めています。この理由としては，本書が内容の網羅性よりも，アプローチの一貫性を保持することと，最小限の知識から最大限の応用範囲をカバーすることを目指しているためです。

本書では次のような記号表記を使っています。ただし，文脈によっては例外や新しい表記を設ける場合もあるので，その都度，章や節のはじめの文字定義をご確認ください。

- 1 次元の値は通常の字体 x を用います。ベクトルや行列など，複数の値を内部にもっていることを強調したい場合は $\mathbf{x}$ や $\mathbf{X}$ などの太字を用います。また，ベクトルは縦ベクトルとして扱い，要素を例えば $\mathbf{x} = (x_1, x_2, x_3)^\top$ といったように表します。ゼロベクトルも太字を使って $\mathbf{0}$ と表記します。
- 波括弧は集合を表します。例えば，N 個のベクトル $\mathbf{x}_1, \mathbf{x}_2, \ldots, \mathbf{x}_N$ の集合を $\mathbf{X} = \{\mathbf{x}_1, \mathbf{x}_2, \ldots, \mathbf{x}_N\}$ と表します。
- $\mathbb{R}$ は実数の集合で，$\mathbb{R}^+$ は正の実数の集合を表します。
- 開区間は括弧を使って表すことにします。例えば，実数 a が $0 < a < 1$ を満たすことを $a \in (0, 1)$ と表します。
- 有限個の離散シンボルは波括弧を使って表すことにします。例えば，a が 0 または 1 の 2 値しかとらない場合は $a \in \{0, 1\}$ と表します。
- サイズが D の実ベクトルを $\mathbf{x} \in \mathbb{R}^D$ と表します。また，サイズが $M \times N$ の実行列を $\mathbf{A} \in \mathbb{R}^{M \times N}$ と表します。
- 行列 $\mathbf{A}$ の転置は $\mathbf{A}^\top$ と表現します。
- D 次元の単位行列を $\mathbf{I}_D$ と表記します。
- e は自然対数の底であり，指数関数は $\exp(x) = e^x$ のように表記します。
- 各種確率分布は，ガウス分布 $\mathcal{N}$，ベルヌーイ分布 Bern，二項分布 Bin，カテゴリ分布 Cat，多項分布 Mult，ポアソン分布 Poi，ベータ分布 Beta，ディリクレ分布 Dir，ガンマ分布 Gam，ウィシャート分布 $\mathcal{W}$ などと表

記します.

- 分布 $p(x)$ からサンプルを得ることを $x \sim p(x)$ と表記します.
- 記号 $\approx$ は近似を意味します. 例えば, $\mathbf{X} \approx \mathbf{Y}$ は,「$\mathbf{X}$ を $\mathbf{Y}$ で近似する」 という意味になります.
- 式中の const. は計算に不必要な項をすべてまとめたものです. 例えば $x \propto y$ の対数を $\ln x = \ln y + \text{const.}$ と表記したりします.
- 式中の s.t. は subject to の略で,「〜の条件で」といった意味になります.

　本書で紹介する一部のアルゴリズムのソースコードや内容の正誤表に関しては, 下記のページで公開する予定です.
https://github.com/sammy-suyama/

　本書を執筆するにあたって, 東京大学大学院教授・理化学研究所 革新知能統合研究センター長の杉山 将先生には, 全体の構成から詳細な数式・用語の確認に至るまで丁寧にご指導いただきました. ケンブリッジ大学教授のズービン・ガラマーニ先生には, 本書の執筆開始時から盛り込むべき内容を一緒に議論していただき, 理論的な側面から数多くのアドバイスをいただきました. また, 市川 清人氏, 伊藤 真人氏, 小山 裕一郎氏, 近藤 玄大氏, 只野 太郎氏, 鶴野 瞬氏, フェイファン・チェン氏, 竇理 翔太朗氏には, 原稿の改善に多大なるご協力をいただきました. 最後に, 講談社サイエンティフィクの横山 真吾氏には, 執筆作業全般にわたって大変お世話になりました. 皆様の熱心なご支援がなければ本書の刊行は成しえなかったと思います. 心より感謝申し上げます.

　2017 年 7 月

須山 敦志

目　次

- 監修にあたって ･･･ iii
- まえがき ･･･ iv

第 1 章　機械学習とベイズ学習 ････････････････････ 1

1.1　機械学習とは ･･ 1
1.2　機械学習の代表的なタスク ･･････････････････････････････････ 2
    1.2.1　回帰 ･･ 2
    1.2.2　分類 ･･ 4
    1.2.3　クラスタリング ････････････････････････････････････ 5
    1.2.4　次元削減 ･･ 6
    1.2.5　その他の代表的なタスク ･･････････････････････････････ 8
1.3　機械学習の 2 つのアプローチ ････････････････････････････････ 8
    1.3.1　ツールボックスとしての機械学習 ･･････････････････････ 9
    1.3.2　モデリングとしての機械学習 ･･････････････････････････ 10
1.4　確率の基本計算 ･･ 12
    1.4.1　確率分布 ･･ 12
    1.4.2　確率分布の推論 ････････････････････････････････････ 14
    1.4.3　赤玉白玉問題 ･･････････････････････････････････････ 15
    1.4.4　観測データが複数個ある場合 ･･････････････････････････ 18
    1.4.5　逐次推論 ･･ 21
    1.4.6　パラメータが未知である場合 ･･････････････････････････ 22
1.5　グラフィカルモデル ･･････････････････････････････････････ 23
    1.5.1　有向グラフ ･･ 23
    1.5.2　ノードの条件付け ･･････････････････････････････････ 25
    1.5.3　マルコフブランケット ･･････････････････････････････ 28
1.6　ベイズ学習のアプローチ ･･････････････････････････････････ 29
    1.6.1　モデルの構築と推論 ････････････････････････････････ 29
    1.6.2　各タスクにおけるベイズ推論 ･･････････････････････････ 30
    1.6.3　複雑な事後分布に対する近似 ･･････････････････････････ 34
    1.6.4　不確実性に基づく意思決定 ････････････････････････････ 36
    1.6.5　ベイズ学習の利点と欠点 ･･････････････････････････････ 38

第 2 章　基本的な確率分布 ･･･････････････････････ 44

2.1　期待値 ･･ 44
    2.1.1　期待値の定義 ･･････････････････････････････････････ 44
    2.1.2　基本的な期待値 ････････････････････････････････････ 45
    2.1.3　エントロピー ･･････････････････････････････････････ 46
    2.1.4　KL ダイバージェンス ･･･････････････････････････････ 47
    2.1.5　サンプリングによる期待値の近似計算 ･･････････････････ 47
2.2　離散確率分布 ･･ 48
    2.2.1　ベルヌーイ分布 ････････････････････････････････････ 48
    2.2.2　二項分布 ･･ 51
    2.2.3　カテゴリ分布 ･･････････････････････････････････････ 52

2.2.4	多項分布	53
2.2.5	ポアソン分布	55

2.3 連続確率分布 ······ 56
- 2.3.1 ベータ分布 ······ 57
- 2.3.2 ディリクレ分布 ······ 58
- 2.3.3 ガンマ分布 ······ 60
- 2.3.4 1次元ガウス分布 ······ 62
- 2.3.5 多次元ガウス分布 ······ 64
- 2.3.6 ウィシャート分布 ······ 68

Chapter 3

第3章 ベイズ推論による学習と予測 ················ 71

3.1 学習と予測 ······ 71
- 3.1.1 パラメータの事後分布 ······ 71
- 3.1.2 予測分布 ······ 72
- 3.1.3 共役事前分布 ······ 74
- 3.1.4 共役でない事前分布の利用 ······ 75

3.2 離散確率分布の学習と予測 ······ 76
- 3.2.1 ベルヌーイ分布の学習と予測 ······ 76
- 3.2.2 カテゴリ分布の学習と予測 ······ 82
- 3.2.3 ポアソン分布の学習と予測 ······ 85

3.3 1次元ガウス分布の学習と予測 ······ 87
- 3.3.1 平均が未知の場合 ······ 87
- 3.3.2 精度が未知の場合 ······ 91
- 3.3.3 平均・精度が未知の場合 ······ 94

3.4 多次元ガウス分布の学習と予測 ······ 97
- 3.4.1 平均が未知の場合 ······ 98
- 3.4.2 精度が未知の場合 ······ 100
- 3.4.3 平均・精度が未知の場合 ······ 102

3.5 線形回帰の例 ······ 104
- 3.5.1 モデルの構築 ······ 105
- 3.5.2 事後分布と予測分布の計算 ······ 107
- 3.5.3 モデルの比較 ······ 108

Chapter 4

第4章 混合モデルと近似推論 ··························· 115

4.1 混合モデルと事後分布の推論 ······ 115
- 4.1.1 混合モデルを使う理由 ······ 116
- 4.1.2 混合モデルのデータ生成過程 ······ 117
- 4.1.3 混合モデルの事後分布 ······ 120

4.2 確率分布の近似手法 ······ 121
- 4.2.1 ギブスサンプリング ······ 121
- 4.2.2 変分推論 ······ 124

4.3 ポアソン混合モデルにおける推論 ······ 128
- 4.3.1 ポアソン混合モデル ······ 128
- 4.3.2 ギブスサンプリング ······ 130
- 4.3.3 変分推論 ······ 133
- 4.3.4 崩壊型ギブスサンプリング ······ 137
- 4.3.5 簡易実験 ······ 142

4.4 ガウス混合モデルにおける推論 ······ 144
- 4.4.1 ガウス混合モデル ······ 145

4.4.2	ギブスサンプリング	145
4.4.3	変分推論	149
4.4.4	崩壊型ギブスサンプリング	153
4.4.5	簡易実験	156

第 5 章　応用モデルの構築と推論 161

5.1	線形次元削減	161
	5.1.1　モデル	162
	5.1.2　変分推論	163
	5.1.3　データの非可逆圧縮	166
	5.1.4　欠損値の補間	168
5.2	非負値行列因子分解	170
	5.2.1　モデル	171
	5.2.2　変分推論	174
5.3	隠れマルコフモデル	177
	5.3.1　モデル	178
	5.3.2　完全分解変分推論	182
	5.3.3　構造化変分推論	186
5.4	トピックモデル	191
	5.4.1　モデル	191
	5.4.2　変分推論	195
	5.4.3　崩壊型ギブスサンプリング	198
	5.4.4　LDA の応用と拡張	201
5.5	テンソル分解	202
	5.5.1　協調フィルタリング	202
	5.5.2　モデル	205
	5.5.3　変分推論	206
	5.5.4　欠損値の補間	213
5.6	ロジスティック回帰	215
	5.6.1　モデル	215
	5.6.2　変分推論	216
	5.6.3　離散値の予測	219
5.7	ニューラルネットワーク	221
	5.7.1　モデル	221
	5.7.2　変分推論	223
	5.7.3　連続値の予測	225

付録 A　計算に関する補足 227

A.1	基本的な行列計算	227
	A.1.1　転置	227
	A.1.2　逆行列	227
	A.1.3　トレース	228
	A.1.4　行列式	229
	A.1.5　正定値行列	229
A.2	特殊な関数	229
	A.2.1　ガンマ関数とディガンマ関数	229
	A.2.2　シグモイド関数とソフトマックス関数	230
A.3	勾配法	231
	A.3.1　関数の勾配	231

xii   Contents

	A.3.2	最急降下法	232
	A.3.3	座標降下法	232
A.4	周辺尤度の下限		233
	A.4.1	周辺尤度と ELBO	233
	A.4.2	ポアソン混合分布の例	234

参考文献 · 237

索　引 · 240

Chapter 1

機械学習とベイズ学習

本章では，はじめに本書における機械学習の定義と，関連する代表的なタスクを紹介します．また，本書の主要テーマである「ベイズ推論に基づく機械学習」を理解するために必須となる，基本的な確率計算やモデルのグラフ表現などを導入します．さらに，ベイズ推論によるデータ解析の方法や，実応用する際の利点・欠点に関しても簡単に触れます．

1.1 機械学習とは

機械学習（machine learning）は，近年の計算機の進化やデータの増加に伴い，急速に基礎研究や応用範囲が広がってきているコンピュータサイエンスの一分野です．その一方で，研究者や技術者の間ではまだ機械学習に対する一貫した定義や目標に関するコンセンサスは得られていないようです．2017 年 6 月現在の日本語版 Wikipedia[*1] によれば，機械学習は次のように説明されています．

（Wikipedia による機械学習の定義）

機械学習とは，人工知能における研究課題の 1 つで，人間が自然に行っている学習能力と同様の機能をコンピュータで実現しようとする技術・手法のことである．

ここで，人工知能（artificial intelligence）とは，コンピュータ上で人間と同等の知能を実現させようという研究分野です．したがって，機械学習は人間の知能を実現するという大きな課題の中でも，特に人間の「学習」に

---

*1 http://ja.wikipedia.org/

2   **Chapter 1** 機械学習とベイズ学習

関する機能にフォーカスを当てた研究分野であるといえます.

一方で,近年では機械学習の応用範囲は,画像認識や音声認識などの人工知能分野における伝統的なタスクから,信号解析,ロボティクス,システム同定,心理学,言語学,経済学,金融工学,社会学,生命情報学など,数多くの分野にまで及んできています.また,近年のビッグデータや IoT といった言葉に代表されるように,これからは多種多様なセンサーデータやログデータがコンピュータ上に蓄積され,人間がかつて見たこともないような多次元・多量のデータやそれに基づく応用分野がさらに拡大していくと予想されます.このような背景を考えれば,機械学習を「人間の学習能力の実現」と制限する必要性はないように思えます.したがって,本書ではデータ活用に重点をおいた,より工学的な立場をとることにし,機械学習を次のような意味で捉えます.

> **（本書における機械学習の定義）**
>
> 機械学習とは,データに潜む規則や構造を抽出することにより,未知の現象に対する予測やそれに基づく判断を行うための計算技術の総称である.

ここでは「学習」という言葉はあえて使用せず,より一般的な「規則や構造の抽出」という言葉で置き換えています.また,機械学習と似通った研究動機をもつものとして**データマイニング**（**data mining**）や**パターン認識**（**pattern recognition**）といった分野があり,目的や発展した経緯が若干異なっている場合がありますが,使われている手法はほぼ共通しているため,本書の立場としてはこれらの呼称は特に区別しないことにします.

1.2 機械学習の代表的なタスク

さて,機械学習は具体的にどのような問題を解決するために使われているのでしょうか.ここでは機械学習のコミュニティでよく議題に挙がる代表的なタスクを簡単に紹介していきます.各タスクは基本的には本書の主題であるベイズ推論によるフレームワークで形式的にアプローチできるものですが,具体的な学習アルゴリズムの導出方法などはあとの章で紹介します.

1.2.1 回帰

回帰（**regression**）とは,ある M 次元の入力 $\mathbf{x} \in \mathbb{R}^M$ から連続値の出

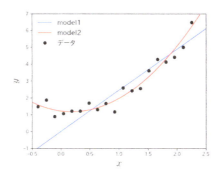

図 1.1 多項式回帰.

力 $y \in \mathbb{R}$ を予測するための関数 $y = f(\mathbf{x})$ をデータから求めるタスクです. 例えば, N 個の入力データを $\mathbf{X} = \{\mathbf{x}_1, \ldots, \mathbf{x}_N\}$, それに対応する N 個の実数値出力データを $\mathbf{Y} = \{y_1, \ldots, y_N\}$ とし, 関数の形状を決めるための M 次元のパラメータを $\mathbf{w} \in \mathbb{R}^M$ とベクトルで表記すれば, **線形回帰(linear regression)** と呼ばれるモデルは次のような式で表現できます.

$$y_n = \mathbf{w}^\top \mathbf{x}_n + \epsilon_n \tag{1.1}$$

ここでは, ある n 番目のデータの出力値 $y_n \in \mathbf{Y}$ には確率的に生成されるノイズ ϵ_n が付加されていると仮定しています. 手元にあるデータ $\mathbf{X}$ および $\mathbf{Y}$ を使い, 各変数 $\mathbf{x}$ と y の関係性をうまく捉えられるように $\mathbf{w}$ を求めるのが線形回帰の学習の目標になります.

簡単な例を考えてみましょう. $M = 1$ とすれば, **図 1.1** のような複数のデータ点の関係性を, 青線 (model1) の原点を通る直線 $y = wx$ で予測できるようなモデルが作れます. このように手元にあるデータの組から w を学習できれば, 新規の入力点 x_* が与えられたときに未知の出力 y_* を予測できるようになります.

モデルを $M = 3$ 次元に拡張してみることにします. パラメータのベクトルとして $(w_1, w_2, w_3)^\top$, 3 次元の入力変数を例えば $(1, x, x^2)^\top$ に置き換えてみると, これは次のような 2 次関数を予測モデルとして使うことになります.

$$y_n = w_1 + w_2 x_n + w_3 x_n^2 + \epsilon_n \tag{1.2}$$

図 1.1 に示す通り, 先ほどの直線を当てはめた例と比べて, 赤線 (model2) の 2 次関数モデルのほうがデータの特徴をよりうまく捉えられていることが

4 Chapter 1 機械学習とベイズ学習

わかると思います．これら 2 つの具体例は線形回帰の中でも特に**多項式回帰**（**polynomial regression**）と呼ばれています[*2]．また，このような多項式などを使ったデータの変換は，元の観測データを解析しやすくするという意味で**特徴量抽出**（**feature extraction**）と呼ばれることもあります．3 章の最後に線形回帰の具体的な学習法を紹介するほか，5 章では当てはめる曲線自体をデータから自動的に獲得するような**ニューラルネットワーク**（**neural network**）と呼ばれるモデルを紹介します．

1.2.2 分類

回帰では出力値 y は連続値であることを仮定しました．一方で**分類**（**classification**）は，出力値 y を有限個のシンボル（例えば，入力された画像が猫か否かなど）に限定するモデルになります．例えば出力値を $y_n \in \{0, 1\}$ とし，y_n が 1 をとる確率を $\mu_n \in (0, 1)$ とします．回帰の場合と同様に，M 次元の入力値 $\mathbf{x}_n$ およびパラメータ $\mathbf{w}$ から，μ_n を表現するモデルは次のように表現できます．

$$\mu_n = f(\mathbf{w}^\top \mathbf{x}_n) \tag{1.3}$$

関数 f には例えば次で定義される**シグモイド関数**（**sigmoid function**）がよく使われます．

$$f(a) = \mathrm{Sig}(a) = \frac{1}{1 + e^{-a}} \tag{1.4}$$

図 1.2 に示されるように，シグモイド関数を使うことによって，式 (1.3) における実数値 $\mathbf{w}^\top \mathbf{x}_n$ がどんな値をとったとしても μ_n を $(0, 1)$ の範囲に収めることができます．そして，実際に観測が $y_n = 0$ となるか $y_n = 1$ となるかは，μ_n のとる値に応じて確率的に決定されるとします．ここでの目標は回帰の場合とまったく同じで，与えられたデータセット $\mathbf{X}$ および $\mathbf{Y}$ からパラメータ $\mathbf{w}$ を学習し，新規の入力 $\mathbf{x}_*$ に対する未知の出力値 y_* を確率的に予測することになります．図 1.3 は入力次元が $M = 2$ の場合の**ロジスティック回帰**（**logistic regression**）[*3] と呼ばれるモデルを学習させた結果です．各ドットが学習データで，$\mathbf{w}$ を学習することにより確率値を表す曲面 $\mu = f(\mathbf{w}^\top \mathbf{x})$ が得られています．

[*2] 直線以外の複雑な曲線を使ったとしても「線形」回帰であることに注意してください．どんな変換を使って入力ベクトルを事前に計算したとしても，パラメータ $\mathbf{w}$ がそれらを線形に足し合わせているだけだからです．

[*3] ロジスティック回帰はシグモイド関数を用いた 2 クラスの分類モデルです．分類なのにロジスティック「回帰」というのは奇妙ですが，統計学における慣例としてこのように呼ばれることが多いようです．

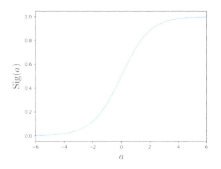

図 1.2 シグモイド関数.

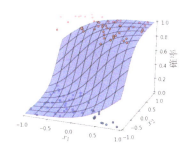

図 1.3 ロジスティック回帰による 2 クラス分類.

また，この考え方は複数クラスの分類に対しても簡単に拡張できます．例えば，入力された画像を猫，犬，鳥のいずれかに分類したい場合は，シグモイド関数の代わりに $\mathbf{a} \in \mathbb{R}^K$ を入力とする次のような**ソフトマックス関数**（**softmax function**）を使うことにより，K 個のクラスに対する分類器を作ることができます．

$$f_k(\mathbf{a}) = \mathrm{SM}_k(\mathbf{a}) = \frac{e^{a_k}}{\sum_{k'=1}^{K} e^{a_{k'}}} \tag{1.5}$$

この式は定義から明らかなように $\sum_{k=1}^{K} f_k(\mathbf{a}) = 1$ を満たしています．本書では5章において，**変分推論**（**variational inference**）と呼ばれる最適化アルゴリズムを利用した多クラスロジスティック回帰アルゴリズムの学習法を紹介します．

1.2.3 クラスタリング

与えられた N 個のデータ $\mathbf{X} = \{\mathbf{x}_1, \ldots, \mathbf{x}_N\}$ を何かしらの基準に従って

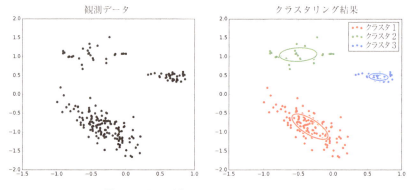

図 1.4 ガウス混合モデルによるクラスタリング．

K 個の集合に分けるタスクを**クラスタリング**（**clustering**）と呼びます．図 1.4 は $N = 200$ 個の 2 次元データを $K = 3$ とした**ガウス混合モデル**（**Gaussian mixture model**）を使ってクラスタリングした結果です．ここでは，すべてのデータ $\mathbf{X}$ に対してクラスタ所属の推定値 $\mathbf{S} = \{\mathbf{s}_1, \ldots, \mathbf{s}_N\}$ が割り当てられており，右図では各 $\mathbf{s}_n$ は 3 つの色を使ってクラスタの所属を表現しています．またクラスタリングのタスクでは，k 番目のそれぞれのクラスタの平均値 $\boldsymbol{\mu}_k$ や共分散行列 $\boldsymbol{\Sigma}_k$ などのパラメータも同時にデータから学習されることが多いです．クラスタリングは推定された $\mathbf{S}$ を使って単純にデータを分類・可視化するために使われることがあるほか，複数の異なる傾向をもつようなデータをモデリングするために使われたりもします．4 章では，ポアソン混合モデルやガウス混合モデルといった具体的なモデルを使って，アルゴリズムの実装法とその利用法を解説します．

1.2.4　次元削減

線形次元削減（**linear dimensionality reduction**）は，次のように行列で表されるデータ $\mathbf{Y} \in \mathbb{R}^{D \times N}$ を，行列 $\mathbf{W} \in \mathbb{R}^{M \times D}$ および行列 $\mathbf{X} \in \mathbb{R}^{M \times N}$ を使って近似するタスクです．

$$\mathbf{Y} \approx \mathbf{W}^\top \mathbf{X} \tag{1.6}$$

通常は $M < D$ と設定します．図 1.5 は，式 (1.6) で表される**行列分解**（**matrix factorization**）のイメージを図式化したものです．このような近似を使ってデータ $\mathbf{Y}$ を $\mathbf{W}$ および $\mathbf{X}$ の 2 つの行列により表現すれば，十分に大きな N に対してはデータ量が DN から $MD + MN$ に圧縮できます．例えば

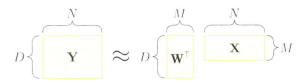

図 1.5　行列分解のイメージ．

$D = 100$，$N = 1,000$ のデータを $M = 10$ 次元で削減することを考えると，元のデータは $DN = 100,000$ であり，圧縮後は $DM + MN = 11,000$ となり，約 9 割ほどのデータ量が削減できることになります．一般的に $\mathbf{W}^\top \mathbf{X}$ は元のデータ $\mathbf{Y}$ を完全に復元することはできませんが，$\mathbf{Y}$ に存在する特徴的な情報をうまく保持するように学習アルゴリズムが設計されます．単純な例では，$\mathbf{Y}$ と $\mathbf{W}^\top \mathbf{X}$ の誤差をある基準に従ってもっとも小さくなるように $\mathbf{W}$ および $\mathbf{X}$ を決めるなどの方法が考えられます．

図 1.6 は iris データセットを線形次元削減を用いて 2 次元および 3 次元に写像した結果です．iris データセットは，統計学や機械学習の分野で古くからたびたび使われている比較的小規模なデータセットで，3 種類のアヤメの花（setosa, virginica, versicolor）がそれぞれ $N = 50$ 個ずつあり，各個体のデータは $D = 4$ 次元のベクトル（花弁の幅・長さ，萼片の幅・長さ）で表されています．この例のように，元の高次元データ $\mathbf{Y}$ をより低次元の変数 $\mathbf{X}$ に写像することにより，データの傾向を少ない変数で要約することができます．iris データセットの場合は，それぞれのデータ点のラベル（花の種類）も付属しているのでそれも色を使って可視化していますが，ラベルの付いていないデータでもこのような次元削減を行って視覚的にデータの傾向を理解することは非常に有用です．さらに，次元削減後の $\mathbf{X}$ はデータ $\mathbf{Y}$ に含まれ

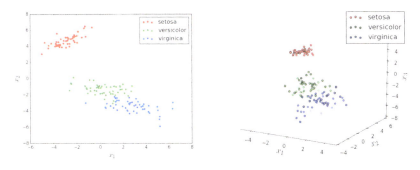

図 1.6　線形次元削減による iris データセットの可視化．

8　　**Chapter 1**　機械学習とベイズ学習

ているノイズを排除した本質的な情報を保持していると考えることができるため，例えば $\mathbf{X}$ をほかの分類アルゴリズムの入力として使うようなことも実践ではよく行われています.

また，ここでは慣例として式 (1.6) のような行列表現を書きましたが，これは行列 $\mathbf{Y}$ のある n 番目の列に注目してみれば，

$$\mathbf{y}_n \approx \mathbf{W}^\top \mathbf{x}_n \tag{1.7}$$

となり，各 $\mathbf{x}_n$ をデータから推定しなければならないということを除けば，線形回帰の式 (1.1) と本質的には同じ関係式になることがわかります.

本書では，5 章で次元削減として一般的によく使われる手法として，線形次元削減のほかにも**非負値行列因子分解**（**nonnegative matrix factorization, NMF**）や**テンソル分解**（**tensor factorization**）といった手法を紹介します.

1.2.5　その他の代表的なタスク

ほかにも音声信号分離に代表されるような，与えられた信号の系列を統計モデルに基づき分離するタスクがあるほか，EC サイトにおける商品のレコメンデーションや，一般的なログデータの解析に対しては欠損値の補間などが主要なタスクになることもあります. また，本書の後半では自然言語処理におけるトピックモデルを紹介し，自然言語で書かれた文書の潜在的な「意味」がどのようにしてデータと確率モデルを通して抽出されるのかを解説します. さらに，興味深いタスクとしてシミュレーション（仮想データの生成）があり，例えば大量の画像データを使って学習されたモデルから人工的に新しい画像を生成するような課題が研究されているほか，ある学習されたモデルの一部のパラメータを人手で操作することにより，その操作に対するシステムの挙動を探るなどの応用があります. 本書で紹介するモデルの多くは一般的に**生成モデル**（**generative model**）と呼ばれているもので，モデルが生のデータの生成過程を直接記述していれば，人工的なデータのシミュレートを行うことができます.

1.3　機械学習の 2 つのアプローチ

ここでは現在応用領域でよく実施されている機械学習の代表的な 2 つのアプローチを紹介します.

1.3.1 ツールボックスとしての機械学習

ツールボックスによるアプローチでは，既存のさまざまな予測アルゴリズムに対してデータを与え，その中から何らかの基準に従って性能のよいアルゴリズムを選ぶことによって最終的な予測や判断を行います．例えば，もっとも単純な予測アルゴリズムとしては**最近傍法**（nearest neighbor）と呼ばれる手法があり，これは単純に過去のデータにもっとも近い入力データを検索し，そのデータに対応するラベル（出力値）を予測結果とするというものです．ほかにも**サポートベクターマシン**（support vector machine）や**ブースティング**（boosting），**ランダムフォレスト**（random forest）といった手法が応用分野ではよく使われています．一般的にこれらの予測アルゴリズムは，入力データと出力データ（正解ラベル）のペアを訓練データとして予測のための関数を学習するので，**教師あり学習**（supervised learning）と呼ばれています．ここではアルゴリズム自体が特定の分野やデータに対してデザインされていることはあまりなく，多くの場合では図 1.7 のような**特徴量抽出**（feature extraction）と呼ばれるプロセスを前段階におくことによって個々のタスクに対する性能向上を目指します．特徴量抽出には，前述のような多項式関数やフーリエ変換などの固定の変換が用いられることもありますし，次元削減などの機械学習アルゴリズムによって行われる場合もあります．

このアプローチの利点としては，高度な数学の知識がなくても多少のプログラミング技術があれば機械学習システムを構築できることが挙げられます．特に近年ではこれらの手法をライブラリ化したものがフリーでウェブ

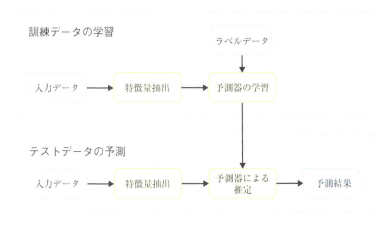

図 1.7　特徴量抽出による教師あり学習．

10 **Chapter 1** 機械学習とベイズ学習

上に提供されており，チュートリアルや応用事例も多く見つけることができます．また，これらのライブラリでは各アルゴリズムがメモリ効率や計算速度などにも注意が払われて設計されていることが多いため，比較的簡単なチューニングを行うことによって所望の結果が得られることがあります．

欠点としては，このアプローチでは取り組んでいるタスクに対して適切そうなアルゴリズムを選び当てはめてみるというやり方のため，使いこなすためには異なる構築思想をもった多くのアルゴリズムの動作原理を逐一理解しておかなければならないという点が挙げられます．また，仮に数多くの手法を使えるような状態にあったとしても，実問題の現象を解析するにあたってちょうど適切なアルゴリズムが存在することは非常にまれであるため，次に紹介するモデリングのアプローチと比べて精度や適用できる問題の範囲が非常に限られています．

1.3.2 モデリングとしての機械学習

本書で解説するのは主にこちらのアプローチで，データに関するモデル（仮説）を事前に構築し，モデルの含むパラメータや構造をデータから学習することによって，何かしらの有益な予測や判断を行います．このアプローチでは，対象となっている課題やデータに対して仮定・制約できることを数理的に記述し，推論や最適化などの計算的な手法に基づいてデータの背後に潜む興味深い特徴を抽出します．

このような考え方をもとにして開発された代表的なモデルやその応用事例を具体的にいくつか挙げてみることにしましょう．自然言語処理におけるトピックモデル（**topic model**）では，文書が複数の潜在的な（観測することのできない）トピックあるいはテーマをもっていると仮定し，それらのトピックに応じて文書中の個々の単語が出現しているとしてモデル化を行います．トピックモデルによって文書データの潜在的な意味を抽出することにより，ニュース記事の分類を行ったり，与えられた単語のクエリから意味的に関連の深いウェブページを検索することなどが行えるようになります．また，時系列モデル（**time series model**）あるいは状態空間モデル（**state-space model**）といったモデル群も幅広い分野で使われており，具体的な例としてはデータの離散的な変化をモデル化するための隠れマルコフモデル（**hidden Markov model, HMM**）や，状態の連続的な変化をモデル化するための線形動的システム（**linear dynamical system**）があります．線形動的システムによって導かれる推論アルゴリズムはカルマンフィルタ（**Kalman filter**）としても知られており，物体追跡などに応用されて

います．ほかにも，近年ではソーシャルネットワーク解析に代表されるような，「つながり」のデータを記述するためのモデルの重要性が増してきています．具体的には**確率的ブロックモデル（stochastic block model）**などがあり，ソーシャルネットワークサービスにおける友達のつながりのデータからコミュニティを発見したり，またはそれに基づいて新しい友達候補を推薦するなどの応用があります．さらに，**深層学習（deep learning）**と呼ばれるモデル群の一部は，人間の脳における階層的な情報処理を部分的にモデル化しており，画像認識や音声認識のタスクで近年高い精度を示しています．もちろん，こういった有名なアルゴリズムもツールボックスとして提供されてはいますが，モデリングアプローチのもっとも肝心な点は，解きたい課題や解析したい対象に応じて数理的にモデルを拡張したり組み合わせたりする「デザイン」にフォーカスされていることになります．

図 1.8 には，特に本書の主題である確率モデリングとベイズ推論によるアプローチの簡単な概念図を示しています．解析に必要なデータを準備することや，予測結果の評価（結果の要約・可視化，ある基準値に基づいた性能評価など）はツールボックスによるアプローチと変わりませんが，このアプローチの特徴は，主要なアルゴリズムの開発プロセスが「モデル構築 × 推論計算」として明確に切り分けられることです．

このアプローチはツールボックスによるアプローチと比べて主に精度と柔軟性の点で優れています．そもそもタスクに合ったモデルをデザインすることに焦点をおいているので，すでに用意されている機械学習アルゴリズムを呼び出して使うアプローチよりも原理的には達成される性能は高くなります．柔軟性に関しても，データに関する仮定を数理的に明記することによって，付随するタスク（例えばデータの欠損補間など）が自然に解けたり，あるいはほかのモデルや種類の異なるデータを統合できるなどの長所があります．

また，本書では特に確率モデルを使ったモデリングと推論（ベイズ学習）に

図 1.8　確率モデリングによるアプローチ．

12 **Chapter 1 機械学習とベイズ学習**

ついて解説をしますが，このアプローチを使えば解析の対象となるシステム
に対する不確実性をうまく表現することができるようになります．さらに，
特性が良く知られている各種の確率分布（ガウス分布や多項分布など）をブ
ロックのように組み合わせることにより，各々の課題に適した解法を一貫性
をもって提供できることが大きな特徴です．

　モデリングによる機械学習の欠点としては，このアプローチを自由に活用
するためにはある程度の数学の知識が必要になってくることや，モデルやア
ルゴリズムによっては結果を演算するために計算時間やメモリコストが非常
にかかることがあることが挙げられます．その一方で，数学的な計算の煩雑
さの削減や，近似アルゴリズムによる計算の効率化が現在のモデリングアプ
ローチの中心的な研究課題になっており，本書においてもそれらの成果の一
部を実応用の現場で利活用するためのガイドラインを提供することが目的と
なります．

1.4　確率の基本計算

　ここでは本書全般にわたって必要になってくる基本的な確率計算を解説し
ます．はじめに，確率モデリングを行うための基本パーツとなる確率分布の
定義を確認し，同時分布，条件付き分布，周辺分布，独立性などの確率推論
を実践するうえでの重要な概念も導入することにします．

1.4.1　確率分布
　各要素が連続値であるような M 次元ベクトル $\mathbf{x} = (x_1, \ldots, x_M)^\top \in \mathbb{R}^M$
に対する関数 $p(\mathbf{x})$ が次の 2 つの条件を満たすとき，$p(\mathbf{x})$ を**確率密度関数**
（**probability density function**）と呼びます．

$$p(\mathbf{x}) \geq 0 \tag{1.8}$$

$$\int p(\mathbf{x}) \mathrm{d}\mathbf{x} = \int \cdots \int p(x_1, \ldots, x_M) \mathrm{d}x_1 \cdots \mathrm{d}x_M = 1 \tag{1.9}$$

例として，$M = 1$ 次元の**ガウス分布**（**Gaussian distribution**）あるいは**正
規分布**（**normal distribution**）に対する確率密度関数を考えてみましょ
う．実数値の変数 $x \in \mathbb{R}$ に対して，平均 $\mu \in \mathbb{R}$ および分散 $\sigma^2 \in \mathbb{R}^+$ をガウ
ス分布の形状を決めるパラメータだとすれば，

$$p(x) = \frac{1}{\sqrt{2\pi\sigma^2}}\exp\left\{-\frac{(x-\mu)^2}{2\sigma^2}\right\} \tag{1.10}$$

として関数が定義されます。式の見た目は複雑ですが、この関数は式 (1.8) および式 (1.9) が成り立つことが保証されています。

また、各要素が離散値であるような M 次元ベクトル $\mathbf{x} = (x_1, \ldots, x_M)^\top$ に対する関数 $p(\mathbf{x})$ が次の 2 つの条件を満たすとき、$p(\mathbf{x})$ を**確率質量関数** (**probability mass function**) と呼びます。

$$p(\mathbf{x}) \geq 0 \tag{1.11}$$

$$\sum_{\mathbf{x}} p(\mathbf{x}) = \sum_{x_1} \cdots \sum_{x_M} p(x_1, \ldots, x_M) = 1 \tag{1.12}$$

例としては、コインを投げる試行を表現することで知られている**ベルヌーイ分布** (**Bernoulli distribution**) があり、2 値をとる変数 $x \in \{0, 1\}$、パラメータ $\mu \in (0, 1)$ に対して次のように確率質量関数が定義されます。

$$p(x) = \mu^x (1-\mu)^{1-x} \tag{1.13}$$

例えば $x = 1$ がコインの表が出る事象で、$x = 0$ が裏が出る事象と考えることにすると、式 (1.13) から、

$$p(x = 1) = \mu \tag{1.14}$$

$$p(x = 0) = 1 - \mu \tag{1.15}$$

と書くことができ、パラメータ μ はコインの表が出る確率 $p(x = 1)$ を表していることになります。また、ここから $\mu \geq 0$ かつ $1 - \mu \geq 0$ であり、$p(x = 1) + p(x = 0) = 1$ であることがわかるので、式 (1.11) および式 (1.12) で表される条件を満たしていることもわかります。

数学的に厳密な定義ではないですが、本書で取り扱う範囲においては、ガウス分布やベルヌーイ分布に代表されるような、確率密度関数および確率質量関数で定義される分布を**確率分布** (**distribution**) と呼ぶことにします。また、式 (1.9) および式 (1.12) を見比べてみればわかるように、確率密度関数と確率質量関数の取り扱い方は積分 $\int \mathrm{d}\mathbf{x}$ を行うか和 $\sum_{\mathbf{x}}$ を行うかの違いだけですので、これ以降一般的な議論を行う際には主に積分の表記を用いることにします。

14 **Chapter 1** 機械学習とベイズ学習

1.4.2 確率分布の推論

ある2つの変数 x と y に対する確率分布 $p(x, y)$ を同時分布（**joint distribution**）と呼びます. さらに

$$p(y) = \int p(x, y)\mathrm{d}x \tag{1.16}$$

のように一方の変数 x を積分により除去する操作を周辺化（**marginalization**）と呼び, 結果として得られる確率分布 $p(y)$ を周辺分布（**marginal distribution**）と呼びます. また, 同時分布 $p(x, y)$ において, y に対して特定の値が決められたときの x の確率分布を条件付き分布（**conditional distribution**）と呼び, 次のように定義します.

$$p(x|y) = \frac{p(x, y)}{p(y)} \tag{1.17}$$

条件付き分布 $p(x|y)$ は x の確率分布であり, y はこの分布の特性を決めるパラメータのようなものであると解釈できます. 式（1.16）と式（1.17）から

$$\int p(x|y)\mathrm{d}x = \frac{\int p(x, y)\mathrm{d}x}{p(y)} = \frac{p(y)}{p(y)} = 1 \tag{1.18}$$

であり, $p(x, y)$ と $p(y)$ がともに非負であることも考慮すれば, 条件付き分布は確率分布の要件である式（1.8）および式（1.9）を満たしていることになります. また, x が与えられたときの y の条件付き分布も同様に

$$p(y|x) = \frac{p(x, y)}{p(x)} \tag{1.19}$$

と表せるので, 式（1.17）と組み合わせることにより, ベイズの定理（**Bayes' theorem**）と呼ばれる次の等式を導くことができます.

$$p(x|y) = \frac{p(y|x)p(x)}{p(y)} = \frac{p(y|x)p(x)}{\int p(x, y)\mathrm{d}x} \tag{1.20}$$

ベイズの定理を直観的に解釈すれば,「原因 x から結果 y が得られる確率 $p(y|x)$ から, 結果 y が得られたときの原因 x の確率 $p(x|y)$ を逆算するような手続き」になっています. ベイズの定理は確率計算を行ううえで非常に便

利なため本書を通して何度も登場しますが，必ず使わなければならない絶対的な原理というわけではなく，あくまでも式 (1.16) の周辺化および式 (1.17) の条件付き分布の定義の 2 つから得られる 1 つの公式にすぎないことに注意してください．

さらに，同時分布を考えるにあたって重要な概念として**独立性**（**independence**）があります．同時分布が

$$p(x, y) = p(x)p(y) \qquad (1.21)$$

を満たすとき，x と y は独立であるといいます．また，式 (1.21) の両辺を $p(y)$ で割り，条件付き分布の定義式 (1.17) を用いることによって，独立性を次のように書くこともできます．

$$p(x|y) = p(x) \qquad (1.22)$$

言葉にしてみると「y が条件として与えられようが与えられまいが，x の確率分布は変わらない」という風に解釈できます．

さて，色々な概念や用語が出てきましたが，もっとも大事なのは式 (1.16) の周辺化と式 (1.17) の条件付き分布をしっかり覚えて使えるようにしておくことです．確率推論に基づく機械学習の方法論は，主にこれら 2 つの計算ルールのみをベースとして成り立っています．また，ある同時分布が与えられたときに，そこから興味の対象となる条件付き分布や周辺分布を算出することを，本書では**ベイズ推論**（**Bayesian inference, Bayesian reasoning**）あるいは単に（**確率**）**推論**（**inference**）と呼ぶことにします．

1.4.3 赤玉白玉問題

ここでは同時分布と条件付き分布を使って，簡単な確率計算の問題を考えてみることにしましょう．図 1.9 のような 2 つの袋 a および b があります．

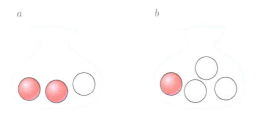

図 1.9 赤玉と白玉が入った 2 つの袋．

16　Chapter 1　機械学習とベイズ学習

袋 a には赤玉が 2 個，白玉が 1 個入っており，袋 b には赤玉が 1 個，白玉が 3 個入っているとします．まず，完全にランダムな確率（1/2 ずつ）で袋 a または b のいずれかを選び，選んだ袋から玉を 1 つ取り出すような試行を考えてみることにします．ここで，袋 a が選ばれる事象を $x = a$，袋 b が選ばれる事象を $x = b$ とおくと，それぞれの確率は，

$$p(x = a) = \frac{1}{2} \tag{1.23}$$

$$p(x = b) = \frac{1}{2} \tag{1.24}$$

と書くことができます．また，取り出された玉が赤である場合を $y = r$，白である場合を $y = w$ とします．仮に，袋 a が選ばれたこと（$x = a$）がわかっているとすると，赤玉白玉それぞれが取り出される確率は袋 a に入っている玉の割合から見積もることができ，

$$p(y = r | x = a) = \frac{2}{3} \tag{1.25}$$

$$p(y = w | x = a) = \frac{1}{3} \tag{1.26}$$

のように条件付き確率として書くことができます．同様にして，仮に袋 b が選ばれたことがわかっている場合は，以下のように書けます．

$$p(y = r | x = b) = \frac{1}{4} \tag{1.27}$$

$$p(y = w | x = b) = \frac{3}{4} \tag{1.28}$$

　条件付き分布の定義式（1.17）を用いれば，例えば「選ばれた袋が a で，かつ赤玉が出る確率」は次のように同時確率として求めることができます．

$$\begin{aligned} p(x = a, y = r) &= p(y = r | x = a)p(x = a) \\ &= \frac{2}{3} \times \frac{1}{2} \\ &= \frac{1}{3} \end{aligned} \tag{1.29}$$

同様に，「選ばれた袋が b で，かつ赤玉が出る確率」は次のようになります．

$$\begin{aligned} p(x = b, y = r) &= p(y = r | x = b)p(x = b) \\ &= \frac{1}{4} \times \frac{1}{2} \\ &= \frac{1}{8} \end{aligned} \tag{1.30}$$

実際，袋 b のほうが赤玉の数が少ないので，こちらの事象が起こる可能性のほうが低くなっていることがわかりますね．

では，「選ばれた袋にかかわらず，取り出された玉が赤玉である確率」はどうでしょう．これは周辺確率 $p(y = r)$ を求めることに対応するので，周辺分布の式（1.16）を用いれば，

$$p(y = r) = \sum_x p(x, y = r)$$
$$= p(x = a, y = r) + p(x = b, y = r) \tag{1.31}$$

のように分解できます．$\sum_x$ は，「x のとりうるすべての値に関して和をとる」という意味なので，今回は 2 つの項の和になるわけですね．先ほどの計算結果の式（1.29）および式（1.30）を当てはめると，周辺確率は，

$$p(y = r) = \frac{1}{3} + \frac{1}{8} = \frac{11}{24} \tag{1.32}$$

のように計算することができます．

さて，ここまでは小中学校でよく問題に出てくる確率の基本問題です．ここで，条件付き確率を使ってもう少しだけ興味深い問題を考えてみましょう．例えば「取り出された玉が赤であることがわかった場合，選ばれた袋が a である確率」はどのように計算することができるでしょうか．これは数式で書くと $p(x = a|y = r)$ という条件付き確率を計算することになります．式（1.17）を用いれば，

$$p(x = a|y = r) = \frac{p(x = a, y = r)}{p(y = r)} \tag{1.33}$$

と書き直すことができます．あとはすでに計算済みの式（1.29）および式（1.32）をこの式に代入すれば，

$$p(x = a|y = r) = \frac{8}{11} \tag{1.34}$$

となります．同じ条件のもとで，今度は選ばれた袋が b であった場合はどのように計算されるでしょうか．$p(x|y = r)$ は x に関する確率分布なので，すべての x に関して和をとれば当然 1 になってくれます．

$$\sum_x p(x|y = r) = p(x = a|y = r) + p(x = b|y = r)$$
$$= 1 \tag{1.35}$$

この式と先ほどの結果の式（1.34）を組み合わせれば，

18   Chapter 1 機械学習とベイズ学習

$$p(x=b|y=r) = 1 - p(x=a|y=r)$$
$$= \frac{3}{11} \tag{1.36}$$

と求めることができます．結果としては，取り出されたのが赤玉だとわかった場合は，袋 b よりも赤玉の多い袋 a が事前に選ばれていた可能性が高いという直観的に妥当な結論が得られましたね．ただしこれはもちろん，2つの袋が同じ確率1/2で選ばれているという事前知識のもとでの結論になるので，単純に玉の数の比だけで決まるわけではないことには注意してください．

このようにして，周辺分布と条件付き分布に関する計算規則をうまく使うことにより，結果（赤玉が取り出されたこと）から原因（選ばれた袋）の確率を逆算することができます．また，式（1.34）および式（1.36）をデータ $y=r$ が観測されたあとの x の**事後分布（posterior）**と呼び，それに対応してデータを観測する前の確率である式（1.23）および式（1.24）は x の**事前分布（prior）**と呼びます．どちらも同じ「袋の選び方に関する確率」ですが，条件の付け方（あるいは，与えられている情報の差異）によってまったく別の確率分布になることに注意してください．

ちなみに，ここで行った計算は式（1.13）で表されるベルヌーイ分布を3つ組み合わせた確率分布に対して推論を行っていることに対応しています．3章以降では，ベルヌーイ分布や連続値をもつガウス分布などの各種確率分布を題材にして，より一般的な確率分布を使った計算を行う方法を紹介していきます．

1.4.4 観測データが複数個ある場合

さて，先ほどの問題をもう少し発展させてみましょう．ある町内会で，先ほどの袋 a と袋 b を使ったくじ引き大会が開催されるとします．主催者は，どちらの袋を今回のくじ引き大会に使うかを等確率で事前に選び，どちらを選んだかは参加者に知らせないものとします．それぞれの参加者は選ばれた袋 x から玉を取り出し，色を確認したら元の袋に戻すことにします（復元抽出）．いま，3人の参加者がこのくじ引きに挑戦し，次のような結果を得ました．

$$\{y_1, y_2, y_3\} = \{r, r, w\} \tag{1.37}$$

この場合，主催者によって選ばれた袋 x が a, b のどちらであったかを知るためにはどうしたらよいでしょうか．この問題は，式で書けば次のような確率を推論する問題になります．

$$p(x|y_1 = r, y_2 = r, y_3 = w) \tag{1.38}$$

また，それぞれの参加者が玉を取り出す事象は，袋がすでに選択された状態においてはほかの参加者との順番やすでに取り出された結果とは無関係であると仮定できるので，

$$p(y_1 = r, y_2 = r, y_3 = w|x) = p(y_1 = r|x)p(y_2 = r|x)p(y_3 = w|x) \tag{1.39}$$

と書くことができます．ここで，式 (1.20) のベイズの定理と式 (1.39) の仮定を使えば，

$$
\begin{aligned}
&p(x|y_1 = r, y_2 = r, y_3 = w) \\
&= \frac{p(y_1 = r, y_2 = r, y_3 = w|x)p(x)}{p(y_1 = r, y_2 = r, y_3 = w)} \\
&= \frac{p(y_1 = r|x)p(y_2 = r|x)p(y_3 = w|x)p(x)}{p(y_1 = r, y_2 = r, y_3 = w)}
\end{aligned} \tag{1.40}
$$

と書くことができます．これを計算するためには，はじめに分母 $p(y_1 = r, y_2 = r, y_3 = w) = \sum_x p(x, y_1 = r, y_2 = r, y_3 = w)$ を求め，さらに $x = a$ と $x = b$ の場合をそれぞれ分子に代入すれば式 (1.40) の分布が明らかになりますが，ここでは少しだけ計算をサボってみようと思います．式 (1.40) をよく見てみると，分母は x の取り方に無関係なので，次のように計算上無視してみます．

$$
\begin{aligned}
&p(x|y_1 = r, y_2 = r, y_3 = w) \\
&\propto p(y_1 = r|x)p(y_2 = r|x)p(y_3 = w|x)p(x)
\end{aligned} \tag{1.41}
$$

式 (1.41) に対して $x = a$ および $x = b$ の場合を代入すれば，

$$
\begin{aligned}
&p(x = a|y_1 = r, y_2 = r, y_3 = w) \\
&\propto p(y_1 = r|x = a)p(y_2 = r|x = a)p(y_3 = w|x = a)p(x = a) \\
&= \frac{2}{3} \times \frac{2}{3} \times \frac{1}{3} \times \frac{1}{2} = \frac{2}{27}
\end{aligned} \tag{1.42}
$$

および

$$
\begin{aligned}
&p(x = b|y_1 = r, y_2 = r, y_3 = w) \\
&\propto p(y_1 = r|x = b)p(y_2 = r|x = b)p(y_3 = w|x = b)p(x = b) \\
&= \frac{1}{4} \times \frac{1}{4} \times \frac{3}{4} \times \frac{1}{2} = \frac{3}{128}
\end{aligned} \tag{1.43}
$$

が得られます．確率分布 $p(x|y_1 = r, y_2 = r, y_3 = w)$ が x の 2 つの場合に関

して足し合わせると 1 にならなければならないことを考慮すれば,

$$p(x=a|y_1=r,y_2=r,y_3=w) = \frac{2/27}{2/27+3/128}$$

$$= \frac{256}{337} \tag{1.44}$$

$$p(x=b|y_1=r,y_2=r,y_3=w) = \frac{3/128}{2/27+3/128}$$

$$= \frac{81}{337} \tag{1.45}$$

のように計算することができます.ずいぶん複雑な分数になってしまいましたが,ちゃんと $256/337 + 81/337 = 1$ になっていることがわかりますね.この例のように,x の事後分布を計算する際には,x が含まれていない分母の部分をひとまず無視し,分子だけに注目して計算すると少しだけ楽することができます.もちろん,計算された結果がちゃんと式 (1.12) の条件を満たすような確率分布になっている必要があるので,この例のように各実現値で和をとったものが 1 になるように正規化(**normalization**)されなければなりません.このような「ひとまず分子だけ計算して,あとで正規化する」という計算テクニックは本書を通じて何度も登場します.

さて,ここから参加者が増えてさらなる観測値が得られた場合はどうなるでしょうか.例えばデータとして次の系列が得られたとします.

$$\{y_1, y_2, y_3, y_4, y_5, y_6, y_7, y_8\} = \{r, r, w, w, r, r, w, r\} \tag{1.46}$$

計算過程は省略しますが,この場合は袋 a が選ばれた確率は,

$$p(x=a|y_1,\ldots,y_8) = 0.9221\cdots \tag{1.47}$$

となります.同様にして,50 回の試行で赤玉が 29 個,白玉が 21 個観測されたとすると,

$$p(x=a|y_1,\ldots,y_{50}) = 0.9999\cdots \tag{1.48}$$

となります.このくらいの数のデータを観測すれば,ほぼ確実に近い確信度 $p(x=a|y_1,\ldots,y_{50}) \approx 1$ で袋 a が選ばれていたという事実が判明してきますね.このようにしてデータをたくさん観測することによって,原因となる根本事象(どちらの袋が選ばれたのか)に対してより確信度の高い推論を行うことができます.なるべく多くのデータを利活用することによって観測されない未知の値を明らかにしていくことが,本書を通じたテーマである確率推論による機械学習の本質になります.

1.4.5 逐次推論

ついでに，複数の独立なデータに関して成り立つ重要な性質である**逐次推論**（**sequential inference**）に関して少し触れておきます．いま，1個の観測値 y_1 が得られたとすると，事後分布はベイズの定理を使ったあと分母を無視することによって

$$p(x|y_1) \propto p(y_1|x)p(x) \tag{1.49}$$

のように計算できます．これは事前分布 $p(x)$ が，データ y_1 を観測したことにより事後分布 $p(x|y_1)$ に更新されたと見ることができます．さらにデータが 2 個 $\{y_1, y_2\}$ 得られた場合は，

$$\begin{aligned} p(x|y_1, y_2) &\propto p(y_2|x)p(y_1|x)p(x) \\ &\propto p(y_2|x)p(x|y_1) \end{aligned} \tag{1.50}$$

のように書くことができます．2 行目を見てみると，これは $p(x|y_1)$ がある種の事前分布であると考えれば，データ y_2 を観測したことにより事後分布 $p(x|y_1, y_2)$ に更新されたと見ることができます．一般的に観測値 $\mathbf{Y} = \{y_1, \ldots, y_N\}$ のそれぞれが（x が与えられた条件で）独立である場合，同時分布は

$$p(x, \mathbf{Y}) = p(x)\prod_{n=1}^{N} p(y_n|x) \tag{1.51}$$

と書くことができます．したがって，N 番目のデータを受け取ったあとの事後分布は $N-1$ 個のデータを使って学習された事後分布を用いて

$$\begin{aligned} p(x|\mathbf{Y}) &\propto p(x)\prod_{n=1}^{N} p(y_n|x) \\ &\propto p(y_N|x)p(x|y_1, \ldots, y_{N-1}) \end{aligned} \tag{1.52}$$

と表現することができます．確率推論を用いることにより，このように以前に得られた事後分布を次の推論のための事前分布として使うような学習方法が実現できます．特に，アプリケーションのリアルタイム性を求められる場合やメモリ効率を重視したい場合は，このような逐次的な更新手続きが使われることがよくあります．機械学習の用語では，このような手法を**逐次学習**（**sequential learning**）や**追加学習**（**incremental learning**），**オンライン学習**（**online learning**）などと呼んでいます．

22 Chapter 1 機械学習とベイズ学習

1.4.6 パラメータが未知である場合

さて，先ほど紹介した赤玉白玉のくじ引き問題は現実問題としてはあまりにもシンプルすぎます．例えば，くじの主催者が本当に $1/2$ の等確率で袋を選ぶかどうかは信頼できない場合もありますし，赤玉，白玉の出る比率も例題のように $2/3$，$1/4$ と事前に正確に知ることはできないかもしれません．さらにいえば，「そもそも袋は 2 種類なのか」「赤白以外の色の玉は出ないのか」といったことまで考慮しなければならないケースも実際は起こりうるでしょう．

ここでは特に，玉が取り出される比率のパラメータ *4 が未知であり，いくつか玉を取り出すことによってそのパラメータに関する推測を行いたいとします．今回はシンプルに，赤玉と白玉が複数個入った 1 つの袋があり，そこから玉を取り出して色を確認してまた袋に戻すという試行を N 回繰り返すことにします．ベイズ推論では，赤玉と白玉の未知の比率 $\theta \in (0, 1)$ に関して確率分布 $p(\theta)$ を考えることにより，確率的な推論だけを用いてデータから θ に関する知見を得ることを目標にします．観測データを $\mathbf{Y} = \{y_1, \ldots, y_N\}$ とし，この問題を具体的に同時分布として書いてみれば，

$$p(\mathbf{Y}, \theta) = p(\mathbf{Y}|\theta)p(\theta) = \{\prod_{n=1}^{N} p(y_n|\theta)\}p(\theta) \tag{1.53}$$

となります．$p(y_n|\theta)$ は，各データ点 y_n が θ の値で決定される確率分布によって生じていることを示しています．$p(\theta)$ はパラメータに関する事前分布であり，θ がとりうる値に対する何らかの事前知識を反映するものになっています．事前知識というのは，例えば「赤玉が少しだけ出やすい」「赤玉も白玉も同じくらい出やすい」「出やすさはまったくわからない」といったもので，実際にデータを観測する前に決めておくものです．ちなみに，$\theta = 2/3$ や $\theta = 1/4$ というような固定値を与えることも立派な事前知識であり，本章の最初の例では実はこのような非常に強い事前知識を使うことによって選ばれた袋の事後分布を計算していたことになります．パラメータに関するこれらの事前知識を具体的に計算可能にする方法としては，2 章で紹介する**ベータ分布**（**beta distribution**）や**ディリクレ分布**（**Dirichlet distribution**）という道具を利用することになります．

さて，いまの目的は θ のとりそうな値を，データ $\mathbf{Y}$ を観測することによって推論することでした．これは，式 (1.53) の同時分布を使って条件付き確率

---

*4 本書におけるパラメータ（**parameter**）とは，ある確率分布の挙動を決定する変数のことを指します．ほかの機械学習の文献では，アルゴリズムやシステムの動作を調整する値のこともパラメータと呼ぶ場合があるので注意してください．

$$p(\theta|\mathbf{Y}) \propto p(\mathbf{Y}|\theta)p(\theta) \tag{1.54}$$

を計算する問題に帰着させることができます．$p(\theta|\mathbf{Y})$ はパラメータ θ の事後分布であり，データ $\mathbf{Y}$ の観測を通して事前の知識 $p(\theta)$ が新たに更新されたものとなっています．ここではまだ具体的な事後分布の計算は行いませんが，ベイズ推論を用いる機械学習ではこのように未知の値 θ に対して何かしらの確率的な仮説 $p(\theta)$ を事前におき，「データを観測することによってその仮説を更新する」という手続きを踏むことによって直接観測できない現象を明らかにしていきます．

1.5　グラフィカルモデル

　グラフィカルモデル（**graphical model**）は，確率モデル[*5] 上に存在する複数の変数の関係性をノードと矢印を使って表現する記法です[*6]．この記法を使うと，回帰をはじめとした基本的なモデルや，本書の後半になって登場するさまざまな確率モデルを視覚的に表現できる利点があります．また，モデル上の変数間の独立性の判定などは手計算を使うよりもグラフ上で考察したほうが便利であることが多いです．ここでは，**DAG**（**directed acyclic graph**）と呼ばれるループ構造をもたない有向グラフ（矢印付きのグラフ）による表現を説明します．

1.5.1　有向グラフ

　先ほどの赤玉白玉の問題では 2 種類の変数 x および y が登場しました．改めて同時分布を式で書くと次のようになります．

$$p(x, y) = p(y|x)p(x) \tag{1.55}$$

式 (1.55) の右辺は x と y の具体的な関係性を表しているといえます．これをグラフィカルモデルにすると**図 1.10** のようになります．式 (1.55) に登場する各変数がグラフ上のノードにちょうど対応しており，条件付き分布 $p(y|x)$ で示される関係性はグラフ上では矢印 $(x \rightarrow y)$ として表現されています．また，グラフ上の矢印の根元（tail）側にくるノードを**親ノード**（**parent**），矢印の先（head）にくるノードを**子ノード**（**child**）と呼びます．この場合

[*5]　本書では，**確率モデル**（**probabilistic model**）と確率分布の意味はほとんどの場合で交換可能です．ニュアンスの違いとしては，複数の基本的な確率分布を組み合わせることによってデザインされたものを確率モデルと呼ぶようにしています．

[*6]　一般的にグラフというと，棒グラフや円グラフなどを想像するかもしれませんが，コンピュータサイエンスの分野では，本書のようなノードと矢印（または線）によるデータ構造を指す場合が多いです．

図 1.10 赤玉白玉問題のグラフィカルモデル．

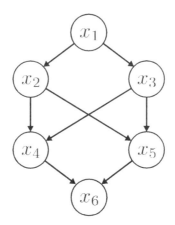

図 1.11 式 (1.56) のグラフィカルモデル．

は x が親ノードで y が子ノードにあたります．

もう少し複雑な確率モデルを考えてみましょう．例えば次のような 6 つの変数をもつ同時分布

$$p(x_1, x_2, x_3, x_4, x_5, x_6)$$
$$= p(x_1)p(x_2|x_1)p(x_3|x_1)p(x_4|x_2, x_3)p(x_5|x_2, x_3)p(x_6|x_4, x_5) \quad (1.56)$$

が与えられたとすると，対応するグラフィカルモデルは図 1.11 のようになります．式 (1.56) におけるそれぞれの項と，ノードおよび矢印の対応関係を確認してみてください．また，図においてループ構造（矢印をたどっていくと元のノードに戻る）が存在しないことも確認してみてください．

さらに，式 (1.51) のくじ引き大会の同時分布のように，変数が N 個存在するような場合は，図 1.12 のようなプレート表現を使うことによって簡略化すると便利です．また，確率モデル上でどの変数が条件付けられているかを明記したい場合は，同図の変数 y_n のように対応するノードを塗りつぶす方法が使われています．このような表記は主に観測データをグラフ上で明記するために用いられるほか，あとの章で紹介する推論アルゴリズムを導出する際に，条件付き分布を解析する手段としても使われます．

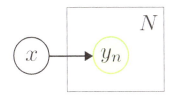

図 1.12 くじ引き大会のグラフィカルモデル．

参考 1.1 マルチタスク学習

グラフィカルモデルは**マルチタスク学習**（multi-task learning）を考える際にも便利なツールになります．マルチタスク学習とは，複数の関連するタスクを同時に解くことによって，個々のタスクの予測精度を向上させようというアイデアです．例えば，翌日の天気を予測するアルゴリズムを作る場合，雨を予測するアルゴリズムと雪を予測するアルゴリズムを別々に構築するのはあまり適切ではないでしょう．なぜなら，2つの予測タスクでは，今日の気温や風向き，雨雲の状態などの共通の分析対象を含んでいるためです．また，みぞれなどの特殊な状況を除けば，「雪」が降ればそれはつまり「雨」ではないため，2つの予測分布には極めて強い排他的な関係が存在することになります．この場合はタスクを多クラス分類（晴れ，雨，雪）であると認識するのが適切かと思いますが，いずれにしても，複数の予測対象や観測データをうまく1つのモデルに統合して予測精度を上げることは，機械学習アルゴリズム構築の本質の1つであるといえます．

グラフィカルモデルを使って関連のある複数のデータを統合したり，異なるタスクを同時分布として統合すれば，データのより興味深いパターンを抽出できる可能性が高まります．もちろん，実装コストへの影響も考慮しなければなりませんが，データや課題に関わる関連事項を一度すべて図式化して整理することは，データ解析における非常に大切な実践プロセスになります．

1.5.2 ノードの条件付け

ここでは，ある確率モデル上での条件付き分布の計算と，グラフ上での対応関係がどのようになっているかを見ていきたいと思います．はじめに，3つの変数をもつ次のような確率モデルを考えることにします．

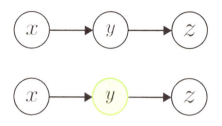

図 1.13　head-to-tail 型モデル.

$$p(x,y,z) = p(x)p(y|x)p(z|y) \tag{1.57}$$

図 1.13 の上のグラフは式 (1.57) に対応するグラフィカルモデルであり，このような変数の関係性を **head-to-tail** 型と呼びます．いまここで，図 1.13 の下のグラフで示されるようにノード y のみが観測されたと仮定しましょう．このとき，残り 2 つのノード x および z の事後分布は

$$\begin{aligned} p(x,z|y) &= \frac{p(x,y,z)}{p(y)} \\ &= \frac{p(x)p(y|x)p(z|y)}{p(y)} \\ &= p(x|y)p(z|y) \end{aligned} \tag{1.58}$$

となります．この結果を見ると，モデルの式（1.57）上でノード y が観測された場合，残りの 2 つのノードの事後分布は独立の分布に分解できることを示しています．これを**条件付き独立性**（**conditional independence**）と呼びます．y の値が観測値として与えられていれば，x と z は互いの値の出方に関しては無関係になるということですね．

さて，次のような別の確率モデルを考えてみましょう．

$$p(x,y,z) = p(x|y)p(z|y)p(y) \tag{1.59}$$

これは **tail-to-tail** 型と呼ばれ，グラフィカルモデルを使うと関係性は図 1.14 の上のグラフのようになります．ここで先ほどと同様，y が観測されたとします．このとき残りの 2 つのノードの事後分布は

$$\begin{aligned} p(x,z|y) &= \frac{p(x,y,z)}{p(y)} \\ &= \frac{p(x|y)p(z|y)p(y)}{p(y)} \\ &= p(x|y)p(z|y) \end{aligned} \tag{1.60}$$

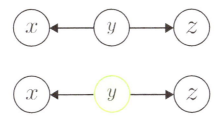

図 1.14 tail-to-tail 型モデル.

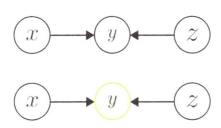

図 1.15 head-to-head 型モデル.

となります．先ほどとまったく同じ結論で，式 (1.59) で定義されるモデルにおいては，x と z の分布は y が与えられたときに条件付き独立性が成り立ちます．

最後に，もう 1 つだけ例を考えてみることにします．

$$p(x, y, z) = p(y|x, z)p(x)p(z) \tag{1.61}$$

これは **head-to-head** 型と呼ばれるモデルです．ちなみにこのモデルのノードが 1 つも観測されていない状態では，図 1.15 の上のグラフから読み取っても直観的かと思いますが，x と z の同時分布は独立な 2 つの分布に分解されます．これは次のように周辺化計算を行うことによって確認できます．

$$\begin{aligned}
p(x, z) &= \sum_y p(x, y, z) \\
&= \sum_y p(y|x, z)p(x)p(z) \\
&= p(x)p(z)
\end{aligned} \tag{1.62}$$

次に，図 1.15 の下のグラフに示されるような，y が観測された場合の事後分布を調べてみることにします．残りの 2 つのノードの事後分布は

$$p(x,z|y) = \frac{p(x,y,z)}{p(y)}$$
$$= \frac{p(y|x,z)p(x)p(z)}{p(y)} \tag{1.63}$$

となります．これは先ほどの2つの例と違って2つの独立な確率分布に分解することができません．もともとは独立であったxとzが，ノードyが観測されることによって依存関係をもってしまったということになります．機械学習でよく使われるモデルの多くはこのようなノード間の関係性をもつため，データを観測したあとの事後分布は互いの変数が複雑に絡み合った分布になってしまうことがたびたびあります．

1.5.3 マルコフブランケット

ここで図1.16で示すような，**マルコフブランケット（Markov blanket）**と呼ばれるグラフィカルモデル上でのある特別なシチュエーションを考えてみます．図1.16は，これよりもっと大きな確率モデルから，xを中心にした部分だけ切り取ったものであると考えてください．また，x以外のノードはすべて観測されているものとします．ここでは，xとモデル上のほかの変数との条件付き独立性を考えてみることにします．

まず，aとxの関係はどうなっているでしょうか．これら2つのノードは矢印で直接つながっているので，当然依存関係をもっています．しかしaにx以外の子ノードや親ノードが存在しても，それらはすべてxに対してtail-to-tail型かhead-to-tail型の関係性をもつことになり，aが観測されている状態ではxとは独立になります．

また，eとxの関係性はどうなっているでしょうか．こちらも当然，2つのノードの間に直接の矢印があるので依存関係があります．eに子ノードがいた場合，これはxに対してhead-to-tail型の関係性をもつためxとは独立に

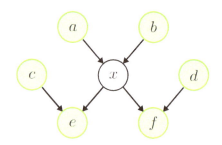

図1.16　マルコフブランケット．

なります．では，eにcのような親ノードがいた場合はどうでしょうか．この場合は，x，e，cの3者間でhead-to-head型の関係性をもっていることになるため，xとcは依存関係をもつことになります．

さらに，cに親ノードや子ノードがいた場合はどうなるでしょうか．これらのノードはeに対してtail-to-tail型かhead-to-tail型になるため，eとは独立になり，これによりxとも独立になることになります．

残りのb，fおよびdに関しても同様の議論が成り立ちます．すべてまとめれば，グラフィカルモデル上でx以外の変数がすべて観測された場合，xとの依存関係をもつノードは，その直接の親であるaとbと，その直接の子であるeとf，さらにxと共同親（**co-parent**）の関係にあるcとdのみになることがわかります．このマルコフブランケットの外側にほかの観測ノードがあったとしても，それらはxの条件付き分布には影響を与えません．

マルコフブランケットの考え方は，特に4章で紹介するサンプリングアルゴリズムを導く際に有用になります．特にxに対するcやdのような共同親（同じ子ノードを共有するノード）に対して依存関係が発生することは忘れやすいので注意してください．

1.6　ベイズ学習のアプローチ

ここでは，確率モデリングと確率推論を利用した機械学習のアプローチであるベイズ学習（**Bayesian machine learning**）の概要を説明します．特に，赤玉白玉の例題や，線形回帰をはじめとした各種の機械学習の代表的タスクがベイズ学習の枠組みでどのように解かれるのかに関して簡単に解説します．またそれに伴い，ベイズ学習の本質的な利点や現在の技術的な課題点なども述べます．

1.6.1　モデルの構築と推論

ベイズ学習では，本章で取り扱った赤玉白玉の問題とまったく同じやり方で，データに関連する種々の問題に対して解決手段を提供することができます．具体的には，次のような2段階のステップを踏みます．

30　**Chapter 1**　機械学習とベイズ学習

（ベイズ学習によるモデルの構築と推論）

1. モデルの構築

   観測データ $\mathcal{D}$ と観測されていない未知の変数 $\mathbf{X}$ に関して，同時分布 $p(\mathcal{D}, \mathbf{X})$ を構築する．

2. 推論の導出

   事後分布 $p(\mathbf{X}|\mathcal{D}) = \dfrac{p(\mathcal{D}, \mathbf{X})}{p(\mathcal{D})}$ を解析的または近似的に求める．

　ステップ 1 のモデルの構築では，具体的に 2 章で紹介するような各種離散分布やガウス分布などの確率分布を組み合わせることにより，観測データと未観測の変数の関係性を記述します．簡単な例としては，本章では取り出した玉から比率を推論する問題を同時分布の式（1.53）でモデル化しました．このモデルでは玉の出目を表す $\mathbf{Y}$ が観測データであり，玉の比率を表すパラメータ θ が未知の変数として扱われています．また，本章で導入したようなグラフィカルモデルを使うことによって，モデルの設計に関するラフスケッチをすることもよく行われます．

　ステップ 2 の推論の導出では，ステップ 1 で構築したモデルに基づいて未観測の変数の条件付き分布を求めます．分母の項 $p(\mathcal{D})$ は**モデルエビデンス**（**model evidence**）あるいは**周辺尤度**（**marginal likelihood**）と呼ばれており，モデルからデータ $\mathcal{D}$ が出現する尤もらしさを表しています．条件付き分布 $p(\mathbf{X}|\mathcal{D})$ は赤玉白玉の例のように簡単な離散分布になることもありますし，ガウス分布のような連続分布になることもあります．しかし，多くの実用的な確率モデルにおいては $p(\mathbf{X}|\mathcal{D})$ をそのような形式の明らかな確率分布に帰着させることはできません．これは言い方を変えると，事後分布 $p(\mathbf{X}|\mathcal{D})$ を求めるために必要な周辺尤度 $p(\mathcal{D}) = \int p(\mathcal{D}, \mathbf{X})\mathrm{d}\mathbf{X}$ が解析的に計算できない場合があることを意味しています．このような場合では，本書の後半で紹介されるサンプリングや近似推論と呼ばれる手法を用いることにより，複雑な事後分布 $p(\mathbf{X}|\mathcal{D})$ をより簡易的な表現を用いて解釈する必要があります．

1.6.2　各タスクにおけるベイズ推論

　ここで，ベイズ学習のアプローチを 1.2 節で紹介した機械学習の各タスクに当てはめて考えてみることにしましょう．現段階では，具体的に各確率分

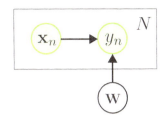

図 1.17　回帰・分類のグラフィカルモデル．

布の設定の仕方や事後分布の計算方法には触れずに，それぞれの機械学習タスクに関する概略を述べるだけに留めておきます．各タスクにおいて，観測値と未観測値の関係性や，事後分布の推論がどのように形式的に扱われているかだけに注目してみてください．

まず最初に，線形の回帰と分類を考えてみましょう．この問題では観測データとして N 個の入力値 $\mathbf{X} = \{\mathbf{x}_1, \ldots, \mathbf{x}_N\}$ および出力値 $\mathbf{Y} = \{y_1, \ldots, y_N\}$ がすでに手元にあります．また，各点 $\mathbf{x}_n$ から y_n を予測するためのパラメータ $\mathbf{w}$ は未知のベクトルであり，データから推論したいとします．このようなモデルの同時確率分布は，例えば次のように表現することができます．

$$p(\mathbf{Y}, \mathbf{X}, \mathbf{w}) = p(\mathbf{w}) \prod_{n=1}^{N} p(y_n | \mathbf{x}_n, \mathbf{w}) p(\mathbf{x}_n) \tag{1.64}$$

パラメータ $\mathbf{w}$ はデータから学習したい未知の変数ですので，事前分布 $p(\mathbf{w})$ が与えられています[*7]．式 (1.64) に対応するグラフィカルモデルは図 1.17 に示しています[*8]．このモデルから，データ $\mathbf{X}$ および $\mathbf{Y}$ が観測されたあとの $\mathbf{w}$ の事後分布は次のように書くことができます．

$$p(\mathbf{w}|\mathbf{Y}, \mathbf{X}) \propto p(\mathbf{w}) \prod_{n=1}^{N} p(y_n|\mathbf{x}_n, \mathbf{w}) \tag{1.65}$$

ここではベイズの定理の分母にあたる部分は $\mathbf{w}$ の関数にならないので比例記号を使って省略しました．一般的に回帰や分類モデルでは，この $\mathbf{w}$ の事後分布を計算することが「学習」と呼ばれることが多いようです．実際の計

[*7] ここでは $\mathbf{X}$ にも事前分布が用意されていますが，シンプルな設定の回帰問題では $\mathbf{X}$ はデータとしてすでに与えられていることがほとんどなので，実は $p(\mathbf{x}_n)$ は推論結果に影響を与えることはありません．

[*8] 一般的に，あるモデルに対するグラフィカルモデルの表記の粒度は任意であることに注意してください．例えば，表現として $\mathbf{X}$ および $\mathbf{Y}$ を使って複数ノードをまとめれば図 1.17 にはプレート表現が不要になりますし，逆に多次元ベクトル $\mathbf{w}$ の要素ごとにノードを描いてしまってもかまいません．

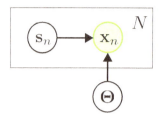

図 1.18 クラスタリングのグラフィカルモデル.

算にあたっては,式 (1.65) の右辺を計算し,結果が正規化($\mathbf{w}$ に関して積分すると 1)されるように比例定数を求める必要があります.また,学習された $\mathbf{w}$ の分布を使って新しい入力値 $\mathbf{x}_*$ に対応する未知の出力値 y_* に関する**予測分布(predictive distribution)**を求めることができます.

$$p(y_*|\mathbf{x}_*, \mathbf{Y}, \mathbf{X}) = \int p(y_*|\mathbf{x}_*, \mathbf{w})p(\mathbf{w}|\mathbf{Y}, \mathbf{X})\mathrm{d}\mathbf{w} \quad (1.66)$$

事後分布 $p(\mathbf{w}|\mathbf{Y}, \mathbf{X})$ がデータを観測したあとの $\mathbf{w}$ の不確かさを表していると考えれば,あらゆる可能な $\mathbf{w}$ に対して $\mathbf{x}_*$ から y_* への予測モデル $p(y_*|\mathbf{x}_*, \mathbf{w})$ の重み付き平均を計算しているようなイメージになります.

ちなみに,回帰および分類モデルは,入力 $\mathbf{x}_n$ が与えられた条件付き分布 $p(y_n|\mathbf{x}_n, \mathbf{w})$ を直接モデル化するという意味で**条件付きモデル(conditional model)**と呼ばれることもあります[*9].これはあとで説明する**同時モデル(joint model)**との対比になっています.

クラスタリングに関しても同様に,観測変数と未知変数の関係性を記述することによってモデルが構築できます.クラスタ数 K が事前にわかっている比較的単純な設定を考えると,観測データ $\mathbf{X} = \{\mathbf{x}_1, \ldots, \mathbf{x}_N\}$ に対するクラスタの割り当て方 $\mathbf{S} = \{\mathbf{s}_1, \ldots, \mathbf{s}_N\}$ と,それぞれのクラスタごとの中心位置などを表すパラメータ $\boldsymbol{\Theta} = \{\boldsymbol{\theta}_1, \ldots, \boldsymbol{\theta}_K\}$ を使って,次のようにデータの生成過程をモデル化できます.

$$p(\mathbf{X}, \mathbf{S}, \boldsymbol{\Theta}) = p(\boldsymbol{\Theta}) \prod_{n=1}^{N} p(\mathbf{x}_n|\mathbf{s}_n, \boldsymbol{\Theta})p(\mathbf{s}_n) \quad (1.67)$$

対応するグラフィカルモデルは図 1.18 になります.ここでは,ある事前分布 $p(\boldsymbol{\Theta})$ に従ってパラメータ $\boldsymbol{\Theta}$ が決定され,またデータ点 $\mathbf{x}_n$ ごとに $p(\mathbf{s}_n)$ の確率でクラスタの割り当て $\mathbf{s}_n$ が決まっていきます.また各 $\mathbf{x}_n$ は,$\mathbf{s}_n$ に

[*9] **識別モデル(discriminative model)** と呼ぶことも非常に一般的ですが,これは分類だけを指すように解釈されることもあり,誤解を招きやすいため,本書では使用しません.

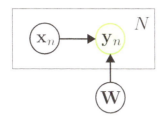

図 1.19 次元削減のグラフィカルモデル．

よって指定されたパラメータ $\boldsymbol{\theta}_k$ をもとに $p(\mathbf{x}_n|\mathbf{s}_n, \boldsymbol{\Theta})$ の分布に従って生成されると仮定されています．また，各 $\mathbf{s}_n$ はデータ点 $\mathbf{x}_n$ の生成を決定づける未観測の変数であることから，**隠れ変数（hidden variable）**または**潜在変数（latent variable）**と呼ばれています[*10]．このモデルから実際に手元にあるデータ $\mathbf{X}$ を使って事後分布 $p(\mathbf{S}|\mathbf{X})$ および $p(\boldsymbol{\Theta}|\mathbf{X})$ を計算することにより，データ $\mathbf{X}$ に対するクラスタ割り当てや中心位置などに関して確率的な表現を得ることができます．このモデルと学習方法に関しては 4 章で詳細に行いますので，ここではクラスタリング問題を確率モデルと推論によってアプローチできることのイメージだけを掴んでおいてください．

最後に，線形次元削減の場合は

$$p(\mathbf{Y}, \mathbf{X}, \mathbf{W}) = p(\mathbf{Y}|\mathbf{X}, \mathbf{W})p(\mathbf{X})p(\mathbf{W})$$
$$= p(\mathbf{W}) \prod_{n=1}^{N} p(\mathbf{y}_n|\mathbf{x}_n, \mathbf{W})p(\mathbf{x}_n) \quad (1.68)$$

としてモデル化できます．これは，ここでは $\mathbf{W}$ が行列になっているものの，本質的には式（1.64）で示される線形回帰モデルと同じ式になります．ただし，線形次元削減の場合は潜在変数 $\mathbf{X}$ が観測されないことを前提にしているので，図 1.19 で示すグラフィカルモデルでは $\mathbf{X}$ は未観測のノードとして扱われています．このモデルから，パラメータの事後分布 $p(\mathbf{W}|\mathbf{Y})$ および潜在変数 $\mathbf{X}$ の事後分布 $p(\mathbf{X}|\mathbf{Y})$ を計算することが目標になります．特に，データ圧縮や可視化を目的とした場合では，事後分布 $p(\mathbf{X}|\mathbf{Y})$ の平均値を使ったりすることが多いようです．

ここで紹介したクラスタリングや線形次元削減のモデルは，すべての観測データに対する背後の生成過程を記述するという意味で**生成モデル（generative model）**と一般的には呼ばれています．また，回帰や分類を条件付

[*10] ただし，パラメータも含む観測されていない未知の値をすべてまとめて潜在変数と呼ぶこともあります．

34　Chapter 1　機械学習とベイズ学習

きモデルと呼んだ場合の対比として，これらのモデルを**同時モデル**（joint model）と呼ぶこともできます．これは，すべてのデータや未知の変数（パラメータなど）に関する同時分布を直接構築することを意味しています．

> **参考** **1.2　教師あり学習と教師なし学習**
>
> 　機械学習の手法は**教師あり学習**（supervised learning），**教師なし学習**（unsupervised learning）あるいはその間をとった**半教師あり学習**（semi-supervised learning）といったように分類されることがあります．本書の例では，入力 $\mathbf{x}$ から出力ラベル $\mathbf{y}$ を直接予測する手法である回帰や分類が教師あり学習に該当し，このような入出力のペアのデータが与えられないクラスタリングや次元削減は教師なし学習に該当します．
>
> 　一方で，ベイズ推論による機械学習の枠組みでは，基本的には変数を「知っている値」と「知らない値」しか推論のうえでは区別しないのが特徴です．実際，式（1.68）で表されるような線形次元削減のモデルに対して $\mathbf{X}$ が観測値であると仮定すれば，（多次元の）線形回帰モデルになることはすでにお話ししました．すなわち，複数の変数間の関係性を記述するモデル化のプロセスがまず最初にあり，次元削減なのか回帰なのかといったことは，単純にモデルの中のどの変数を観測しているか（知っているか）の差にすぎないことがいえます．したがって，用語として覚えておくことは重要ではあるものの，あまり「教師あり」や「教師なし」といった分類に縛られる必要性はありません．

1.6.3　複雑な事後分布に対する近似

　ベイズ推論の技法を用いれば，回帰や分類，クラスタリング，次元削減などの各機械学習の代表的なタスクに対して一貫したアプローチを示せることを説明しました．しかし，これらのタスクは赤玉白玉を袋から取り出すような問題と比べると複雑であり，実際のところ線形回帰モデルにおける推論式（1.65）以外では解析的な事後分布が得られないことが知られています[*11]．また，分類モデルは回帰モデルと同じグラフィカルモデルをもってはいるものの，式（1.4）で表されるシグモイド関数のような非線形の関数が間に入っ

[*11] 本書における「解析的に得る」とは，ある問題の解が特別な最適化アルゴリズムなどを用いる必要がなく，閉じた形式で得られることを示唆します．ただし，解析的に解が示せたとしても，巨大な逆行列の計算を伴ってしまうなど，コンピュータを用いても現実的には計算できない場合もありますので注意してください．

ているため，こちらに関しては解析的な事後分布を得ることはできません．

ある確率モデル $p(\mathcal{D}, \mathbf{X})$ に対して事後分布 $p(\mathbf{X}|\mathcal{D})$ を得たいとします．比較的シンプルなモデルでは，この事後分布はガウス分布やベルヌーイ分布のように特性のよく知られた単純な確率分布に帰着できます．例えば，式(1.64)を使った線形回帰モデルでは，観測データやパラメータの生成に関してガウス分布を仮定した場合，パラメータの事後分布や新規データに対する予測分布を同じくガウス分布の形で厳密に求めることができます．

クラスタリングや次元削減の推論が解析的に計算できない理由としては，主に周辺化（$\int p(\mathcal{D}, \mathbf{X}) \mathrm{d}\mathbf{X}$ または $\sum_{\mathbf{X}} p(\mathcal{D}, \mathbf{X})$）の操作に伴うことが多く，例えば連続変数に対しては積分計算が解析的に実行不可能であったり，離散変数に対しては天文学的な組み合わせの和を計算しなければならないケースなどがあります．

解析的に計算できない未知の確率分布 $p(\mathbf{X}|\mathcal{D})$ を「知る」ための手段として，1つはサンプリング（sampling）と呼ばれる便利な手法があります．これは，計算機を使ってこの分布からサンプル $\mathbf{X}^{(i)} \sim p(\mathbf{X}|\mathcal{D})$ を大量に得ることによって事後分布 $p(\mathbf{X}|\mathcal{D})$ の平均値や散らばり具合などを調べたり，あるいは単純に得られたサンプル点を可視化するなどして分布の傾向を探ろうとするものです．ベイズ推論の分野では MCMC（Markov chain Monte Carlo）と呼ばれるサンプリングの手法群が広く使われており，ギブスサンプリング（Gibbs sampling）やハミルトニアンモンテカルロ（Hamiltonian Monte Carlo），逐次モンテカルロ（sequential Monte Carlo）などさまざまな手法が提案されています．本書ではこの中でも複雑な確率分布からサンプルを得るためのシンプルな手法としてギブスサンプリングを中心に扱っていくことにします．

もう1つのアプローチは，計算のしやすい簡単な式を使って周辺化計算を近似的に実行する方法です．これは例えば，事後分布 $p(\mathbf{X}|\mathcal{D})$ の計算に伴う困難な積分を，解析計算が可能な簡単な関数を部分的に使うことによって近似的に実現したり，事後分布自体を直接 $p(\mathbf{X}|\mathcal{D}) \approx q(\mathbf{X})$ のように，より手ごろに扱える近似確率分布 $q(\mathbf{X})$ を提案することによって表現する手法があります．このような方法にはラプラス近似（Laplace approximation），変分推論（variational inference）[*12]，期待値伝播（expectation propagation）といった手法があり，本書ではこの中でも比較的シンプルで実用性が高い変分推論を中心に解説をします．

[*12] 変分近似（variational approximation）とも呼ばれます．対象が事前分布を含んだベイズモデルであることを強調するために変分ベイズ（variational Bayes）と呼ばれることもあります．

36 Chapter 1 機械学習とベイズ学習

1.6.4 不確実性に基づく意思決定

多くの現実的な問題では，ただ単にある未知の現象が起こる確率を見積もったり，未知の連続値に関わる確率的な傾向を調べるだけが目的になることはありません．確率推論はあくまで対象となる現象の**不確実性（uncertainty）**を定量的に表す手段として使われるので，推論の結果自体が何かしらの**意思決定（decision making）**を行っているわけではなく，両者をしっかり別のプロセスとして区別する必要があります．

例えば，明日の天気を予測するような推論アルゴリズムを構築し，$p(y)$ という予測分布が推論結果としてすでに得られているとします．予測が，

$$p(y = 晴) = 0.8$$
$$p(y = 雨) = 0.2 \tag{1.69}$$

として求められているとき，我々は外出する際に傘を持っていくべきでしょうか．

晴れる確率が雨が降る確率より高い（$p(y = 晴) > p(y = 雨)$）からといって，傘を持っていかないと決断してしまうのは単純すぎるでしょう．式（1.69）で表される推論結果は明日の天気に関する不確実性を表しているだけなので，傘を持っていくかどうかは意思を決定する人の価値観や状況に依存してきます．したがって，このような要素に関しては，**損失関数（loss function）**というものを新たに考えることにより定量化を行う必要があります．例えば，雨で濡れるのを嫌う A さんの場合は，

$$L_A(y = 晴, x = 傘なし) = 0$$
$$L_A(y = 雨, x = 傘なし) = 100$$
$$L_A(y - 晴, x = 傘あり) = 10$$
$$L_A(y = 雨, x = 傘あり) = 15$$

のように損失関数 $L_A(y, x)$ を書くことができます．このとき，次のような**期待値（expectation）**を計算することによってそれぞれの意思決定を行った場合の損失を見積もることができます．

$$\sum_y L_A(y, x = 傘なし)p(y) = 0 \times 0.8 + 100 \times 0.2$$
$$= 20$$

$$\sum_y \mathrm{L_A}(y, x = 傘あり)p(y) = 10 \times 0.8 + 15 \times 0.2$$

$$= 11$$

この場合，雨が降る確率が 0.2 とかなり低いにもかかわらず，A さんの場合は傘を持って出かけたほうが期待損失が少ないことがわかります．

　一方で，雨で濡れるのをそれほど気にせず，むしろ荷物になる傘を持ち歩くのを嫌う B さんの場合はどうなるでしょうか．損失関数が

$$\mathrm{L_B}(y = 晴, x = 傘なし) = 0$$
$$\mathrm{L_B}(y = 雨, x = 傘なし) = 50$$
$$\mathrm{L_B}(y = 晴, x = 傘あり) = 20$$
$$\mathrm{L_B}(y = 雨, x = 傘あり) = 25$$

のように与えられたとき，それぞれの意思決定を行う場合の損失の期待値は次のようになります．

$$\sum_y \mathrm{L_B}(y, x = 傘なし)p(y) = 10$$
$$\sum_y \mathrm{L_B}(y, x = 傘あり)p(y) = 21$$

結果として，B さんの場合は傘を持たないほうが期待損失は少なくなることがわかります．

　以上のように，ベイズ学習では確率的な推論とそれに伴う意思決定を明確に分けることを基本としています．このような考え方は機械学習にかかわらず日常の意思決定に対しても有効です．我々人間は，起きてほしくない事象の確率を低く見積もってしまったり，あるいは逆に起こる可能性の極めて低い事象に対して過度に準備過剰になったりと，しばしば確率的な予測とそれに伴う損失（または利益）を混同して意思決定をしてしまうことがあります．なるべく多くの情報や知見を使うことによって正しく不確実性 $p(y)$ を見積もり，さらに状況に合わせた損失関数 $\mathrm{L}(y,x)$ を考えることによって，より論理的に行動 x を決定することができます．また，今回は「明日」の天気に関する予測分布を例にしたので，予測分布の不確実性が大きい場合は意思決定を見送ることも重要な選択になります．例えば，実際に出かける直前にもう 1 度天気予報を確認すれば，$p'(y = 雨) = 0.05$ のように予測分布が更新されている可能性もあり，その場合はより確実性の高い意思決定が可能になり

38　Chapter 1　機械学習とベイズ学習

ます．今回の例で計算をしてみれば，A さんはこの新しい予測をもとに「傘を持っていかない」という意思に変更することになります．

　さらに，**強化学習**（**reinforcement learning**）と呼ばれる機械学習の分野においても不確実性の表現は非常に重要な役割をもちます．強化学習では，ある未知の環境下において，限られた制約（時間など）の中で損失を最小化（あるいは報酬を最大化）するような意思決定の手続きを得ることが主要な目的となります．不確実性をうまく取り扱うことができれば，例えば，環境に対する情報が少ない初期段階においてはより広くの範囲を探索してデータを収集し，ある程度情報が蓄積されればそれを利活用した意思決定を行うなどの方針を自然に得ることができます．また，**ベイズ最適化**（**Bayesian optimization**）と呼ばれる手法も不確実性をうまく取り扱ったベイズ学習の応用の 1 つです．ベイズ最適化では，**ガウス過程**（**Gaussian process**）などの確率モデルを使うことにより，解析の難しいシステムや関数の最適なパラメータを不確実性に基づいて探索することができます．

1.6.5　ベイズ学習の利点と欠点

　本書で紹介するような確率の基本計算に基づいたベイズ学習のアプローチは，ほかの機械学習アルゴリズムと比べて数多くの利点があることが知られています．一方で，主に解析不可能な積分や和の計算に伴う技術的な課題点も指摘されています．

1.6.5.1　ベイズ学習の利点

　ベイズ学習は，手続きのシンプルさはもちろんのこと，実問題を解くための数々の有用な特性が存在していることが知られています．

1.　さまざまな問題が一貫性をもって解ける

　すでに示したように，ベイズ学習ではさまざまな機械学習の伝統的なタスクに対して，すべて「モデルの構築」と「推論」の 2 つのステップによってアプローチできます．そのほかにも，データ間の関係性の抽出やモデルの構造の決定，欠損値の処理，異常値の検出など，すべては事後分布の推論問題あるいはそれらを用いた期待値計算に帰着させることができます．

　また，実世界のデータをモデリングする際には，複数あるモデルのうちのどれがデータをもっともよく説明しているかを選びたい場合があります．これはモデル選択と呼ばれている課題であり，3 章の後半で多項式回帰を使った例で紹介しますが，ベイズ学習ではモデルエビデンスと呼ばれる値を評価

1.6 ベイズ学習のアプローチ　　39

することによってモデルの良し悪しを比較することもあります.

2.　対象の不確実性を定量的に取り扱うことができる

　赤玉白玉の問題では, 観測されるデータ数 N が増えていけば, 背後にある観測されない事象 (選んだ袋) に関する不確かさが減少していくことを見ました. このように, 確率推論に基づく解析手法では, データの背後にある根本原因が「袋 a か袋 b か」といった2択の結論を出すのではなく, それぞれの原因がどれほどの確かさであったのかを定量的に表すことができます. 言い方を変えれば, 結果が予測できない場合はモデル自身が「予測できません」と示すことができるのが確率推論の強みになります. これは, 確率モデルに基づかない手法がデータの数やモデルの良し悪しにかかわらずしばしば**過剰な自信 (over confident)** をもって間違った推定をしてしまう問題の有効な解決策にもなります.

　また, 雨傘の例で示した通り, 得られた予測がどれだけの自信あるいは不確実性をもって示されているのかは後段の意思決定を行う際に重要な情報となります. 実際の機械学習システムにおいても, アルゴリズムが算出した予測の不確実性が大きい場合には, 例えば最終的な判断を人間の専門家に委ねたり, あるいは不確実性を減少させるための追加データを要求するなどの応用が考えられます.

3.　利用可能な知識を自然に取り入れることができる

　2にも深く関係することですが, ベイズ推論を行う場合は未知の値 θ に関して何かしらの事前分布 $p(\theta)$ を仮定する必要があります. つまり, 我々がデータを観測する前に θ に関してもっている知識を事前分布を介して数理的に取り込むことができます. もちろん, θ のとりうる値に関して事前に何も知見をもっていない場合は, 事後分布の結果にあまり影響を与えないような事前分布の設定を行うことによって,「知らない」という知識を定量的に表すことも可能です. またこれには, データに関して我々が仮定していることを事前分布を使って隠さずに明記することによって, 前提となる主張を明確化したり, 実験の透明性や再現性が高められるという利点もあります.

　さらに, 確率モデリングの重要な特徴は, 基本的な確率分布をブロックのように自由に組み合わせることにより, 解きたい課題に合わせてモデルを構築したり, なるべく多くの利用可能なデータや知見を推論に組み込むことが可能である点です. 例えば, ベルヌーイ分布とガウス分布を組み合わせることによって, 状況やデータに応じて予測をスイッチするようなモデルが作

れます.また,次元削減アルゴリズムを使ってデータの潜在的な特徴を抽出
し,その特徴の空間でクラスタリングや分類を行うなどのアイデアもよく使
われます.ベルヌーイ分布やカテゴリ分布といった離散の分布をうまく組み
合わせることによって,隠れマルコフモデルと呼ばれるような時系列データ
を解析するためのモデルを構成することもできます.さらに,神経回路を模
した関数近似モデルであるニューラルネットワークや,より複雑な深層学習
といったものも確率分布をうまく組み合わせることによって構築することが
でき,これらに関連する技術群の多くはベイズ学習の特別な場合として解釈
することができます (文献 [6] 参照).

4. 過剰適合しにくい

機械学習ではベイズ推論以外の学習手法として,**最尤推定**(maximum
likelihood estimation)や誤差関数最小化に基づく最適化アルゴリズムが
使われることがありますが,これらの手法は与えられた訓練データに対して
モデルを過剰に当てはめてしまう**過学習**あるいは**過剰適合**(**overfitting**)と
いう現象が起こることが知られています.**図 1.20** は正弦波関数から発生し
た 10 個の観測データに関して 10 次関数を最尤推定に基づいて当てはめたも
のです.結果からわかるように,ここでは複雑な 10 次関数を無理やり観測
データに当てはめようとした結果,明らかに元の正弦波の特徴を捉えられて
いないような推定結果になってしまっています.回帰問題以外でもこのよう
な問題は頻繁に起こり,特に近年応用上よく用いられるような,データ数に
対してパラメータ数が上回っている複雑なモデルに対してはこの傾向が顕著
になります.こうした複雑なモデルに対する過剰適合を防ぐ手段として,**正
則化**(**regularization**)に代表されるようなさまざまなヒューリスティック
が導入されることが多いようです.

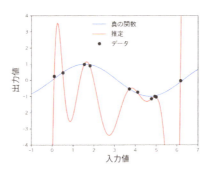

図 1.20　過剰適合の例.

一方でベイズ学習の場合では，厳密にいえば過剰適合という概念自体が存在しません．というのも，ベイズ学習で行われていることは単純に観測されたデータに基づいて事前の仮説を更新するだけであり，そもそもモデルを「フィット」すらさせていないからです．このようなほかの手法と比較した場合においてのベイズ学習の過剰適合を避けられる特性は，特に観測データ数が少ない場合や，モデルが取り扱うデータの種類の数（次元数）が多い場合に威力を発揮します．

ただし注意点として，アルゴリズムが与えられたデータに対してまったく過剰適合をしないと言い切ってしまうのは危険な場合もあります．これにはいくつかの理由があります．第1に，モデルの開発者自身が限られたデータに対してある種の過剰適合をしてしまう可能性があるためです．これは特にデータの数が十分でない場合や，開発者が気づいていない統計的な偏りがある場合に起こりえます．例えば顔認識アルゴリズムを作る際に，日本人の顔データのみを詳細に解析して推定精度を向上させたとしても，欧米人の顔認識の精度が高くなるとは限らず，むしろ低下する可能性すらあります．これを防ぐためには，実際に機械学習サービスが使われる環境になるべく近いデータセットを利用することと，手元にないデータやシチュエーションに対しても常識と創造力を働かせることで「思い込み」や「勘違い」をしないように気を付けてモデル開発することが重要になります．また第2として，取り扱う近似手法の選び方次第では，結果が過剰適合のような振る舞い方をしてしまう可能性は否定できません．例えば，変分推論に基づくアルゴリズムにある種の極端な仮定をおくことにより，著しい過剰適合を起こす最尤推定と同等のアルゴリズムを導くことができます．実際にはこのような恣意的な仮定をおいてアルゴリズムを導くことはないですが，近似アルゴリズムの性能によってはベイズ推論の有益な特性が失われる可能性があることは覚えておいたほうがよいでしょう．

1.6.5.2　ベイズ学習の欠点
前述のようにベイズ学習には数多くの利点がある一方で，次のようないくつかの欠点や技術的に困難な点があります．

1. 数理的な知識を要する
これは9ページで簡単に紹介したツールボックスを利用した機械学習のアプローチとは対照的です．どちらのアプローチを使うにしても，基本的にはデータや現象をよく調べ，背後にある特徴や傾向を探究することが大切です

42　Chapter 1　機械学習とベイズ学習

が，ベイズ学習のアプローチではそれらを数理的な確率モデルに落とし込む必要があります．さらに，構築したモデルに基づいて解析的な推論や計算可能な近似アルゴリズムを導く必要があり，これら一連の作業をこなすにはそれなりの数学的な訓練が必要になってきます．

2. 計算コストがかかる

おおよそ機械学習の分野で興味の対象となる問題は，複雑なモデルを用いて解かれる必要がある場合が多く，そのため解析的な事後分布が得られないことがほとんどです．極端にいえば，ベイズ学習は現実的には解くことのできない問題にアプローチしていることになります．しかし，実際には変分推論や MCMC などといった効率的な近似アルゴリズムが数多く提案されてきているため，ほかの確率推論に基づかない機械学習の手法と比べても決定的に計算が遅いということはほとんどなくなってきています．ただし，こういったアルゴリズムはあくまで近似なので，真の事後分布とはかけ離れた分布を求めてしまうことがあり，それに伴ってベイズ推論における種々の利点が活きてこない場合があります．近似推論によって導かれた結果が，計算コストや精度面でアプリケーションが想定している要求を満たしているかどうかは慎重にチェックするべきでしょう．

> **参考** **1.3　どの言語を使って実装するか？**
>
> 機械学習を使ったサービスを提供するための手段は多種多様であり，音声認識や画像認識などの機能をすでにもつパッケージを利用してアプリケーションを構築する方法から，科学技術計算に特化したプログラミング言語を用いてアルゴリズムを詳細に実装する方法まであります．
>
> 一般的に機械学習の分野では，プログラミングのしやすさやライブラリの充実具合から Python[*13] を用いてサービスを構築する場合が多いようです．アルゴリズムの開発に関しても，次元削減や回帰アルゴリズムなどの既存の機械学習の手法を組み合わせて実装する場合は，Scikit-learn[*14] と呼ばれる Python 用のオープンソースの機械学習ライブラリが非常に人気です．
>
> 数式レベルでゼロから機械学習アルゴリズムを構築する場合は，主に行列計算の実装のしやすさと計算効率の観点から言語を選ぶ必要があります．本書で解説しているモデリングによるアプローチの場合でも，数式の実装のしやすさやプロット関連の充実度から Python や

Matlab*15 といった言語が選ばれていることが多いようです．また，計算効率の観点から最近では Julia*16 を使ってアルゴリズムを実装するケースも増えてきています．

　さらに，近年ではアルゴリズムを作るための数学的な導出を省くために，**確率的プログラミング言語（probabilistic programming language**）と呼ばれるソフトウェアを利用する機会が増えてきています．代表的なものとしては Stan*17 があり，Python などのプログラミング言語に対してもインターフェースが提供されているため，近年急速に人気を集めています．確率的プログラミング言語では，確率モデルを記述すると自動的に MCMC や変分推論などの近似推論アルゴリズムを実行してくれるため，開発者はモデリングに集中することができます．モデルの構築と推論結果の評価のサイクルを効率良く回すことができるため，今後ますます発展が期待される分野になっていますが，現状では人手で丁寧に作ったアルゴリズムと比べて性能がそれほど高くなかったり，あるいはそもそも実応用ではモデル構築の時点で推論が行いやすいようなデザインを心がける必要がある場合が多いので，推論計算を自力で導出できる数理的な知識は今後もやはり必須であると思われます．

---

*13　https://www.python.org/
*14　http://scikit-learn.org/
*15　https://www.mathworks.com/products/matlab.html
*16　https://julialang.org/
*17　http://mc-stan.org/

Chapter 2

基本的な確率分布

本章では，ベイズ学習でよく使われる基本的な確率分布とその性質に関して説明します．はじめに，さまざまな確率分布の性質を考えるうえで非常に重要な概念である期待値を導入します．次に具体的な確率分布をいくつか紹介していきますが，これらは後半の章で登場する複雑な確率モデルを構成するための重要なパーツになります．各種確率分布の定義式や期待値計算の結果は特に覚える必要はないですが，分布の特徴的な性質やほかの分布との関係性はある程度把握しておくと，のちほどの議論の理解がよりスムーズになります．

2.1 期待値

期待値（**expectation**）は，各種確率分布の特徴や推定結果を定量的に表すことに使われるほか，あとの章で頻繁に使う近似推論アルゴリズムにおいても重要な役割を果たします．

2.1.1 期待値の定義

$\mathbf{x}$ をベクトルとしたときに，確率分布 $p(\mathbf{x})$ に対して，ある関数 $f(\mathbf{x})$ の期待値 $\langle f(\mathbf{x}) \rangle_{p(\mathbf{x})}$ は次のように計算されます[*1]．

$$\langle f(\mathbf{x}) \rangle_{p(\mathbf{x})} = \int f(\mathbf{x}) p(\mathbf{x}) \mathrm{d}\mathbf{x} \qquad (2.1)$$

期待値 $\langle f(\mathbf{x}) \rangle_{p(\mathbf{x})}$ は $\mathbf{x}$ の関数ではないことに注意してください．これは定

[*1] 期待値は $\mathbb{E}[\cdot]$ の表記も一般的ですが，本書ではより簡略的なアングルブラケット $\langle \cdot \rangle$ を用いることにします．

義からわかるように，$\mathbf{x}$ は結果としては積分によって除去されてしまうためです．また，文脈から明らかな場合は右下の添え字の $p(\mathbf{x})$ は今後省略することがあるので注意してください．

期待値は次のような線形性が成り立つことも定義からすぐにわかります．

$$\langle af(\mathbf{x}) + bg(\mathbf{x})\rangle_{p(\mathbf{x})} = a\langle f(\mathbf{x})\rangle_{p(\mathbf{x})} + b\langle g(\mathbf{x})\rangle_{p(\mathbf{x})} \tag{2.2}$$

ここで a と b は任意の実数です．

2.1.2 基本的な期待値

ある確率分布 $p(\mathbf{x})$ に対して，次のように $\mathbf{x}$ 自身の期待値を計算したいことがよくあります．

$$\langle \mathbf{x} \rangle_{p(\mathbf{x})} \tag{2.3}$$

これは確率分布 $p(\mathbf{x})$ の**平均**（**mean**）と呼ばれます．

同様にして，ベクトル $\mathbf{x}$ を掛け合わせた値に対する期待値を計算することもよくあります．

$$\langle \mathbf{x}\mathbf{x}^\top \rangle_{p(\mathbf{x})} \tag{2.4}$$

期待値の定義式（2.1）に戻れば容易に確認できますが，一般的には $\langle \mathbf{x}\mathbf{x}^\top \rangle \neq \langle \mathbf{x} \rangle \langle \mathbf{x}^\top \rangle$ となることに注意してください．

また，次のような**分散**（**variance**）と呼ばれる量を計算したい場合もあります．

$$\langle (\mathbf{x} - \langle \mathbf{x} \rangle_{p(\mathbf{x})})(\mathbf{x} - \langle \mathbf{x} \rangle_{p(\mathbf{x})})^\top \rangle_{p(\mathbf{x})} \tag{2.5}$$

式（2.2）の期待値の線形性に注意し，添え字の分布を省略して計算すると，分散は次のように分解できます．

$$\begin{aligned}
\langle (\mathbf{x} - \langle \mathbf{x} \rangle)(\mathbf{x} - \langle \mathbf{x} \rangle)^\top \rangle & \\
&= \langle (\mathbf{x}\mathbf{x}^\top - \mathbf{x}\langle \mathbf{x}^\top \rangle - \langle \mathbf{x} \rangle \mathbf{x}^\top + \langle \mathbf{x} \rangle \langle \mathbf{x} \rangle^\top) \rangle \\
&= \langle \mathbf{x}\mathbf{x}^\top \rangle - \langle \mathbf{x} \rangle \langle \mathbf{x}^\top \rangle
\end{aligned} \tag{2.6}$$

この関係式は覚えておくと便利です．

さらに，次のような 2 種類以上の異なる変数に対して期待値を計算するケースもあります．

$$\langle \mathbf{x}\mathbf{y}^\top \rangle_{p(\mathbf{x},\mathbf{y})} \tag{2.7}$$

46　**Chapter 2**　基本的な確率分布

2つの確率分布 $p(\mathbf{x})$ および $p(\mathbf{y})$ が独立である場合に限り，期待値は次のように別々に計算できます．

$$\langle \mathbf{x}\mathbf{y}^\top \rangle_{p(\mathbf{x},\mathbf{y})} = \langle \mathbf{x} \rangle_{p(\mathbf{x})} \langle \mathbf{y}^\top \rangle_{p(\mathbf{y})}$$

$$(\text{s.t.}\ \ p(\mathbf{x},\mathbf{y}) = p(\mathbf{x})p(\mathbf{y})) \tag{2.8}$$

一般的には2つの変数は独立でないので，条件付き分布を使って次のように内側から順番に期待値を計算することがよく行われます．

$$\langle \mathbf{x}\mathbf{y} \rangle_{p(\mathbf{x},\mathbf{y})} = \langle \langle \mathbf{x} \rangle_{p(\mathbf{x}|\mathbf{y})} \mathbf{y}^\top \rangle_{p(\mathbf{y})} \tag{2.9}$$

ここで登場する $\langle f(\mathbf{x}) \rangle_{p(\mathbf{x}|\mathbf{y})}$ のような計算は特に**条件付き期待値**（**conditional expectation**）と呼ばれています．この場合，積分計算によって $\mathbf{x}$ は除去され，結果は $\mathbf{y}$ の関数になることに注意してください．

2.1.3　エントロピー

確率分布 $p(\mathbf{x})$ に対する次のような期待値を**エントロピー**（**entropy**）と呼び，次のように定義します．

$$\begin{aligned}
\mathrm{H}[p(\mathbf{x})] &= -\int p(\mathbf{x}) \ln p(\mathbf{x}) \mathrm{d}\mathbf{x} \\
&= -\langle \ln p(\mathbf{x}) \rangle_{p(\mathbf{x})}
\end{aligned} \tag{2.10}$$

エントロピーは確率分布の「乱雑さ」を表す指標として知られています．

例えば，$p(x = 1) = 1/3$, $p(x = 0) = 2/3$ となるような離散分布を考えると，この分布のエントロピーは

$$\begin{aligned}
\mathrm{H}[p(x)] &= -\sum_x p(x) \ln p(x) \\
&= -\{p(x = 1) \ln p(x = 1) + p(x = 0) \ln p(x = 0)\} \\
&= -\left(\frac{1}{3} \ln \frac{1}{3} + \frac{2}{3} \ln \frac{2}{3}\right) \\
&= 0.6365 \cdots
\end{aligned} \tag{2.11}$$

のように計算をすることができます．同様にして，分布 $q(x = 1) = q(x = 0) = 1/2$ を考えると，

$$\mathrm{H}[q(x)] = 0.6931 \cdots \tag{2.12}$$

2.1 期待値　47

となるため，こちらの分布のほうがエントロピーが大きくなっています．このことから，感覚的にはエントロピーは確率分布から生じる変数の「予測のしにくさ」を表しているともいえます．

2.1.4　KL ダイバージェンス

2つの確率分布 $p(\mathbf{x})$ および $q(\mathbf{x})$ に対して，次のような期待値を **KL ダイバージェンス**（**Kullback-Leibler divergence**）と呼びます．

$$
\begin{aligned}
\mathrm{KL}[q(\mathbf{x})\|p(\mathbf{x})] &= -\int q(\mathbf{x}) \ln \frac{p(\mathbf{x})}{q(\mathbf{x})} \mathrm{d}\mathbf{x} \\
&= \langle \ln q(\mathbf{x}) \rangle_{q(\mathbf{x})} - \langle \ln p(\mathbf{x}) \rangle_{q(\mathbf{x})}
\end{aligned} \tag{2.13}
$$

KL ダイバージェンスは任意の確率分布の組に対して $\mathrm{KL}[q(\mathbf{x})\|p(\mathbf{x})] \geq 0$ であり，等号が成り立つのは2つの分布が完全に一致する場合 $q(\mathbf{x}) = p(\mathbf{x})$ に限られます．また，KL ダイバージェンスは2つの確率分布の「距離」を表していると解釈されますが，一般的には $\mathrm{KL}[q(\mathbf{x})\|p(\mathbf{x})] \neq \mathrm{KL}[p(\mathbf{x})\|q(\mathbf{x})]$ であるため，数学的な距離の公理は満たしていないことに注意してください．

2.1.5　サンプリングによる期待値の近似計算

ある確率分布 $p(\mathbf{x})$ と関数 $f(\mathbf{x})$ に対して，期待値の定義式（2.1）による解析的な計算が行えない場合があります．その際には $p(\mathbf{x})$ からのいくつかのサンプル点 $\mathbf{x}^{(1)}, \dots, \mathbf{x}^{(L)} \sim p(\mathbf{x})$ を得ることによって，期待値の近似値を次のように求めることができます．

$$
\langle f(\mathbf{x}) \rangle_{p(\mathbf{x})} \approx \frac{1}{L} \sum_{l=1}^{L} f(\mathbf{x}^{(l)}) \tag{2.14}
$$

ここで，再び $p(x = 1) = 1/3$，$p(x = 0) = 2/3$ となるような離散分布を考え，いくつかのサンプルされた値を使ってこの分布のエントロピーを近似的に求めてみることにしましょう．例えば，$x = 1$ となる事象を3回，$x = 0$ となる事象を7回観測したとすれば，エントロピーは

$$
\begin{aligned}
\mathrm{H}[p(x)] &\approx -\frac{1}{10}\left(3 \ln \frac{1}{3} + 7 \ln \frac{2}{3}\right) \\
&= 0.6134\cdots
\end{aligned} \tag{2.15}
$$

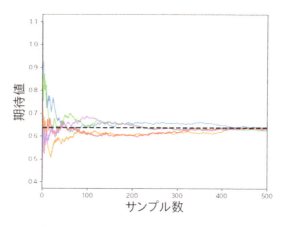

図 2.1 サンプリングによるエントロピーの近似.

と近似的に求めることができます．図 2.1 で示すように，サンプル数 L を増やせば増やすほど近似値は式（2.11）によって求めた厳密的な値に近づいていきます．このような簡単な確率分布の場合はサンプリングによる近似を使う利点はありませんが，複雑な確率分布では期待値の計算に困難な積分を伴う場合や，天文学的な組み合わせ数の足し算が必要になる場合などがあり，サンプリング手法を使い現実的な時間内で近似解を得ることはよく行われます．

2.2 離散確率分布

ここからは，さまざまな機械学習アルゴリズムを構築するためのパーツとなる各種基本的な確率分布の定義と，その用途や性質を解説します．はじめに，多項分布やポアソン分布に代表されるような，離散値を生成する確率分布を紹介します．

2.2.1 ベルヌーイ分布

はじめに，もっとも単純な離散の確率分布である**ベルヌーイ分布**（Bernoulli distribution）を紹介します．ベルヌーイ分布は 2 値をとる変数 $x \in \{0, 1\}$ を生成するための確率分布で，1 個のパラメータ $\mu \in (0, 1)$ によって分布の性質が決まります．

$$\mathrm{Bern}(x|\mu) = \mu^x(1-\mu)^{1-x} \tag{2.16}$$

コインの表裏やくじ引きの当たりはずれのように，同時には起こらない2つの事象を表現するために使われます．

さて，少し簡単に実験してみましょう．パラメータを $\mu = 0.5$ と設定したときに，この確率分布から x を20回ほどサンプルしてみたところ，次のような系列が得られました．

$$\{x_1,\dots,x_{20}\} = \{1,0,0,1,1,0,1,0,0,1,0,0,1,1,1,0,1,0,1,1\} \tag{2.17}$$

0が9回，1が11回と，ほぼ半々の割合で x がサンプルされているのがわかりますね．では $\mu = 0.9$ ではどうでしょうか．

$$\{x_1,\dots,x_{20}\} = \{1,0,1,1,1,1,1,1,1,0,1,1,1,1,0,1,1,1,1,1\} \tag{2.18}$$

ほとんどの出現値が1になりました．このようにして μ の値の設定の仕方次第で，生成される x の傾向が変わります．

この分布に関する基本的な期待値は次の通りです．

$$\langle x \rangle = \mu \tag{2.19}$$

$$\langle x^2 \rangle = \mu \tag{2.20}$$

式 (2.1) で表される期待値の定義に基づいて計算すれば，これらの結果は簡単に得られます．式 (2.20) の結果は，変数 x が0か1のいずれかの値しかとらないため，常に $x^2 = x$ となることからも理解することができます．

これら2つの期待値を使って，もう少し複雑な期待値計算に挑戦してみましょう．まず，エントロピーですが，定義式 (2.10) に対して式 (2.16) で定義されるベルヌーイ分布を当てはめて計算してみると，

$$
\begin{aligned}
\mathrm{H}[\mathrm{Bern}(x|\mu)] &= -\langle \ln \mathrm{Bern}(x|\mu) \rangle \\
&= -\langle x \ln \mu + (1-x)\ln(1-\mu) \rangle \\
&= -\langle x \rangle \ln \mu - (1 - \langle x \rangle)\ln(1-\mu) \\
&= -\mu \ln \mu - (1-\mu)\ln(1-\mu)
\end{aligned}
\tag{2.21}
$$

となります．この結果を使ってさまざまなパラメータ μ の設定に対してエントロピーを算出してみたグラフが図2.2です．ベルヌーイ分布では，$\mu = 0.5$ のときエントロピーが最大になり，これは直観的に解釈すれば $\mu = 0.5$ のと

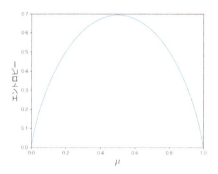

図 2.2　ベルヌーイ分布のエントロピー.

表 2.1　ベルヌーイ分布の KL ダイバージェンス.

μ \ $\hat{\mu}$	0.1	0.5	0.9
0.1	0.00	0.51	1.76
0.5	0.37	0.00	0.37
0.9	1.76	0.51	0.00

きがもっとも「出目が予測しづらい」あるいは「出目を予測するための情報がない」場合であるといえます．逆に μ が 0 や 1 に近い値をとっている場合は，エントロピーの値は 0 に近づき，出目の予測が非常に容易になっていると解釈できます．

　次に KL ダイバージェンスに関しても計算してみましょう．ここでは，パラメータの異なる 2 つのベルヌーイ分布 $p(x) = \mathrm{Bern}(x|\mu)$ および $q(x) = \mathrm{Bern}(x|\hat{\mu})$ に対する KL ダイバージェンスを考えることにします．

$$\mathrm{KL}[q(x)||p(x)] = -\mathrm{H}[q(x)] - \langle \ln p(x) \rangle_{q(x)} \tag{2.22}$$

$\mathrm{H}[q(x)]$ は式 (2.21) の結果を $\mu = \hat{\mu}$ として置き換えれば求まります．また右側の項も，

$$\begin{aligned}\langle \ln p(x) \rangle_{q(x)} &= \langle \ln \mathrm{Bern}(x|\mu) \rangle_{\mathrm{Bern}(x|\hat{\mu})} \\ &= \hat{\mu} \ln \mu + (1 - \hat{\mu}) \ln(1 - \mu)\end{aligned} \tag{2.23}$$

としてパラメータのみで表すことができます．いくつかの μ と $\hat{\mu}$ を代入して KL ダイバージェンスを計算してみた結果が表 2.1 になります．μ と $\hat{\mu}$ の値が離れているほど 2 つの分布は異なってくるため，KL ダイバージェンス

は大きくなっています. また, 一般的には $\mathrm{KL}[q(x)\|p(x)] \neq \mathrm{KL}[p(x)\|q(x)]$ であることから, 2つの分布を入れ替えた場合の値は基本的には一致しないことに注意してください.

2.2.2 二項分布

ベルヌーイ分布では1回のコイントスに対する表裏の確率分布を表現しました. ここで, 同様の試行を M 回繰り返した場合に拡張してみます. つまり, コイントスを M 回行ったあとの表が出た回数 $m \in \{0, 1, \ldots, M\}$ に関する確率分布を考えれば, 分布は

$$\mathrm{Bin}(m|M, \mu) = {}_M\mathrm{C}_m \mu^m (1 - \mu)^{M-m} \tag{2.24}$$

と書くことができ, これは**二項分布 (binomial distribution)** と呼ばれています. ここで,

$$_M\mathrm{C}_m = \frac{M!}{m!(M - m)!} \tag{2.25}$$

です. ある特定の, 表が M 回中 m 回出るような事象の確率は $\mu^m (1-\mu)^{M-m}$ ですが, 同じく回数が m になるような事象が全部で ${}_M\mathrm{C}_m$ 通り存在するので, 式 (2.24) のような確率質量関数になります.「回数」に関する分布なので, ベルヌーイ分布を単純に M 回掛け算した場合とは, 注目する変数が異なることに注意してください. **図 2.3** ではさまざまなパラメータ M および μ の設定をした場合の分布の形状を図示しています.

二項分布はベルヌーイ分布の一種の拡張であると見ることができます. $M = 1$ としたとき, 二項分布は

$$\mathrm{Bin}(m|M = 1, \mu) = {}_1\mathrm{C}_m \mu^m (1 - \mu)^{1-m}$$
$$= \mu^m (1 - \mu)^{1-m} \tag{2.26}$$

となり, $M = 1$ の場合では $m \in \{0, 1\}$ であるので, これは式 (2.16) におけるベルヌーイ分布の定義に対して $x = m$ と置き換えたものと同じ形式になっています.

二項分布の基本的な期待値は次の通りです.

$$\langle m \rangle = M\mu \tag{2.27}$$

$$\langle m^2 \rangle = M\mu\{(M - 1)\mu + 1\} \tag{2.28}$$

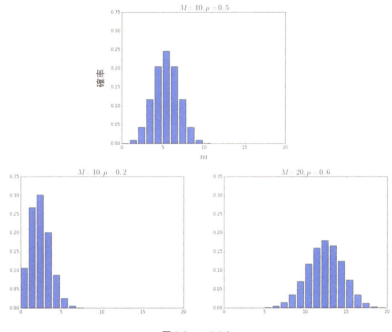

図 2.3 二項分布.

2.2.3 カテゴリ分布

今度は，ベルヌーイ分布をより一般的な K 次元の確率分布に拡張してみましょう．$\mathbf{s}$ を K 次元ベクトルとし，それぞれの要素が $s_k \in \{0, 1\}$，かつ $\sum_{k=1}^{K} s_k = 1$ を満たすとします．このようなベクトル表記を **1 of K 表現** (1 of K representation) と呼びます．サイコロで例えるならば，例えば 5 の出目を $\mathbf{s} = (0, 0, 0, 0, 1, 0)^\top$ というように表現できます．

次式で定義される $\mathbf{s}$ 上の確率分布を**カテゴリ分布** (categorical distribution) と呼びます．

$$\mathrm{Cat}(\mathbf{s}|\boldsymbol{\pi}) = \prod_{k=1}^{K} \pi_k^{s_k} \qquad (2.29)$$

ここで $\boldsymbol{\pi} = (\pi_1, \ldots, \pi_K)^\top$ は分布を決める K 次元のパラメータで，$\pi_k \in (0, 1)$ かつ $\sum_{k=1}^{K} \pi_k = 1$ を満たすように設定する必要があります．例えば $K = 6$ とし，すべての k に対して $\pi_k = 1/6$ とおけば，一様な 6 面のサイコロの出目に関する分布を表現することができます．

2.2 離散確率分布　53

ちなみに $K = 2$ とすればカテゴリ分布はベルヌーイ分布と一致するはずです．確認してみましょう．

$$\mathrm{Cat}(\mathbf{s}|\pi_1, \pi_2) = \pi_1{}^{s_1} \pi_2{}^{s_2}$$
$$= \pi_1{}^{s_1}(1 - \pi_1)^{1-s_1} \tag{2.30}$$

2 行目では $s_1 + s_2 = 1$ と $\pi_1 + \pi_2 = 1$ の制約を利用しました．$\pi_1 = \mu$，$s_1 = x$ のように文字を置き換えればベルヌーイ分布であることがわかります[*2]．

期待値計算も，次のように基本的にはベルヌーイ分布と同様です．

$$\langle s_k \rangle = \pi_k \tag{2.31}$$
$$\langle s_k^2 \rangle = \pi_k \tag{2.32}$$

カテゴリ分布のエントロピーは次のように簡単に計算することができます．

$$\mathrm{H}[\mathrm{Cat}(\mathbf{s}|\boldsymbol{\pi})] = -\langle \ln \mathrm{Cat}(\mathbf{s}|\boldsymbol{\pi}) \rangle$$
$$= -\Big\langle \sum_{k=1}^{K} s_k \ln \pi_k \Big\rangle$$
$$= -\sum_{k=1}^{K} \langle s_k \rangle \ln \pi_k$$
$$= -\sum_{k=1}^{K} \pi_k \ln \pi_k \tag{2.33}$$

2.2.4　多項分布

ベルヌーイ分布，二項分布，カテゴリ分布と紹介しましたが，実はこれらの分布はすべてこれから紹介する**多項分布**（**multinomial distribution**）の特殊な場合とみることができます．アイデアとしてはベルヌーイ分布から二項分布に拡張した場合と同じで，カテゴリ分布における試行を M 回繰り返したあとの k 番目の事象に関する出現回数 m_k の分布を考えます．

多項分布の定義式は次のようになります．

[*2]　同様にして，変数の和の制約 $\sum_k s_k = 1$ を利用すれば，カテゴリ分布は $K - 1$ 次元の変数上の分布として考えることもできますが，計算をするうえでは 1 of K 表現のほうが便利であることが多いので本書ではこちらを使うことにします．

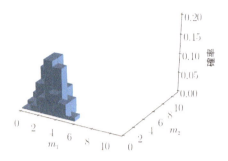
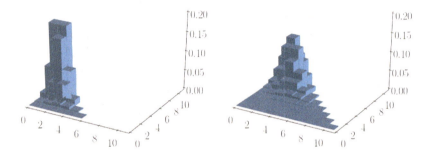

図 2.4 多項分布.

$$\text{Mult}(\mathbf{m}|\boldsymbol{\pi}, M) = M! \prod_{k=1}^{K} \frac{\pi_k{}^{m_k}}{m_k!} \tag{2.34}$$

ここで $\mathbf{m}$ は K 次元ベクトルであり，m_k が k 番目の事象が出た回数を表すことになります．つまり，$m_k \in \{0, 1, \ldots, M\}$ かつ $\sum_{k=1}^{K} m_k = M$ を満たします．パラメータ $\boldsymbol{\pi}$ はカテゴリ分布の場合と同様に各要素が $\pi_k \in (0, 1)$ かつ $\sum_{k=1}^{K} \pi_k = 1$ を満たすように設定する必要があります．パラメータ M および $\boldsymbol{\pi}$ の設定を色々変えてみて分布を描画してみたのが図 2.4 です．

多項分布に関する基本的な期待値は次のようになります．

$$\langle m_k \rangle = M \pi_k \tag{2.35}$$

$$\langle m_j m_k \rangle = \begin{cases} M \pi_k \{(M-1)\pi_k + 1\} & \text{if } j = k \\ M(M-1)\pi_j \pi_k & \text{otherwise} \end{cases} \tag{2.36}$$

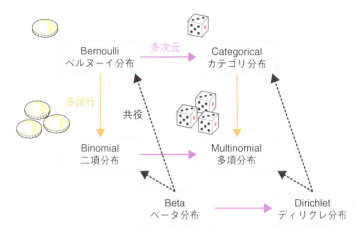

図 2.5 各離散分布の関係性.

図 2.5 に関係性を示した通り,多項分布はここまでに紹介した 3 つの離散分布(ベルヌーイ分布,二項分布,カテゴリ分布)を一般化した確率分布になっています.多項分布は $M = 1$ とした場合はカテゴリ分布に一致し,$K = 2$ とした場合は二項分布になります.図 2.5 にはほかにもこれらの離散分布に対する**共役事前分布**(**conjugate prior**)であるベータ分布およびディリクレ分布との関係性も入れています.共役事前分布は,ベイズ学習では効率的なパラメータの学習を実現するために用いられます.ベータ分布やディリクレ分布の定義も本章の後半で紹介しますが,具体的な共役性の意味や使い方に関しては 3 章で具体的なベイズ推論の例を通して解説します.

2.2.5 ポアソン分布

ポアソン分布(**Poisson distribution**)は非負の整数 x を生成するための確率分布で,次のように定義されます.

$$\text{Poi}(x|\lambda) = \frac{\lambda^x}{x!} e^{-\lambda} \tag{2.37}$$

$\lambda \in \mathbb{R}^+$ はポアソン分布の形状を決めるためのパラメータです.また,ポアソン分布の確率密度関数に対して次のような対数表示も準備しておくと,後ほど推論計算を行う際に便利です.

$$\ln \text{Poi}(x|\lambda) = x \ln \lambda - \ln x! - \lambda \tag{2.38}$$

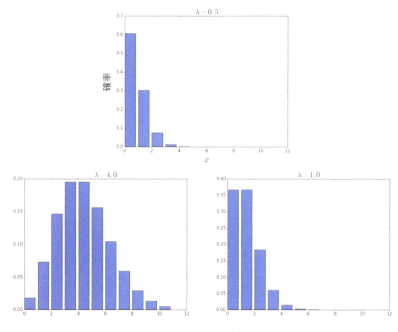

図 2.6 ポアソン分布.

ポアソン分布のふるまいを確かめるために，異なるパラメータ λ の設定に対する確率質量関数をグラフにしたものが図 2.6 です．各図で，ポアソン分布のもつ確率値がグラフの右側にいくに従って小さくなっていますが，取り得る値の上限が与えられている二項分布と違い，どんなに大きな x の値に対しても確率値は完全にゼロにはならないことに注意してください．

ポアソン分布に関する基本的な期待値は次の通りです．

$$\langle x \rangle = \lambda \tag{2.39}$$

$$\langle x^2 \rangle = \lambda(\lambda + 1) \tag{2.40}$$

2.3 連続確率分布

ここでは，ガウス分布に代表されるような連続値を生成する確率分布を紹介します．また，ここで導入するガンマ分布やディリクレ分布などは，ベイズ学習においてはほかの確率分布に対する共役事前分布として扱われることが多く，計算効率の高い学習アルゴリズムを実現するための必須のパーツに

2.3.1 ベータ分布

ベータ分布（**beta distribution**）は $\mu \in (0, 1)$ となるような変数を生成してくれる確率分布です．

$$\mathrm{Beta}(\mu|a,b) = C_\mathrm{B}(a,b)\mu^{a-1}(1-\mu)^{b-1} \tag{2.41}$$

ここで，$a \in \mathbb{R}^+$ および $b \in \mathbb{R}^+$ はこの分布のパラメータです．また，$C_\mathrm{B}(a,b)$ はこの確率分布が正規化されることを保証するための項で，具体的には次のようにパラメータから計算できます．

$$C_\mathrm{B}(a,b) = \frac{\Gamma(a+b)}{\Gamma(a)\Gamma(b)} \tag{2.42}$$

ここで $\Gamma(\cdot)$ はガンマ関数（**gamma function**）と呼ばれるもので，定義や性質は付録 A.2 を参照してください．ベータ分布はこのように一見複雑な正規化項 $C_\mathrm{B}(a,b)$ をもっていますが，あとの例で見るように，多くの場合では，この正規化項をいちいち計算する必要はないため，ここではそれほど心配する必要はありません．図 2.7 はパラメータ a, b の値を色々変えてみた場合のベータ分布を描いたものです．

また，実際にベータ分布を使う場合は，次のような分布に対数をとったものに対して計算することが多いので見慣れておくと便利です．

$$\ln \mathrm{Beta}(\mu|a,b) = (a-1)\ln\mu + (b-1)\ln(1-\mu) + \ln C_\mathrm{B}(a,b) \tag{2.43}$$

ベータ分布に関する基本的な期待値は次のようになっています．

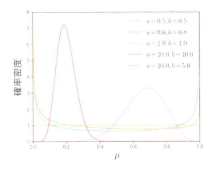

図 2.7 ベータ分布．

58　**Chapter 2**　基本的な確率分布

$$\langle \mu \rangle = \frac{a}{a+b} \tag{2.44}$$

$$\langle \ln \mu \rangle = \psi(a) - \psi(a+b) \tag{2.45}$$

$$\langle \ln(1 - \mu) \rangle = \psi(b) - \psi(a+b) \tag{2.46}$$

ここで $\psi(\cdot)$ はディガンマ関数（**digamma function**）と呼ばれるもので，こちらも詳細に関しては付録 A.2 を参照してください．

ベータ分布のエントロピーを計算してみましょう．エントロピーの定義に従って計算すれば，

$$
\begin{aligned}
&\mathrm{H}[\mathrm{Beta}(\mu|a,b)] \\
&= -\langle \ln \mathrm{Beta}(\mu|a,b) \rangle \\
&= -(a-1)\langle \ln \mu \rangle - (b-1)\langle \ln(1-\mu) \rangle - \ln C_\mathrm{B}(a,b) \\
&= -(a-1)\psi(a) - (b-1)\psi(b) + (a+b-2)\psi(a+b) \\
&\quad - \ln C_\mathrm{B}(a,b)
\end{aligned}
\tag{2.47}
$$

となり，すべて前述した期待値計算を使うことによってパラメータだけの関数として表すことができます．

また，ベータ分布はベルヌーイ分布および二項分布の平均パラメータ μ に対する共役事前分布として知られています．ベータ分布とベルヌーイ分布の共役性を利用したベイズ推論は 3 章で解説します．

2.3.2　ディリクレ分布

ディリクレ分布（**Dirichlet distribution**）はベータ分布を多次元に拡張したものになります．すなわち，K 次元ベクトルを $\boldsymbol{\pi} = (\pi_1, \ldots, \pi_K)^\top$ としたとき，$\sum_{k=1}^K \pi_k = 1$ かつ $\pi_k \in (0,1)$ が満たされるような $\boldsymbol{\pi}$ を生成してくれる確率分布であり，次のように定義されます．

$$\mathrm{Dir}(\boldsymbol{\pi}|\boldsymbol{\alpha}) = C_\mathrm{D}(\boldsymbol{\alpha}) \prod_{k=1}^K \pi_k^{\alpha_k - 1} \tag{2.48}$$

ここで K 次元のパラメータ $\boldsymbol{\alpha}$ のそれぞれの要素 α_k は正の実数値です．また，正規化項は

$$C_\mathrm{D}(\boldsymbol{\alpha}) = \frac{\Gamma(\sum_{k=1}^K \alpha_k)}{\prod_{k=1}^K \Gamma(\alpha_k)} \tag{2.49}$$

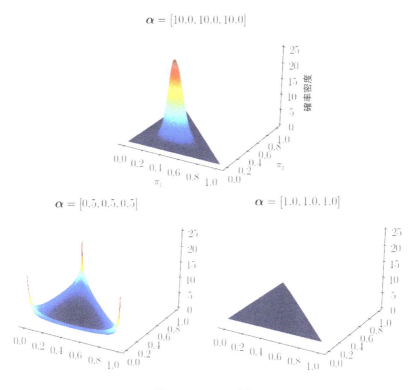

図 2.8　ディリクレ分布.

であり，関数 $\Gamma(\cdot)$ はガンマ関数です．なお，ディリクレ分布に対して $K = 2$ とし，さらに $\pi_2 = 1 - \pi_1$, $\alpha_1 = a$, $\alpha_2 = b$ などと置き直せば，式 (2.41) で表されるベータ分布が得られます．

3 次元のディリクレ分布に対して異なるパラメータを設定してプロットした結果が図 2.8 です．高さは各 $\boldsymbol{\pi}$ の具体的な値における $\mathrm{Dir}(\boldsymbol{\pi}|\boldsymbol{\alpha})$ を表しています．縦軸と横軸はそれぞれ π_1 および π_2 ですが，$\boldsymbol{\pi}$ に関する制約条件から，図にあるような 2 次元の三角形上にのみ確率密度が存在することになります．

あとの章では，ディリクレ分布に対数をとったものを計算として使うことが多いので，便利のためここで書き下しておきます．

$$\ln \mathrm{Dir}(\boldsymbol{\pi}|\boldsymbol{\alpha}) = \sum_{k=1}^{K} (\alpha_k - 1) \ln \pi_k + \ln C_{\mathrm{D}}(\boldsymbol{\alpha}) \qquad (2.50)$$

ディリクレ分布に関する基本的な期待値計算は次のようになります．

$$\langle \pi_k \rangle = \frac{\alpha_k}{\sum_{i=1}^{K} \alpha_i} \tag{2.51}$$

$$\langle \ln \pi_k \rangle = \psi(\alpha_k) - \psi(\sum_{i=1}^{K} \alpha_i) \tag{2.52}$$

ここで $\psi(\cdot)$ はディガンマ関数です.

上記の基本的な期待値計算を使って,ディリクレ分布のエントロピーを計算してみます.

$$\begin{aligned}
\mathrm{H}[\mathrm{Dir}(\boldsymbol{\pi}|\boldsymbol{\alpha})] &= -\langle \ln \mathrm{Dir}(\boldsymbol{\pi}|\boldsymbol{\alpha}) \rangle \\
&= -\sum_{k=1}^{K} (\alpha_k - 1) \langle \ln \pi_k \rangle - \ln C_\mathrm{D}(\boldsymbol{\alpha}) \\
&= -\sum_{k=1}^{K} (\alpha_k - 1)(\psi(\alpha_k) - \psi(\sum_{i=1}^{K} \alpha_i)) - \ln C_\mathrm{D}(\boldsymbol{\alpha}) \tag{2.53}
\end{aligned}$$

2 つの異なるディリクレ分布の間の KL ダイバージェンスも確認してみましょう. $p(\boldsymbol{\pi}) = \mathrm{Dir}(\boldsymbol{\pi}|\boldsymbol{\alpha})$, $q(\boldsymbol{\pi}) = \mathrm{Dir}(\boldsymbol{\pi}|\hat{\boldsymbol{\alpha}})$ とおくと,

$$\mathrm{KL}[q||p] = -\mathrm{H}[\mathrm{Dir}(\boldsymbol{\pi}|\hat{\boldsymbol{\alpha}})] - \langle \ln \mathrm{Dir}(\boldsymbol{\pi}|\boldsymbol{\alpha}) \rangle_{q(\boldsymbol{\pi})} \tag{2.54}$$

となります. 最初の項は分布 q に関するエントロピーを計算すればよく,右の項は,

$$\begin{aligned}
\langle \ln \mathrm{Dir}(\boldsymbol{\pi}|\boldsymbol{\alpha}) \rangle_{q(\boldsymbol{\pi})} &= \sum_{k=1}^{K} (\alpha_k - 1) \langle \ln \pi_k \rangle_{q(\boldsymbol{\pi})} + \ln C_\mathrm{D}(\boldsymbol{\alpha}) \\
&= \sum_{k=1}^{K} (\alpha_k - 1)(\psi(\hat{\alpha}_k) - \psi(\sum_{i=1}^{K} \hat{\alpha}_i)) + \ln C_\mathrm{D}(\boldsymbol{\alpha}) \tag{2.55}
\end{aligned}$$

となります.

ベータ分布がベルヌーイ分布および二項分布に対する共役事前分布であることと同様に,ディリクレ分布はカテゴリ分布および多項分布の共役事前分布として知られています. このような関係性に関しては図 2.5 に整理されています.

2.3.3 ガンマ分布

ガンマ分布(**gamma distribution**)は正の実数 $\lambda \in \mathbb{R}^+$ を生成してくれるような確率分布で,次のように定義されます.

$$\mathrm{Gam}(\lambda|a,b) = C_{\mathrm{G}}(a,b)\lambda^{a-1}e^{-b\lambda} \quad (2.56)$$

ここでパラメータ a および b はともに正の実数値として与える必要があります[*3]．図 2.9 には，いくつかの異なるパラメータ a および b を設定した場合のガンマ分布の確率密度関数をプロットしています．また $C_{\mathrm{G}}(a,b)$ はガンマ分布の正規化項であり，

$$C_{\mathrm{G}}(a,b) = \frac{b^a}{\Gamma(a)} \quad (2.57)$$

と定義されます．$\Gamma(\cdot)$ はガンマ関数です．実際に細かい計算をする際には，次のようにガンマ分布に対して対数をとったものを使うのが便利です．

$$\ln \mathrm{Gam}(\lambda|a,b) = (a-1)\ln\lambda - b\lambda + \ln C_{\mathrm{G}}(a,b) \quad (2.58)$$

ガンマ分布もガンマ関数が登場してきて何やら複雑そうに見えますが，実際には計算を工夫すれば正規化項を直接取り扱う機会はほとんどありません．

ガンマ分布に関する基本的な期待値は次のようになります．

$$\langle \lambda \rangle = \frac{a}{b} \quad (2.59)$$

$$\langle \ln \lambda \rangle = \psi(a) - \ln b \quad (2.60)$$

ガンマ分布のエントロピーは次のようになり，上記の基本的な期待値計算で簡単に求められることがわかります．

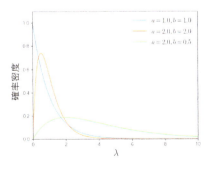

図 2.9　ガンマ分布．

[*3]　b の逆数 $\theta = 1/b$ をパラメータとしてガンマ分布が表現されることもあります．特にアルゴリズムを実装する際は，ライブラリがどちらのパラメータ表現を採用しているかに注意をしてください．

$$H[\text{Gam}(\lambda|a,b)] = -\langle \ln \text{Gam}(\lambda|a,b) \rangle$$
$$= -(a-1)\langle \ln \lambda \rangle + b\langle \lambda \rangle - \ln C_G(a,b)$$
$$= -(a-1)(\psi(a) - \ln b) + a - \ln C_G(a,b)$$
$$= (1-a)\psi(a) - \ln b + a + \ln \Gamma(a) \qquad (2.61)$$

2 つのガンマ分布 $p(\lambda) = \text{Gam}(\lambda|a,b)$ および $q(\lambda) = \text{Gam}(\lambda|\hat{a},\hat{b})$ に対する KL ダイバージェンスの計算を見てみましょう.

$$\text{KL}[q(\lambda)||p(\lambda)] = -H[\text{Gam}(\lambda|\hat{a},\hat{b})] - \langle \ln \text{Gam}(\lambda|a,b) \rangle_{q(\lambda)} \qquad (2.62)$$

左の項は分布 $q(\lambda)$ に関するエントロピーとして計算でき,右の項は

$$\langle \ln \text{Gam}(\lambda|a,b) \rangle_{q(\lambda)} = (a-1)\langle \ln \lambda \rangle_{q(\lambda)} - b\langle \lambda \rangle_{q(\lambda)} + \ln C_G(a,b)$$
$$= (a-1)(\psi(\hat{a}) - \ln \hat{b}) - \frac{b\hat{a}}{\hat{b}} + \ln C_G(a,b) \qquad (2.63)$$

と求めることができます.

ガンマ分布は,ポアソン分布のパラメータ λ に対する共役事前分布であり,さらに次に紹介する 1 次元ガウス分布の精度パラメータ（分散の逆数）に対する共役事前分布にもなっています.

2.3.4 1 次元ガウス分布

ガウス分布（**Gaussian distribution**）または正規分布（**normal distribution**）は,統計学はもちろん,機械学習の分野においてももっとも重要な役割をもつ連続分布です. $x \in \mathbb{R}$ を生成する 1 次元ガウス分布の確率密度関数は次のようになります.

$$\mathcal{N}(x|\mu,\sigma^2) = \frac{1}{\sqrt{2\pi\sigma^2}}\exp\left\{-\frac{(x-\mu)^2}{2\sigma^2}\right\} \qquad (2.64)$$

ここでは表記を見やすくするため指数関数を $\exp(a) = e^a$ とおいています. $\mu \in \mathbb{R}$ はガウス分布の平均パラメータであり,ガウス分布の中心位置を指し示します. さらに $\sigma^2 \in \mathbb{R}^+$ は分散パラメータであり,ガウス分布の広がり具合を示しています. いくつかの異なる μ および σ に対するガウス分布をプロットしてみたのが図 2.10 です.

指数部分が複雑なため,ガウス分布も次のような対数上で計算を行ったほうが便利です.

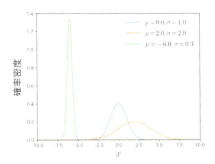

図 2.10　1 次元ガウス分布.

$$\ln \mathcal{N}(x|\mu,\sigma^2) = -\frac{1}{2}\Big\{\frac{(x-\mu)^2}{\sigma^2} + \ln\sigma^2 + \ln 2\pi\Big\} \tag{2.65}$$

特に，対数をとった式が単純に x に関する上に凸の 2 次関数であることを覚えておけば，のちほどのガウス分布を使った推論計算の理解がスムーズになります．

基本的な期待値計算は次のようにパラメータで表されます．

$$\langle x \rangle = \mu \tag{2.66}$$

$$\langle x^2 \rangle = \mu^2 + \sigma^2 \tag{2.67}$$

さて，これらをもとにガウス分布のエントロピーを計算してみましょう．式 (2.65) の対数表記を使えばこれは簡単に計算できます．

$$\begin{aligned}
\mathrm{H}[\mathcal{N}(x|\mu,\sigma^2)] &= -\langle \ln\mathcal{N}(x|\mu,\sigma^2) \rangle \\
&= \frac{1}{2}\langle \frac{(x-\mu)^2}{\sigma^2} + \ln\sigma^2 + \ln 2\pi \rangle \\
&= \frac{1}{2}\Big(\frac{\langle x^2 \rangle - 2\langle x \rangle\mu + \mu^2}{\sigma^2} + \ln\sigma^2 + \ln 2\pi\Big) \\
&= \frac{1}{2}(1 + \ln\sigma^2 + \ln 2\pi) \tag{2.68}
\end{aligned}$$

さらに，2 つの形状の異なるガウス分布を $p(x) = \mathcal{N}(x|\mu,\sigma^2)$ および $q(x) = \mathcal{N}(x|\hat{\mu},\hat{\sigma}^2)$ とし，KL ダイバージェンスを計算してみましょう．

$$\mathrm{KL}[q(x)||p(x)] = -\mathrm{H}[\mathcal{N}(x|\hat{\mu},\hat{\sigma}^2)] - \langle \ln\mathcal{N}(x|\mu,\sigma^2) \rangle_{q(x)} \tag{2.69}$$

左側のエントロピーの項は式 (2.68) の結果を使えば求められます．右側の期待値の項を計算してみると，

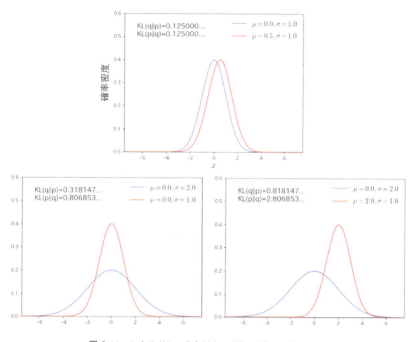

図 2.11　1次元ガウス分布同士の KL ダイバージェンス.

$$\langle \ln \mathcal{N}(x|\mu, \sigma^2) \rangle_{q(x)} = -\frac{1}{2}\big(\frac{\langle x^2 \rangle_{q(x)} - 2\langle x \rangle_{q(x)}\mu + \mu^2}{\sigma^2} + \ln \sigma^2 + \ln 2\pi\big)$$

$$= -\frac{1}{2}\big(\frac{\hat{\mu}^2 + \hat{\sigma}^2 - 2\hat{\mu}\mu + \mu^2}{\sigma^2} + \ln \sigma^2 + \ln 2\pi\big) \quad (2.70)$$

となります.式 (2.69) のエントロピーの項と組み合わせてさらに計算を進めると,1次元ガウス分布の KL ダイバージェンスは結果として次のようにまとめられます.

$$\mathrm{KL}[q(x)||p(x)] = \frac{1}{2}\big\{\frac{(\mu - \hat{\mu})^2 + \hat{\sigma}^2}{\sigma^2} + \ln \frac{\sigma^2}{\hat{\sigma}^2} - 1\big\} \quad (2.71)$$

図 2.11 は,異なる 2 つの 1 次元ガウス分布間における KL ダイバージェンスの計算結果の例です.

2.3.5　多次元ガウス分布

1 次元ガウス分布をより一般的な D 次元に拡張したものが**多次元ガウス分布**(**multivariate Gaussian distribution**)です.これはベクトル

2.3 連続確率分布　65

$\mathbf{x} \in \mathbb{R}^D$ を生成するための確率分布であり，次のように定義されます．

$$\mathcal{N}(\mathbf{x}|\boldsymbol{\mu}, \boldsymbol{\Sigma}) = \frac{1}{\sqrt{(2\pi)^D|\boldsymbol{\Sigma}|}}\exp\left\{-\frac{1}{2}(\mathbf{x}-\boldsymbol{\mu})^\top\boldsymbol{\Sigma}^{-1}(\mathbf{x}-\boldsymbol{\mu})\right\} \quad (2.72)$$

ここで $\boldsymbol{\mu} \in \mathbb{R}^D$ は平均パラメータであり，**共分散行列（covariance matrix）** パラメータ $\boldsymbol{\Sigma}$ はサイズが $D \times D$ であるような**正定値行列（positive definite matrix）** である必要があります[*4]．また，$|\boldsymbol{\Sigma}|$ は $\boldsymbol{\Sigma}$ の行列式（determinant）を返す関数です．行列式はオーバーフローやアンダーフローを起こす可能性があるので，プログラムを実装するうえでは対数 $\ln|\boldsymbol{\Sigma}|$ を直接返してくれるような logdet() 関数を使うのが便利です．

多次元ガウス分布の対数表示は次の通りになります．

$$\ln\mathcal{N}(\mathbf{x}|\boldsymbol{\mu}, \boldsymbol{\Sigma}) = -\frac{1}{2}\{(\mathbf{x}-\boldsymbol{\mu})^\top\boldsymbol{\Sigma}^{-1}(\mathbf{x}-\boldsymbol{\mu}) + \ln|\boldsymbol{\Sigma}| + D\ln 2\pi\} \quad (2.73)$$

元の定義式 (2.72) よりもこちらの対数表示のほうが見た目が少し簡単になるので，実際の計算を行ううえでは頻繁に登場することになります．

一般的に D 次元のガウス分布は，単純に 1 次元のガウス分布を D 個掛け合わせたものとは異なります．図 2.12 に示すように，多次元ガウス分布では $\boldsymbol{\Sigma}$ の設定の仕方により，異なる次元同士の相関を表現することができます．このような異なる次元間の相関は，行列 $\boldsymbol{\Sigma}$ の非対角成分によって表現されます．逆にいうと，$\boldsymbol{\Sigma}$ に対して対角行列を仮定すれば，それは D 個の独立した 1 次元ガウス分布に分解できます．これを確認するために，例えば，

$$\boldsymbol{\Sigma} = \begin{bmatrix} \sigma_1^2 & \cdots & 0 \\ \vdots & \ddots & \vdots \\ 0 & \cdots & \sigma_D^2 \end{bmatrix} \quad (2.74)$$

とおき，式 (2.73) に代入して計算を進めてみると，

$$\ln\mathcal{N}(\mathbf{x}|\boldsymbol{\mu}, \boldsymbol{\Sigma}) = -\frac{1}{2}\sum_{d=1}^D\left\{\frac{(x_d-\mu_d)^2}{\sigma_d^2} + \ln\sigma_d^2 + \ln 2\pi\right\}$$

$$= \ln\prod_{d=1}^D\mathcal{N}(x_d|\mu_d, \sigma_d^2) \quad (2.75)$$

となります．共分散行列が対角行列なので，途中計算の過程で異なる次元同士（$d \neq d'$）の積 $x_d x_{d'}$ がすべて消えるため，結果がこのように D 個に分解

[*4]　正定値行列に関しては巻末の付録を参照してください．

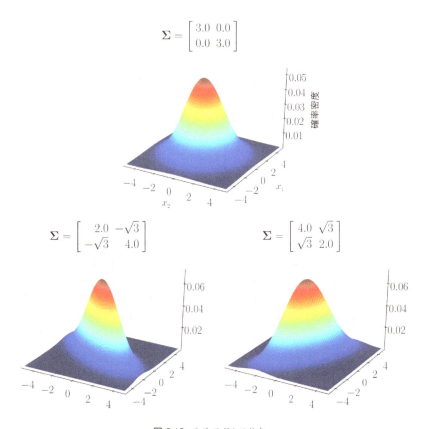

図 2.12 2 次元ガウス分布.

できることになります.

さて, D 次元ガウス分布の基本的な期待値を導入しておきます.

$$\langle \mathbf{x} \rangle = \boldsymbol{\mu} \tag{2.76}$$

$$\langle \mathbf{x}\mathbf{x}^\top \rangle = \boldsymbol{\mu}\boldsymbol{\mu}^\top + \boldsymbol{\Sigma} \tag{2.77}$$

多次元ガウス分布の扱いに慣れるために, ここでエントロピーの計算を行ってみましょう.

$$\begin{aligned} \mathrm{H}[\mathcal{N}(\mathbf{x}|\boldsymbol{\mu}, \boldsymbol{\Sigma})] &= -\langle \ln \mathcal{N}(\mathbf{x}|\boldsymbol{\mu}, \boldsymbol{\Sigma}) \rangle \\ &= \frac{1}{2}\{\langle (\mathbf{x}-\boldsymbol{\mu})^\top \boldsymbol{\Sigma}^{-1}(\mathbf{x}-\boldsymbol{\mu}) \rangle + \ln|\boldsymbol{\Sigma}| + D\ln 2\pi\} \end{aligned} \tag{2.78}$$

ここで, 期待値の部分を計算するために少しだけ行列のトレース (付録 A.1

参照）を利用した計算を行います.

$$
\begin{aligned}
&\langle (\mathbf{x} - \boldsymbol{\mu})^\top \boldsymbol{\Sigma}^{-1} (\mathbf{x} - \boldsymbol{\mu}) \rangle \\
&= \mathrm{Tr}(\langle (\mathbf{x} - \boldsymbol{\mu})^\top \boldsymbol{\Sigma}^{-1} (\mathbf{x} - \boldsymbol{\mu}) \rangle) \\
&= \mathrm{Tr}((\langle \mathbf{x}\mathbf{x}^\top \rangle - \langle \mathbf{x} \rangle \boldsymbol{\mu}^\top - \boldsymbol{\mu} \langle \mathbf{x} \rangle^\top + \boldsymbol{\mu}\boldsymbol{\mu}^\top) \boldsymbol{\Sigma}^{-1}) \\
&= \mathrm{Tr}(\boldsymbol{\Sigma} \boldsymbol{\Sigma}^{-1}) \\
&= \mathrm{Tr}(\mathbf{I}_D) \\
&= D
\end{aligned}
\tag{2.79}
$$

計算途中の $\mathbf{I}_D$ は D 次元の単位行列を表します. 難しい期待値がかなりスッキリしましたね. まとめると, 多次元ガウス分布のエントロピーは

$$
\mathrm{H}[\mathcal{N}(\mathbf{x}|\boldsymbol{\mu}, \boldsymbol{\Sigma})] = \frac{1}{2}\{\ln|\boldsymbol{\Sigma}| + D(\ln 2\pi + 1)\}
\tag{2.80}
$$

となります.

　同じ要領で KL ダイバージェンスも計算してみましょう. 2 つの異なる D 次元ガウス分布を $p(\mathbf{x}) = \mathcal{N}(\mathbf{x}|\boldsymbol{\mu}, \boldsymbol{\Sigma})$, $q(\mathbf{x}) = \mathcal{N}(\mathbf{x}|\hat{\boldsymbol{\mu}}, \hat{\boldsymbol{\Sigma}})$ とおくと,

$$
\mathrm{KL}[q(\mathbf{x})\|p(\mathbf{x})] = -\mathrm{H}[\mathcal{N}(\mathbf{x}|\hat{\boldsymbol{\mu}}, \hat{\boldsymbol{\Sigma}})] - \langle \ln \mathcal{N}(\mathbf{x}|\boldsymbol{\mu}, \boldsymbol{\Sigma}) \rangle_{q(\mathbf{x})}
\tag{2.81}
$$

となります. 左のエントロピーの項は計算済みの式 (2.80) に $q(\mathbf{x})$ を当てはめて計算すれば大丈夫でしょう. 式 (2.81) の 2 番目の期待値の項を展開してみると,

$$
\begin{aligned}
\langle \ln \mathcal{N}(\mathbf{x}|\boldsymbol{\mu}, \boldsymbol{\Sigma}) \rangle_{q(\mathbf{x})} = -\frac{1}{2}\{ &\langle (\mathbf{x} - \boldsymbol{\mu})^\top \boldsymbol{\Sigma}^{-1}(\mathbf{x} - \boldsymbol{\mu}) \rangle_{q(\mathbf{x})} \\
&+ \ln|\boldsymbol{\Sigma}| + D \ln 2\pi \}
\end{aligned}
\tag{2.82}
$$

となります. 先ほどと同じようにトレースを使った行列計算をすると,

$$
\langle (\mathbf{x} - \boldsymbol{\mu})^\top \boldsymbol{\Sigma}^{-1}(\mathbf{x} - \boldsymbol{\mu}) \rangle_{q(\mathbf{x})} = \mathrm{Tr}[\{(\boldsymbol{\mu} - \hat{\boldsymbol{\mu}})(\boldsymbol{\mu} - \hat{\boldsymbol{\mu}})^\top + \hat{\boldsymbol{\Sigma}}\}\boldsymbol{\Sigma}^{-1}]
\tag{2.83}
$$

となります. これらの結果を式 (2.81) に代入すれば, 多次元ガウス分布の KL ダイバージェンスは

$$
\mathrm{KL}[q(\mathbf{x})\|p(\mathbf{x})] = \frac{1}{2}\{\mathrm{Tr}[\{(\boldsymbol{\mu} - \hat{\boldsymbol{\mu}})(\boldsymbol{\mu} - \hat{\boldsymbol{\mu}})^\top + \hat{\boldsymbol{\Sigma}}\}\boldsymbol{\Sigma}^{-1})] + \ln\frac{|\boldsymbol{\Sigma}|}{|\hat{\boldsymbol{\Sigma}}|} - D\}
\tag{2.84}
$$

と求めることができます.

68 **Chapter 2** 基本的な確率分布

2.3.6 ウィシャート分布

ウィシャート分布（**Wishart distribution**）は，$D \times D$ の正定値行列 $\mathbf{\Lambda}$ を生成してくれるような確率分布です．この分布は，多次元ガウス分布の共分散行列の逆行列である**精度行列**（**precision matrix**）を生成するための確率分布として使われており，次のように定義されます．

$$\mathcal{W}(\mathbf{\Lambda}|\nu, \mathbf{W}) = C_{\mathcal{W}}(\nu, \mathbf{W})|\mathbf{\Lambda}|^{\frac{\nu-D-1}{2}}\exp\left\{-\frac{1}{2}\mathrm{Tr}(\mathbf{W}^{-1}\mathbf{\Lambda})\right\} \quad (2.85)$$

ν は**自由度**（**degree of freedom**）パラメータと呼ばれており，$\nu > D - 1$ を満たすように設定する必要があります．また，パラメータ $\mathbf{W}$ は $D \times D$ の正定値行列です．

ウィシャート分布も指数部分が込み入っているので，次のような対数表示を使うと，さまざまな計算の見通しがよくなります．

$$\ln \mathcal{W}(\mathbf{\Lambda}|\nu, \mathbf{W}) = \frac{\nu - D - 1}{2}\ln|\mathbf{\Lambda}| - \frac{1}{2}\mathrm{Tr}(\mathbf{W}^{-1}\mathbf{\Lambda}) + \ln C_{\mathcal{W}}(\nu, \mathbf{W})$$

$$(2.86)$$

ウィシャート分布の正規化項 $C_{\mathcal{W}}(\nu, \mathbf{W})$ はかなり複雑ですが，対数で書くと次のようになります．

$$\ln C_{\mathcal{W}}(\nu, \mathbf{W})$$
$$= -\frac{\nu}{2}\ln|\mathbf{W}| - \frac{\nu D}{2}\ln 2 - \frac{D(D-1)}{4}\ln \pi - \sum_{d=1}^{D}\ln \Gamma\left(\frac{\nu+1-d}{2}\right)$$

$$(2.87)$$

ほかの確率分布と同様に，この正規化項を直接計算する機会はあまりありません．

さて，ウィシャート分布は正定値行列を生成するための確率分布なので，得られるサンプルや分布の形状を具体的にイメージするのが簡単ではありません．ここでは，2 次元ウィシャート分布からサンプルされた $\mathbf{\Lambda}$ を使って 2 次元ガウス分布を生成することで可視化を試みたいと思います．平均パラメータがゼロベクトルである 2 次元ガウス分布に対して $\mathbf{\Sigma} = \mathbf{\Lambda}^{-1}$ と代入することにより，いくつかのガウス分布をプロットすると**図 2.13** のようになります．図中には，精度行列の期待値の逆行列も破線で表現しています．

また，ウィシャート分布を 1 次元にするとガンマ分布と一致します．$D = 1$ とおき，Λ や W を正の実数値であるとすれば，

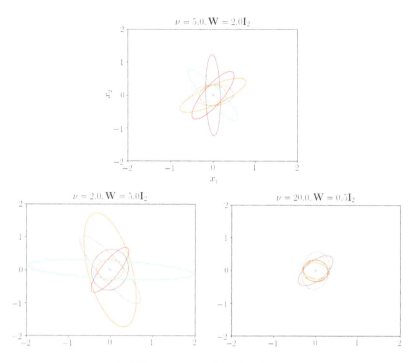

図 2.13 ウィシャート分布からのサンプル.

$$\ln \mathcal{W}(\Lambda|\nu, W) = \frac{\nu-2}{2}\ln \Lambda - \frac{\Lambda}{2W} + \ln C_{\mathcal{W}}(\nu, W) \tag{2.88}$$

となります.ここで,$a = \frac{\nu}{2}$, $b = \frac{1}{2W}$ と置き直せば,1次元のウィシャート分布を式（2.56）で表されるガンマ分布として表現することができます.言い換えれば,ウィシャート分布はガンマ分布を行列に拡張（正の実数から正定値行列）した確率分布であるといえますね.

ウィシャート分布の基本的な期待値は次のようになります.

$$\langle \Lambda \rangle = \nu W \tag{2.89}$$

$$\langle \ln |\Lambda| \rangle = \sum_{d=1}^{D} \psi\left(\frac{\nu+1-d}{2}\right) + D\ln 2 + \ln |W| \tag{2.90}$$

エントロピーは次のように展開すれば,基本的な期待値を使って表すことができます.

70   **Chapter 2**   基本的な確率分布

$$H[\mathcal{W}(\boldsymbol{\Lambda}|\nu, \mathbf{W})]$$

$$= -\langle \ln \mathcal{W}(\boldsymbol{\Lambda}|\nu, \mathbf{W}) \rangle$$

$$= -\frac{\nu - D - 1}{2} \langle \ln |\boldsymbol{\Lambda}| \rangle + \frac{1}{2}\mathrm{Tr}(\mathbf{W}^{-1}\langle \boldsymbol{\Lambda} \rangle) - \ln C_{\mathcal{W}}(\nu, \mathbf{W})$$

$$= -\frac{\nu - D - 1}{2} \langle \ln |\boldsymbol{\Lambda}| \rangle + \frac{\nu D}{2} - \ln C_{\mathcal{W}}(\nu, \mathbf{W}) \tag{2.91}$$

　ウィシャート分布は多次元ガウス分布の精度行列，つまり共分散行列パラメータの逆行列 $\boldsymbol{\Sigma}^{-1}$ に対する共役事前分布になることが知られています．具体的な使い方に関しては 3 章の基本的なベイズ推論で紹介します．

Chapter 3

ベイズ推論による学習と予測

> 本章では 2 章で紹介した基本的な確率分布を使って，ベイズ学習の基本であるパラメータの事後分布および未観測値の予測分布の解析的な計算を解説します．ここで紹介する典型的な計算例は，あとの章で登場するような，より複雑な確率モデルに対する推論を行うための基礎となるものですので，ぜひご自身の手で計算を確認してみてください．

3.1 学習と予測

　ここでは，確率推論を用いたパラメータの学習と未観測の値の予測に関して説明します．一般的に機械学習の分野では，モデルのもつパラメータの値をデータから決定することを**学習**（training, learning）と呼んでいます．ベイズ推論の枠組みでは，パラメータも不確実性を伴う確率変数として扱うので，確率計算によってデータを観測したあとのパラメータの事後分布を求めることが学習にあたります．また，多くの場合では単純にモデルのパラメータを得るだけではなく，まだ観測されていない値に関する予測を行うことが主要な課題になります．ベイズ学習では予測分布に関しても確率推論を使って求め，未知の値に対する平均値やばらつき具合などの各種期待値を調べたり，サンプルを得ることによって視覚的に予測を理解することが行われます．

3.1.1 パラメータの事後分布

　訓練データ集合を $\mathcal{D}$ としたとき，ベイズ学習では次のような同時分布

72　**Chapter 3**　ベイズ推論による学習と予測

$p(\mathcal{D}, \theta)$ を考えることによってデータを表現するモデルを構築します.

$$p(\mathcal{D}, \theta) = p(\mathcal{D}|\theta)p(\theta) \tag{3.1}$$

ここで, θ はモデルに含まれる未知のパラメータです. パラメータに関する事前の不確実性は, 事前分布 $p(\theta)$ を設定することによってモデルに反映されます. また, 特定のパラメータ θ からどのようにしてデータ $\mathcal{D}$ が発生するのかを記述している部分が $p(\mathcal{D}|\theta)$ の項の役割であり, これを θ の関数と見た場合は**尤度関数**(**likelihood function**)と呼ばれます.

　データ $\mathcal{D}$ を観測したあとでは, パラメータの不確実性はベイズの定理を用いて次のように更新されます.

$$p(\theta|\mathcal{D}) = \frac{p(\mathcal{D}|\theta)p(\theta)}{p(\mathcal{D})} \tag{3.2}$$

この条件付き分布 $p(\theta|\mathcal{D})$ を計算することが, ベイズ学習の枠組みにおける「学習」にあたる部分になります. 事後分布 $p(\theta|\mathcal{D})$ は $p(\theta)$ と比べて, 尤度関数 $p(\mathcal{D}|\theta)$ を通すことによって, より観測データ $\mathcal{D}$ に関する特徴を捉えていることが期待できます. 本章では, 主にパラメータの事後分布が解析的に計算できるような簡単なケースを取り扱います.

3.1.2　予測分布

　さらに, 学習されたパラメータの分布を使って, 未観測のデータ x_* に対して何らかの知見を得たい場合があります. これは, 次のような**予測分布**(**predictive distribution**)$p(x_*|\mathcal{D})$ を計算することによって実現できます.

$$p(x_*|\mathcal{D}) = \int p(x_*|\theta)p(\theta|\mathcal{D})\mathrm{d}\theta \tag{3.3}$$

$p(\theta|\mathcal{D})$ で表現されるさまざまな θ の重みについてモデル $p(x_*|\theta)$ を平均化するイメージです.

　さて, 式 (3.3) の意味するところは**図 3.1** のグラフィカルモデルを使ってより深く理解することができます. このグラフ表現ではデータ $\mathcal{D}$ も未知の値 x_* もパラメータ θ によって発生過程が支配されるようにモデル化されています. また, $\mathcal{D}$ と x_* の間には直接的な依存関係は仮定しておらず, パラ

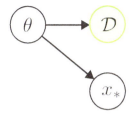

図 3.1 予測値を含めたグラフィカルモデル．

メータが与えられたもとで条件付き独立であるといえます[*1]．対応する同時分布を書くと次のようになります．

$$p(\mathcal{D}, x_*, \theta) = p(\mathcal{D}|\theta)p(x_*|\theta)p(\theta) \tag{3.4}$$

いま，データ $\mathcal{D}$ だけが手元にあるとすれば，残りの変数の事後分布は

$$\begin{aligned} p(x_*, \theta|\mathcal{D}) &= \frac{p(\mathcal{D}, x_*, \theta)}{p(\mathcal{D})} \\ &= \frac{p(\mathcal{D}|\theta)p(x_*|\theta)p(\theta)}{p(\mathcal{D})} \\ &= p(x_*|\theta)p(\theta|\mathcal{D}) \end{aligned} \tag{3.5}$$

となります．式 (3.5) から θ を積分除去することによって，式 (3.3) で表される予測分布が得られることになります．したがって予測分布とは，単純に事後分布から関心のない変数をすべて積分除去した周辺分布であることがわかります．

ちなみに，データ $\mathcal{D}$ をまったく観測していない時点で予測分布を出すのも理屈的にはまったく問題はありません．

$$p(x_*) = \int p(x_*|\theta)p(\theta)\mathrm{d}\theta \tag{3.6}$$

この場合はただ単にデータを観測する前の同時分布からパラメータを積分消去し，x_* の周辺分布を求めているだけです．これは事前知識 $p(\theta)$ だけを頼りにした非常に大雑把な予測であるといえます．

まとめると，式 (3.4) で表されるモデルを使って x_* を予測するためには，はじめに式 (3.2) を使ってパラメータの事後分布を学習し，一度データ $\mathcal{D}$ 自

[*1] このような仮定をおくとき，観測データは **i.i.d. (independent and identically distributed)** であると呼ぶこともあります．例えばデータ間に時系列的な依存関係を仮定した場合などは i.i.d. になりません．

体は捨ててしまいます．そして，得られた事後分布から式（3.3）を用いて積分計算を行うことにより，x_* に関する予測分布を求めます．

ところで，このようにデータ $\mathcal{D}$ の情報をすべて事後分布 $p(\theta|\mathcal{D})$ に押し込められるのは計算上非常に便利ですが，その一方でデータ量に対してモデルの表現能力が変化しないという意味では，この特性は大きな制限にもなっています．データ $\mathcal{D}$ に合わせて予測モデルの表現能力を柔軟に変えていく確率モデルとしてはガウス過程（**Gaussian process**）などのベイジアンノンパラメトリクス（**Bayesian nonparametrics**）の手法がありますが，本書の範囲を超えることになるので，ここでは解説しません．

3.1.3　共役事前分布

事後分布や予測分布を効率的に計算するための方法として，**共役事前分布**（**conjugate prior**）を使うアイデアがあります．共役事前分布とは，式（3.2）における事前分布 $p(\theta)$ と事後分布 $p(\theta|\mathcal{D})$ が同じ種類の確率分布をもつように設定された事前分布を指します．どのような事前分布が共役になりうるかというのは，尤度関数 $p(\mathcal{D}|\theta)$ の設計の仕方に依存します．例えば，尤度関数がポアソン分布によって記述されている場合，事前分布として共役事前分布であるガンマ分布を設定すれば，事後分布も（分布の形状が更新された）ガンマ分布になります．**表** 3.1 に，代表的な尤度関数，共役事前分布，さらにパラメータを周辺化除去した場合の予測分布の対応関係をまとめました．ガウス分布のようにパラメータを 2 つもつような分布では，どのパラメータを学習させたいかによって共役事前分布が異なってくることに注意してください．また，表中の**負の二項分布**（**negative binomial distribution**）や**スチューデントの t 分布**（**Student's t distribution**）に関しては，予測分布の具体的な計算を行う中で紹介していきます．本章では，各確率分布とそれに対応する共役分布を使い，パラメータの事後分布や予測分布の解析的計算を確認していくことが中心テーマになります．

共役事前分布を使うことの利点としては，事後分布や予測分布の計算が簡単かつ効率的に実行できることが挙げられます．例えば，実際の機械学習を使ったサービス運用においては，データセットを小分けにした逐次学習のフレームワークを構築する際に共役性が重要な役割を果たします．はじめのデータセット $\mathcal{D}_1$ を観測したあとの事後分布は，

$$p(\theta|\mathcal{D}_1) \propto p(\mathcal{D}_1|\theta)p(\theta) \tag{3.7}$$

として計算をすることができます．ここからさらに新規のデータセット $\mathcal{D}_2$

3.1 学習と予測　75

表 3.1　尤度関数，共役事前分布，予測分布の関係．

尤度関数	パラメータ	共役事前分布	予測分布
ベルヌーイ分布	μ	ベータ分布	ベルヌーイ分布
二項分布	μ	ベータ分布	ベータ・二項分布
カテゴリ分布	π	ディリクレ分布	カテゴリ分布
多項分布	π	ディリクレ分布	ディリクレ・多項分布
ポアソン分布	λ	ガンマ分布	負の二項分布
1次元ガウス分布	μ	1次元ガウス分布	1次元ガウス分布
1次元ガウス分布	λ	ガンマ分布	1次元スチューデントのt分布
1次元ガウス分布	μ, λ	ガウス・ガンマ分布	1次元スチューデントのt分布
多次元ガウス分布	μ	多次元ガウス分布	多次元ガウス分布
多次元ガウス分布	Λ	ウィシャート分布	多次元スチューデントのt分布
多次元ガウス分布	μ, Λ	ガウス・ウィシャート分布	多次元スチューデントのt分布

を観測した場合，すでに得られた事後分布 $p(\theta|\mathcal{D}_1)$ を次の事前分布として用
いれば，

$$p(\theta|\mathcal{D}_1, \mathcal{D}_2) \propto p(\mathcal{D}_2|\theta)p(\theta|\mathcal{D}_1) \tag{3.8}$$

としてさらにパラメータを逐次的に学習できます[*2]．このような状況で共役
事前分布を使えば，$p(\theta)$，$p(\theta|\mathcal{D}_1)$ および $p(\theta|\mathcal{D}_1, \mathcal{D}_2)$ はすべて同じ形式に
なるため，プログラムによる実装も比較的シンプルになります．

　また，分布の共役性は，解析的な事後分布の計算ができないような複雑な
拡張モデルにおいても重要になります．そのようなモデルには4章以降で紹
介する近似手法を用いて事後分布を計算することになりますが，ここにおい
ても共役な分布を部分的に組み合わせて全体のモデルを構築しておけば，計
算効率の高い近似アルゴリズムが導けることが知られています．

3.1.4　共役でない事前分布の利用

　ここは少し発展的な話になりますが，尤度関数に対応する共役事前分布を
そのまま使うのではデータに関する興味深い構造をうまく捉えることができ
ないケースもあり，その際はあえて共役ではない事前分布を採用することも
あります．

　例えば，ガウス分布の平均パラメータに対して共役でないガンマ分布を仮
定した場合，事後分布はガンマ分布になってくれません．このような場合，方
法としては**MCMC**（**Markov chain Monte Carlo**）や変分推論（**vari-**

[*2]　ただし，ここでは小分けにしたデータに対して条件付き独立性 $p(\mathcal{D}_1, \mathcal{D}_2|\theta) = p(\mathcal{D}_1|\theta)p(\mathcal{D}_2|\theta)$
　　を仮定しています．

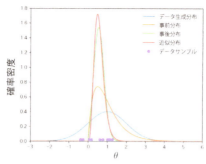

図 3.2 非共役なガンマ分布を使ったガウス分布の平均値の学習.

ational inference) を使うアイデアがあります．例えば変分推論では，事後分布 $p(\theta|\mathcal{D})$ を**変分パラメータ**（**variational parameter**）η を使った何かしらの分布 $q(\theta;\eta)$ で近似的に表現できると仮定し，次のような KL ダイバージェンスの最小化を試みます．

$$\eta_{\text{opt.}} = \underset{\eta}{\operatorname{argmin}} \operatorname{KL}[q(\theta;\eta)||p(\theta|\mathcal{D})] \qquad (3.9)$$

通常はこの最小化問題は解析的に解くことができず，**勾配法**（**gradient method**）などの最適化アルゴリズムを適用することになります．共役事前分布を使った解析的な計算と比べて，最適化のための計算コストが余分に掛かるほか，得られた近似分布 $q(\theta;\eta_{\text{opt.}})$ がどれほどうまく事後分布を近似できているかは一般的には把握できないという欠点があります[*3]．図 3.2 は，ガウス分布を尤度関数とし，平均パラメータの事前分布に共役でないガンマ分布を使って事後分布を近似した例です．共役事前分布ではないために真の事後分布を完全に再現することはできませんが，KL ダイバージェンスの基準による大まかな近似は得られています．

3.2 離散確率分布の学習と予測

ここでは，2 章で解説した各種の離散確率分布を例に，パラメータの事後分布や予測分布を解析的に計算する方法を解説します．

3.2.1 ベルヌーイ分布の学習と予測

はじめに，次のような 2 値をとる値 $x \in \{0,1\}$ 上の確率分布であるベル

[*3] ただし，変分推論では複数の近似分布の仮定 $\{q(\theta;\eta_1),\ldots,q(\theta;\eta_K)\}$ でどれがもっともよいかは **ELBO**（**evidence lower bound**）という値を使って定量的に判定することができます．

ヌーイ分布を考えてみましょう.

$$p(x|\mu) = \mathrm{Bern}(x|\mu) \tag{3.10}$$

ベルヌーイ分布はコイントスや赤玉白玉を取り出す試行など, 2 値をとる離散の事象を表現するために用いられる分布であり, パラメータ μ は一方の事象がどれだけ出やすいかをコントロールしているパラメータです. ここでは μ の分布を訓練データから推論する方法を考えます.

ベイズ学習では不確実性をもつ値はすべて確率変数として取り扱い, 確率分布を事前に設定する必要があります. したがって, ベルヌーイ分布のパラメータの要件 $\mu \in (0,1)$ を満たすような値を生成してくれる確率分布が必要となるため, 次のようなベータ分布を採用するのは自然な選択であるといえます.

$$p(\mu) = \mathrm{Beta}(\mu|a,b) \tag{3.11}$$

ここで a や b は事前分布 $p(\mu)$ をコントロールするためのパラメータになりますが, μ 自体が今回のモデルにおけるパラメータであると呼んでいるので, これらはパラメータのためのパラメータということで**超パラメータ (hyperparameter)** と呼ばれることがあります[*4]. このモデルにおいては, 超パラメータはデータからの学習は行わず, 既知の値として与えられていることにしますので, 式 (3.11) の左辺 $p(\mu)$ では a および b は簡単のため省略しています.

さて, 実際にベータ分布はベルヌーイ分布の共役事前分布として知られています. このことをこれから具体的に計算して確認してみましょう. ベイズの定理を用いれば, N 個のデータ点 $\mathbf{X} = \{x_1, \dots, x_N\}$ を観測したあとの事後分布は次のような式で計算ができます.

$$
\begin{aligned}
p(\mu|\mathbf{X}) &= \frac{p(\mathbf{X}|\mu)p(\mu)}{p(\mathbf{X})} \\
&= \frac{\{\prod_{n=1}^{N} p(x_n|\mu)\}p(\mu)}{p(\mathbf{X})} \\
&\propto \{\prod_{n=1}^{N} p(x_n|\mu)\}p(\mu)
\end{aligned}
\tag{3.12}
$$

ここでは, まだ $p(\mu|\mathbf{X})$ が一体どういう分布になるのかはわかりません.

[*4] 超パラメータはこのようにある確率変数に注目した場合の相対的な呼び方になっており, これがしばしば混乱を生むこともあるので, 名称の使われ方には注意が必要です. また, より広い意味合いで機械学習アルゴリズムの振る舞いを決定づける設定値を超パラメータと呼ぶ場合もあります.

78 **Chapter 3** ベイズ推論による学習と予測

$p(\mu|\mathbf{X})$ の分布形状を明らかにするためには μ に関わる項のみに注目すれば十分であるため，分母の $p(\mathbf{X})$ は 3 行目では省略しています．

ここから先はベルヌーイ分布やベータ分布の指数部分が計算の中心になるため，式 (3.12) に対数をとって計算することにします．

$$
\begin{aligned}
\ln p(\mu|\mathbf{X}) &= \sum_{n=1}^{N} \ln p(x_n|\mu) + \ln p(\mu) + \text{const.} \\
&= \sum_{n=1}^{N} x_n \ln \mu + \sum_{n=1}^{N} (1 - x_n) \ln(1 - \mu) \\
&\quad + (a - 1) \ln \mu + (b - 1) \ln(1 - \mu) + \text{const.} \\
&= (\sum_{n=1}^{N} x_n + a - 1) \ln \mu + (N - \sum_{n=1}^{N} x_n + b - 1) \ln(1 - \mu) \\
&\quad + \text{const.}
\end{aligned}
\tag{3.13}
$$

1 行目で，N 個の掛け算の部分が対数をとることによって N 個の和に変換されたことに注意してください．2 行目では $p(x_n|\mu)$ と $p(\mu)$ の展開をするために，式 (3.10) および式 (3.11) から具体的な確率分布の定義を代入しました．また，比例 $\propto$ の部分は対数では定数 const. として表現しているので，ここでは μ に無関係な項（ベータ分布の $\ln C_{\mathrm{B}}(a, b)$ など）はすべて const. に吸収させています．

式 (3.13) の最後の行をじっくり見てみることにしましょう．これは μ に関する 2 つの項 $\ln \mu$, $\ln(1 - \mu)$ に関して整理したものになります．式 (3.13) と式 (2.43) で表されるベータ分布の対数表現をよく見比べることにより，次のようなベータ分布として事後分布を表現できることがわかります．

$$
p(\mu|\mathbf{X}) = \mathrm{Beta}(\mu|\hat{a}, \hat{b})
\tag{3.14}
$$

$$
\text{ただし} \quad
\begin{aligned}
\hat{a} &= \sum_{n=1}^{N} x_n + a \\
\hat{b} &= N - \sum_{n=1}^{N} x_n + b
\end{aligned}
\tag{3.15}
$$

ここでは，事後分布を簡単に表記するために新しい文字 $\hat{a}$, $\hat{b}$ を導入しました．この結果から，今回のベルヌーイ分布とベータ分布を使ったパラメータの学習モデルでは，事後分布は解析的に計算することができ，しかも事前分布と同じ形式をもつことが確認できました．

ところで，この事後分布のパラメータの結果式（3.15）をよく眺めてみるのはなかなか興味深いです．a に $x = 1$ となる回数，b に $x = 0$ となる回数がそれぞれ追加されることにより，事後分布のパラメータ $\hat{a}$, $\hat{b}$ が求められていることになります．コインで例えるならば，ベータ分布はいままでに何回コインの表と裏が出たかを記憶しておく役割を果たしているわけですね．

> **参考 3.1 経験ベイズ法**
>
> ベイズ学習におけるパラメータの学習では，3.2.1 節での例のように単純に確率計算の式（1.16）および式（1.17）を使ってパラメータ μ に関する事後分布を求めるだけです．つまり，事後分布がベータ分布であることと，そのパラメータ $\hat{a}$ および $\hat{b}$ の具体的な値を確率推論によって明らかにしただけであり，事前分布のパラメータ a および b 自体を直接更新しているわけではないことに注意してください．しばしばこの混乱を招く背景としては，実際に a や b などの超パラメータ自体を観測データに合わせて直接調整する方法も存在するためで，これは**経験ベイズ法（empirical Bayes）**と呼ばれています．経験ベイズ法は，実用上はあとで紹介するモデル選択の手段として利用される場合もありますが，確率推論によって導かれる手法ではないため，厳密にはベイズ手法ではありません．ベイズ学習の枠組みでは，事前分布の超パラメータは問題に関するドメイン知識（パラメータの取りうる値の大まかなスケール観など）を反映したうえで固定値として設定されるものです．もし仮に超パラメータの値もデータから学習したい場合は，超パラメータに対してさらに事前分布を用意することによって完全なベイズの枠組みとして学習させることもできます．

図 3.3 はいくつかのベータ事前分布に対して，真のパラメータを $\mu_{\mathrm{truth}} = 0.25$ としたベルヌーイ分布から発生したデータ系列 $\mathbf{X} = \{x_1, \ldots, x_N\}$ を学習させて事後分布を求めてみた結果を表しています．$N = 0$ の場合は観測データが存在しないので，分布は事前分布そのものを表しています．ここで重要な点は，どんな事前分布の設定をしたとしても，データの数 N が増えてくればそれらの対応する事後分布は次第に一致していくことです．特に図 3.3 の 3 行目の事前分布 $(N = 0)$ はなかなかガンコ者で，観測データが増えてもなかなか分布の形を変えようとしませんが，データ数が $N = 50$ にもなるとほかの事前分布と同様，真の値 $\mu_{\mathrm{truth}} = 0.25$ の近辺にピークをもつ分布に近づいていくことがわかります．すなわち，証拠となるデータが少ない

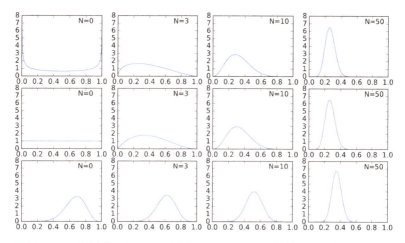

図 3.3 ベータ分布を使ったベルヌーイ分布のパラメータ学習(横軸は μ, 縦軸は確率密度).

ときは,それぞれの予測者は自身のもつ信念(事前分布)に大きく影響されますが,データの数が増えることによって,それぞれの意見は次第に一致を見るということになります[*5].このようなベイズ学習の特性は直観的にも考えても非常に合理的であり,実世界においても,例えば自然科学の分野でさまざまな証拠を通して次第に合意が得られる過程などは,まさしくこのような特性でうまく説明することができます.

次に未観測の値 $x_* \in \{0,1\}$ に対する予測分布の計算も行ってみましょう.ここでは,簡単のため事前分布 $p(\mu)$ を使った大雑把な予測分布をまず計算してみることにします.いくつか計算方法はありますが,ここでは予測分布の定義に従ってパラメータ μ の周辺化を丁寧に実行してみることにします.

$$
\begin{aligned}
p(x_*) &= \int p(x_*|\mu)p(\mu)\mathrm{d}\mu \\
&= \int \mathrm{Bern}(x_*|\mu)\mathrm{Beta}(\mu|a,b)\mathrm{d}\mu \\
&= C_\mathrm{B}(a,b) \int \mu^{x_*}(1-\mu)^{1-x_*}\mu^{a-1}(1-\mu)^{b-1}\mathrm{d}\mu \\
&= C_\mathrm{B}(a,b) \int \mu^{x_*+a-1}(1-\mu)^{1-x_*+b-1}\mathrm{d}\mu \quad (3.16)
\end{aligned}
$$

[*5] ただし,事前分布で確率が完全にゼロとして割り当てられている領域に関してはこのような一致が得られないことに注意してください.つまり,ある現象を「絶対に」信じない人にとっては,どれだけ証拠となるデータを与えられたとしても同意に至ることはありません.

ベータ分布の定義式 (2.41) から,

$$\int \mu^{x_*+a-1}(1-\mu)^{1-x_*+b-1}\mathrm{d}\mu = \frac{1}{C_{\mathrm{B}}(x_*+a, 1-x_*+b)} \tag{3.17}$$

となるため, 予測分布は次のように書くことができます.

$$\begin{aligned} p(x_*) &= \frac{C_{\mathrm{B}}(a,b)}{C_{\mathrm{B}}(x_*+a, 1-x_*+b)} \\ &= \frac{\Gamma(a+b)\Gamma(x_*+a)\Gamma(1-x_*+b)}{\Gamma(a)\Gamma(b)\Gamma(a+b+1)} \end{aligned} \tag{3.18}$$

なんだか難しそうなガンマ関数の塊の式になってしまいました. しかしこの分布は結局のところ, 2値だけをとる変数 x_* に関する確率分布なので, 値を1つずつ代入して調べればもう少し単純化することができます. 式 (3.18) において $x_* = 1$ としたとき,

$$\begin{aligned} p(x_*=1) &= \frac{\Gamma(a+b)\Gamma(1+a)\Gamma(b)}{\Gamma(a)\Gamma(b)\Gamma(a+b+1)} \\ &= \frac{a}{a+b} \end{aligned} \tag{3.19}$$

と簡単な式になります. ここではガンマ関数に関して成り立つ式 $\Gamma(x+1) = x\Gamma(x)$ を使うことによってガンマ関数同士を約分しています. 同様に $x_* = 0$ の場合は次のようになります.

$$p(x_*=0) = \frac{b}{a+b} \tag{3.20}$$

この2つをうまくまとめてしまえば, 結局はこの予測分布も次のようにベルヌーイ分布としての表現を得ることができます.

$$\begin{aligned} p(x_*) &= \Big(\frac{a}{a+b}\Big)^{x_*}\Big(\frac{b}{a+b}\Big)^{1-x_*} \\ &= \Big(\frac{a}{a+b}\Big)^{x_*}\Big(1-\frac{a}{a+b}\Big)^{1-x_*} \\ &= \mathrm{Bern}(x_* | \frac{a}{a+b}) \end{aligned} \tag{3.21}$$

これはまだ何もデータを使って学習していない事前分布 $p(\mu)$ を使った結果なので, 予測はかなり当てずっぽうになります. 例えば事前分布のパラメータとして $a=1$, $b=1$ とざっくり設定すると, 次に出る値の期待値は $\langle x_* \rangle_{p(x_*)} = 0.5$ というような結果になります. 先ほど確認したように, N 個のデータ $\mathbf{X}$ を観測したあとの事後分布 $p(\mu | \mathbf{X})$ も事前分布と同じベータ分布になることがわかったので, この計算結果をそのまま流用すれば, 学習後の予測分布も得ることができます. これは単純に式 (3.15) の事後分布のパラ

メータを使って置き換えるだけで済み，

$$p(x_*|\mathbf{X}) = \mathrm{Bern}(x_*|\frac{\hat{a}}{\hat{a}+\hat{b}})$$
$$= \mathrm{Bern}(x_*|\frac{\sum_{n=1}^{N} x_n + a}{N + a + b}) \tag{3.22}$$

となります．

3.2.2 カテゴリ分布の学習と予測

　ベルヌーイ分布は 2 値をとる離散変数上の分布だったので，ここでは一般的な K 値をとるカテゴリ分布に対するパラメータの学習を考えてみることにします．改めてカテゴリ分布の確率質量関数を書くと次のようになります．

$$p(\mathbf{s}|\boldsymbol{\pi}) = \mathrm{Cat}(\mathbf{s}|\boldsymbol{\pi}) \tag{3.23}$$

カテゴリ分布のパラメータは $\sum_{k=1}^{K} \pi_k = 1$ かつ $\pi_k \in (0, 1)$ を満たす必要があり，そのような K 次元の変数を生成できるのは次のようなディリクレ分布が当てはまります．

$$p(\boldsymbol{\pi}) = \mathrm{Dir}(\boldsymbol{\pi}|\boldsymbol{\alpha}) \tag{3.24}$$

ここでの目標は，実際にこのモデルを使って事後分布を計算し，ディリクレ分布がカテゴリ分布に対する共役事前分布であることを計算で確認してみることになります．

　カテゴリ分布に従うとした N 個の離散値データ $\mathbf{S} = \{\mathbf{s}_1, \ldots, \mathbf{s}_N\}$ が手元にあるとします．ベイズの定理を用いれば，$\boldsymbol{\pi}$ の事後分布は次の形で計算ができます．

$$p(\boldsymbol{\pi}|\mathbf{S}) \propto p(\mathbf{S}|\boldsymbol{\pi})p(\boldsymbol{\pi})$$
$$= \{\prod_{n=1}^{N} \mathrm{Cat}(\mathbf{s}_n|\boldsymbol{\pi})\}\mathrm{Dir}(\boldsymbol{\pi}|\boldsymbol{\alpha}) \tag{3.25}$$

ここから事後分布 $p(\boldsymbol{\pi}|\mathbf{S})$ の正体を明らかにしていきます．事後分布の $\boldsymbol{\pi}$ に対する関数形式を求めるために，対数を使って計算を進めてみましょう．

$$\ln p(\boldsymbol{\pi}|\mathbf{S}) = \sum_{n=1}^{N} \ln \mathrm{Cat}(\mathbf{s}_n|\boldsymbol{\pi}) + \ln \mathrm{Dir}(\boldsymbol{\pi}|\boldsymbol{\alpha}) + \mathrm{const.}$$

$$= \sum_{n=1}^{N}\sum_{k=1}^{K} s_{n,k} \ln \pi_k + \sum_{k=1}^{K}(\alpha_k - 1)\ln \pi_k + \ln C_{\mathrm{D}}(\boldsymbol{\alpha}) + \mathrm{const.}$$

$$= \sum_{k=1}^{K}\left(\sum_{n=1}^{N} s_{n,k} + \alpha_k - 1\right)\ln \pi_k + \mathrm{const.} \tag{3.26}$$

ここで $s_{n,k}$ は K 次元ベクトル $\mathbf{s}_n$ の k 番目の要素を指します．式 (3.26) の結果は，事前分布の超パラメータの各 α_k に対して観測データから計算できる値 $\sum_{n=1}^{N} s_{n,k}$ を加えただけのものになっていますね．したがって，はじめの予想通り，事後分布も次のようなディリクレ分布として記述することができます．

$$p(\boldsymbol{\pi}|\mathbf{S}) = \mathrm{Dir}(\boldsymbol{\pi}|\hat{\boldsymbol{\alpha}}) \tag{3.27}$$

$$\text{ただし} \quad \hat{\alpha}_k = \sum_{n=1}^{N} s_{n,k} + \alpha_k \quad \text{for} \quad k = 1,\ldots,K \tag{3.28}$$

次に予測分布の計算を行ってみましょう．未観測の $\mathbf{s}_*$ を，超パラメータ $\boldsymbol{\alpha}$ をもつ事前分布 $p(\boldsymbol{\pi})$ に基づいて予測することを考えてみます．次のようにパラメータ $\boldsymbol{\pi}$ を周辺化除去することにより予測分布が計算できます．

$$p(\mathbf{s}_*) = \int p(\mathbf{s}_*|\boldsymbol{\pi}) p(\boldsymbol{\pi}) \mathrm{d}\boldsymbol{\pi}$$

$$= \int \mathrm{Cat}(\mathbf{s}_*|\boldsymbol{\pi}) \mathrm{Dir}(\boldsymbol{\pi}|\boldsymbol{\alpha}) \mathrm{d}\boldsymbol{\pi}$$

$$= C_{\mathrm{D}}(\boldsymbol{\alpha}) \int \prod_{k=1}^{K} \pi_k{}^{s_{*,k}} \pi_k{}^{\alpha_k-1} \mathrm{d}\boldsymbol{\pi}$$

$$= C_{\mathrm{D}}(\boldsymbol{\alpha}) \int \prod_{k=1}^{K} \pi_k{}^{s_{*,k}+\alpha_k-1} \mathrm{d}\boldsymbol{\pi}$$

$$= \frac{C_{\mathrm{D}}(\boldsymbol{\alpha})}{C_{\mathrm{D}}((s_{*,k}+\alpha_k)_{k=1}^{K})} \tag{3.29}$$

ここで $(s_{*,k}+\alpha_k)_{k=1}^{K}$ は K 次元のベクトルを表しています．さらに，ディリクレ分布の正規化項に関する式 (2.49) を使えば，予測分布は次のように書けます．

84　**Chapter 3**　ベイズ推論による学習と予測

$$p(\mathbf{s}_*) = \frac{\Gamma(\sum_{k=1}^{K} \alpha_k) \prod_{k=1}^{K} \Gamma(s_{*,k} + \alpha_k)}{\prod_{k=1}^{K} \Gamma(\alpha_k) \Gamma(\sum_{k=1}^{K}(s_{*,k} + \alpha_k))} \tag{3.30}$$

ベルヌーイ分布の場合とまったく同様に，ガンマ関数だらけの複雑な式が出てきてしまいましたが，求めたい確率分布は K 次元の離散の確率分布なので，$\mathbf{s}_*$ の具体的な実現値を 1 つ 1 つ代入してみれば分布が調べられます．つまり，ある k' に対して $s_{*,k'} = 1$ となる場合だけを特別に考えてみると，

$$p(s_{*,k'} = 1) = \frac{\alpha_{k'}}{\sum_{k=1}^{K} \alpha_k} \tag{3.31}$$

となり，単純に事前分布のパラメータ $\boldsymbol{\alpha}$ を正規化しただけの確率値をもつ離散分布になります．これをカテゴリ分布でまとめなおすと，次のようになります．

$$p(\mathbf{s}_*) = \mathrm{Cat}(\mathbf{s}_* | \left(\frac{\alpha_k}{\sum_{i=1}^{K} \alpha_i} \right)_{k=1}^{K}) \tag{3.32}$$

ベルヌーイ分布における議論と同様，この予測分布の $\boldsymbol{\alpha}$ の部分を式（3.27）の $\hat{\boldsymbol{\alpha}}$ に置き換えれば，N 個のデータを学習したあとの予測分布 $p(\mathbf{s}_*|\mathbf{S})$ になります．

> **参考** **3.2 「同様に確からしい」とは？**
>
> 　中学校や高校の確率の問題で出てきた「同様に確からしい」という言葉の意味を考えてみましょう．例えば，出目の確率が同様に確からしいサイコロといわれれば，それぞれの出目が 1/6 の確率で発生することを指しています．これはベイズ流の言葉で言い換えると，「無限大の信念をもってサイコロの各出目の確率が 1/6 である」という事前分布を仮定していることになります．これは，カテゴリ分布の事前分布であるディリクレ分布に対して，例えば $\alpha_k = 10^{10}$ のような巨大な値を各面 $k = 1, \ldots, 6$ に仮定しているようなイメージになります．
>
> 　実世界のさまざまな問題においては，サイコロやコインのような単純な現象はあまりなく，ここまで強い信念をもって議論が進められる話は多くないでしょう．観測データの生成過程に関して当てはまりそうな知見や情報に基づいて，ざっくりでもよいのでパラメータの不確実性やモデルの構造を事前に明記するのがベイズ学習の基本的なアプローチになります．

3.2.3 ポアソン分布の学習と予測

もう 1 つ離散分布に関するベイズ推論の例として，式（2.37）で表される ポアソン分布を使った事後分布と予測分布の計算を見てみることにしましょ う．ここにおける推論はあとで紹介するポアソン混合モデルや非負値行列因 子分解におけるさまざまな推論で部分的に登場してきます．次のように，ポ アソン分布はパラメータとして $\lambda \in \mathbb{R}^+$ をもっています．

$$p(x|\lambda) = \mathrm{Poi}(x|\lambda) \tag{3.33}$$

このようなパラメータの不確かさを表現するためには，正の実数値を生成し てくれるような確率分布が必要になってきます．したがって，λ の事前分布 としては式（2.56）で表されるガンマ分布が使えそうです．

$$p(\lambda) = \mathrm{Gam}(\lambda|a,b) \tag{3.34}$$

ここで，超パラメータ a および b はあらかじめ固定されているものとしま す．これから具体的に計算して示すように，ガンマ分布はポアソン分布の共 役事前分布になることが確認できます．ポアソン分布に従っていると仮定し た N 個の非負の離散値 $\mathbf{X} = \{x_1, \ldots, x_N\}$ を観測したとき，事後分布は次 のように計算されます．

$$
\begin{aligned}
p(\lambda|\mathbf{X}) &\propto p(\mathbf{X}|\lambda)p(\lambda) \\
&= \{\prod_{n=1}^{N} \mathrm{Poi}(x_n|\lambda)\}\mathrm{Gam}(\lambda|a,b)
\end{aligned}
\tag{3.35}
$$

本章で何度かやってきた通り，対数計算を行うことによってこの事後分布の λ に関する関数形式を調べてみます．

$$
\begin{aligned}
\ln p(\lambda|\mathbf{X}) &= \sum_{n=1}^{N} \ln \mathrm{Poi}(x_n|\lambda) + \ln \mathrm{Gam}(\lambda|a,b) + \mathrm{const.} \\
&= \sum_{n=1}^{N} \{x_n \ln \lambda - \ln x_n! - \lambda\} \\
&\quad + (a-1)\ln \lambda - b\lambda + \ln C_{\mathrm{G}}(a,b) + \mathrm{const.} \\
&= (\sum_{n=1}^{N} x_n + a - 1)\ln \lambda - (N+b)\lambda + \mathrm{const.}
\end{aligned}
\tag{3.36}
$$

このように $\ln \lambda$ と λ に注目して式を整理すれば，事後分布はガンマ分布と同 じ形式になることがわかりました．したがって事後分布は，

86 **Chapter 3** ベイズ推論による学習と予測

$$p(\lambda|\mathbf{X}) = \mathrm{Gam}(\lambda|\hat{a}, \hat{b}) \tag{3.37}$$

$$\text{ただし}\quad \hat{a} = \sum_{n=1}^{N} x_n + a \tag{3.38}$$
$$\hat{b} = N + b$$

となります.

次に予測分布を求めてみましょう. パラメータの分布として式 (3.34) の事前分布を使うと, 未観測のデータ x_* に関する予測分布は次から計算できます.

$$p(x_*) = \int p(x_*|\lambda)p(\lambda)\mathrm{d}\lambda$$
$$= \int \mathrm{Poi}(x_*|\lambda)\mathrm{Gam}(\lambda|a, b)\mathrm{d}\lambda \tag{3.39}$$

ここで, ポアソン分布やガンマ分布の定義式を代入し, 次のような形に整理します.

$$\int \mathrm{Poi}(x_*|\lambda)\mathrm{Gam}(\lambda|a, b)\mathrm{d}\lambda$$
$$= \int \frac{\lambda^{x_*}}{x_*!} e^{-\lambda} C_{\mathrm{G}}(a, b)\lambda^{a-1} e^{-b\lambda}\mathrm{d}\lambda$$
$$= \frac{C_{\mathrm{G}}(a, b)}{x_*!} \int \lambda^{x_* + a - 1} e^{-(1+b)\lambda}\mathrm{d}\lambda \tag{3.40}$$

ここでは積分除去したい λ 以外の項を積分の外に出しただけです. ガンマ分布の定義式 (2.56) に戻れば, 式 (3.40) の最後の行の積分は次のように解析的に求まることがわかります.

$$\int \lambda^{x_* + a - 1} e^{-(1+b)\lambda}\mathrm{d}\lambda = \frac{1}{C_{\mathrm{G}}(x_* + a, 1 + b)} \tag{3.41}$$

したがって, 求めたい予測分布は次のように書けます.

$$p(x_*) = \frac{C_{\mathrm{G}}(a, b)}{x_*! C_{\mathrm{G}}(x_* + a, 1 + b)} \tag{3.42}$$

この確率分布は, 実は次のようなパラメータ $r \in \mathbb{R}^+$ および $p \in (0, 1)$ をもつ**負の二項分布 (negative binomial distribution)** として知られています.

$$p(x_*) = \mathrm{NB}(x_*|r, p)$$
$$= \frac{\Gamma(x_* + r)}{x_*!\Gamma(r)}(1 - p)^r p^{x_*} \qquad (3.43)$$

ただし，パラメータ r および p は，ここでは次のようになります．

$$r = a$$
$$p = \frac{1}{b + 1} \qquad (3.44)$$

この分布の基本的な期待値は次のようになっています．

$$\langle x_* \rangle = \frac{pr}{1 - p} \qquad (3.45)$$

$$\langle x_*^2 \rangle = \frac{pr(pr + 1)}{(1 - p)^2} \qquad (3.46)$$

3.3 1次元ガウス分布の学習と予測

さて，ここからは実用上もっともよく使われるガウス分布に関する各種のベイズ推論に関して見ていきましょう．はじめに，計算が比較的簡単な1次元のガウス分布を使った推論を説明します．1次元のガウス分布は平均値 μ と分散 σ^2 の2つのパラメータを持ちます．したがって，平均値のみを学習する場合，分散のみを学習する場合，さらに両方を同時に学習する場合の3パターンに分けることができます．ここでは，それぞれのパターンに応じた事前分布の設定と，事後分布および予測分布の解析計算を確認してみることにします．また，説明をいくらか単純にするために，ここでは分散 σ^2 の代わりに，その逆数である**精度（precision）**パラメータ $\lambda = \sigma^{-2}$ を表記として用いることにします．

3.3.1 平均が未知の場合

まず，ガウス分布に従うと仮定している N 個のデータを用いて，ガウス分布の平均値 $\mu \in \mathbb{R}$ のみを学習する設定で推論を行うことにします．したがってここでは精度パラメータ $\lambda \in \mathbb{R}^+$ は固定であるとし，学習したい平均パラメータ μ のみに事前分布を設定すればよいことになります．

ある観測値 $x \in \mathbb{R}$ に対して，次のようなガウス分布を考えます．

88 **Chapter 3** ベイズ推論による学習と予測

$$p(x|\mu) = \mathcal{N}(x|\mu, \lambda^{-1}) \tag{3.47}$$

μ に対しては，次のようなガウス事前分布が共役事前分布であることが知られています．

$$p(\mu) = \mathcal{N}(\mu|m, \lambda_\mu^{-1}) \tag{3.48}$$

$m \in \mathbb{R}$ および $\lambda_\mu \in \mathbb{R}^+$ は今回は固定された超パラメータです．ここでは，このように2種類の異なるガウス分布が登場しますので混同しないように注意してください．$p(x|\mu)$ は観測データに関するガウス分布であり，$p(\mu)$ はその平均パラメータに関するガウス事前分布です．このように，平均を未知であるとしたガウス分布の学習モデルでは，共役事前分布が「たまたま」同じガウス分布になっているわけですね．

いま，ガウス分布に従うと仮定している N 個の 1 次元連続値データ $\mathbf{X} = \{x_1, \ldots, x_N\}$ を観測したとしましょう．ベイズの定理を用いれば事後分布は次のように書けます．

$$
\begin{aligned}
p(\mu|\mathbf{X}) &\propto p(\mathbf{X}|\mu)p(\mu) \\
&= \{\prod_{n=1}^{N} p(x_n|\mu)\}p(\mu) \\
&= \{\prod_{n=1}^{N} \mathcal{N}(x_n|\mu, \lambda^{-1})\}\mathcal{N}(\mu|m, \lambda_\mu^{-1})
\end{aligned}
\tag{3.49}
$$

式 (3.49) の時点では，まだ事後分布 $p(\mu|\mathbf{X})$ がどのような確率分布になるのかわかりません．いつものように，ここから対数計算を行い，μ に関する関数形式を調べていくことにします．

$$
\begin{aligned}
\ln p(\mu|\mathbf{X}) &= \sum_{n=1}^{N} \ln \mathcal{N}(x_n|\mu, \lambda^{-1}) + \ln \mathcal{N}(\mu|m, \lambda_\mu^{-1}) + \text{const.} \\
&= -\frac{1}{2}\{(N\lambda + \lambda_\mu)\mu^2 - 2(\sum_{n=1}^{N} x_n\lambda + m\lambda_\mu)\mu\} + \text{const.}
\end{aligned}
\tag{3.50}
$$

対数を計算して整理すると，μ に関する（上に凸の）2 次関数が出てくることがわかりましたね．実はこの時点で μ の事後分布がガウス分布であることがわかるのですが，ここではその分布のパラメータ（平均，精度）を明らかにする必要があります．これには式 (3.50) を平方完成と呼ばれる方法で式変形してやる必要がありますが，ここではもっと単純に結論から逆算することにしましょう．つまり，まず事後分布が次のような形式のガウス分布で書

けるとします.

$$p(\mu|\mathbf{X}) = \mathcal{N}(\mu|\hat{m}, \hat{\lambda}_\mu^{-1}) \tag{3.51}$$

式 (3.51) に対して対数をとり,式 (3.50) と同じように μ の 2 次と 1 次の項に関して整理すると次のようになります.

$$\ln p(\mu|\mathbf{X}) = -\frac{1}{2}\{\hat{\lambda}_\mu \mu^2 - 2\hat{m}\hat{\lambda}_\mu \mu\} + \mathrm{const.} \tag{3.52}$$

あとは,式 (3.50) との係数の対応関係をとることによって,事後分布のパラメータ $\hat{m}$ および $\hat{\lambda}_\mu$ が次のように求まります.

$$\hat{\lambda}_\mu = N\lambda + \lambda_\mu \tag{3.53}$$

$$\hat{m} = \frac{\lambda \sum_{n=1}^{N} x_n + \lambda_\mu m}{\hat{\lambda}_\mu} \tag{3.54}$$

以上で,無事,事後分布は事前分布と同じガウス分布として得られることがわかりました.せっかくですので,この得られた事後分布の意味を少し掘り下げて考えてみることにします.式 (3.53) によれば,事後分布の精度 $\hat{\lambda}_\mu$ は,事前分布の精度 λ_μ に対して $N\lambda$ だけ加えたものになっています.したがって,データを与えれば与えるほど,つまりデータ数 N が大きくなるほど,平均 μ に対する事後分布の精度が単純に上昇していくことがわかります.一方で,非常にややこしいですが,平均 μ の事後分布の平均 $\hat{m}$ は,式 (3.54) によれば,事前分布による知識 m と観測データの和 $\sum_{n=1}^{N} x_n$ の重み付き和のようなものになっています.このことから,データを観測すれば観測するほど,事前分布の平均 m による影響は次第に薄れ,データによって計算される単純な平均値 $\frac{1}{N}\sum_{n=1}^{N} x_n$ が支配的になってくることがわかります.同様に,事前分布の精度 λ_μ に対して極めて小さい値を設定しても,データによる影響が支配的な事後分布を得ることができます.これは μ のとりうる値の範囲に関して信頼度の高い情報を事前に与えられることができず,主にデータによって得られる結果に頼って事後分布が計算されることを意味しています.

次に,事前分布 $p(\mu)$ を利用した未観測データ x_* に対する予測分布を見ていきましょう.これは次のような周辺分布を計算することに対応します.

$$\begin{aligned}
p(x_*) &= \int p(x_*|\mu)p(\mu)\mathrm{d}\mu \\
&= \int \mathcal{N}(x_*|\mu, \lambda^{-1})\mathcal{N}(\mu|m, \lambda_\mu^{-1})\mathrm{d}\mu
\end{aligned} \tag{3.55}$$

90 Chapter 3 ベイズ推論による学習と予測

これを直接計算することも可能ですが，ガウス分布は指数部分が煩雑になるため，ここでは対数を使った計算を検討することにします．ベイズの定理を使うと，いま求めたい予測分布 $p(x_*)$ と事前分布 $p(\mu)$ の間には，次のような関係性が成り立つことがわかります．

$$p(\mu|x_*) = \frac{p(x_*|\mu)p(\mu)}{p(x_*)} \tag{3.56}$$

対数をとって $p(x_*)$ に関して求めてみると，次のようになります．

$$\ln p(x_*) = \ln p(x_*|\mu) - \ln p(\mu|x_*) + \text{const.} \tag{3.57}$$

$\ln p(\mu)$ はいま注目している変数 x_* とは無関係なので定数 const. に入れてしまいました．ところで，$p(\mu|x_*)$ は x_* が与えられたときの μ の条件付き分布です．これは先ほど計算した事後分布とまったく同じ手続きで計算できます．具体的には，式 (3.53) および式 (3.54) の結果において N 個あったデータ $\mathbf{X}$ を，ここでは 1 つの点 x_* で置き換えればよいので，

$$p(\mu|x_*) = \mathcal{N}(\mu|m(x_*), (\lambda + \lambda_\mu)^{-1}) \tag{3.58}$$

$$\text{ただし} \quad m(x_*) = \frac{\lambda x_* + \lambda_\mu m}{\lambda + \lambda_\mu} \tag{3.59}$$

のようになります．この分布の平均値は x_* の関数になっていることに注意してください．$p(x_*|\mu)$ に関しては式 (3.47) そのものなので，あとはこれらを式 (3.57) に代入し，x_* で整理すれば予測分布の形式が求まりそうですね．具体的に対数計算をしてみると，

$$\ln p(x_*) = -\frac{1}{2}\left\{\lambda(x_* - \mu)^2 - (\lambda + \lambda_\mu)(\mu - m(x_*))^2\right\} + \text{const.}$$

$$= -\frac{1}{2}\left\{\frac{\lambda\lambda_\mu}{\lambda + \lambda_\mu}x_*^2 - \frac{2m\lambda\lambda_\mu}{\lambda + \lambda_\mu}x_*\right\} + \text{const.} \tag{3.60}$$

のようになり，x_* に関する 2 次関数として求められることがわかりました．事後分布を求めたときと同じ議論で，ここから平均と精度を計算すれば，予測分布は

$$p(x_*) = \mathcal{N}(x_*|\mu_*, \lambda_*^{-1}) \tag{3.61}$$

$$\text{ただし} \quad \lambda_* = \frac{\lambda\lambda_\mu}{\lambda + \lambda_\mu} \tag{3.62}$$

$$\mu_* = m$$

となります．予測分布の平均パラメータは事前分布の平均 m そのものになっ

ていますね．精度のほうは，次のように逆数をとって分散として解釈してみると少しわかりやすいかもしれません．

$$\lambda_*^{-1} = \lambda^{-1} + \lambda_\mu^{-1} \tag{3.63}$$

λ^{-1} および λ_μ^{-1} は，それぞれ式（3.47）の観測分布および式（3.48）の事前分布の分散です．したがって，予測分布の不確かさは，観測分布と事前分布のそれぞれの不確かさを足し合わせたものになっているわけですね．事前分布の精度 λ_μ を小さくして μ のとりうる値に関してあいまいな事前知識を表現したり，あるいは観測分布の精度 λ を小さくしてデータに対するノイズを大きめに想定すれば，結果として予測分布もそれに応じて大きめな幅をもって予測することになります．

　N 個のデータを観測したあとの予測分布 $p(x_*|\mathbf{X})$ を求めたい場合は，単純に事前分布のパラメータ m および λ_μ の代わりに，事後分布のパラメータ $\hat{m}$ および $\hat{\lambda}_\mu$ を用いれば得られます．この場合，学習後の予測分布の分散は $\lambda^{-1} + \hat{\lambda}_\mu^{-1}$ となりますが，パラメータ μ に関する精度 $\hat{\lambda}_\mu$ はデータが増えれば増えるほど高まっていく一方で，データの生成自体に関する精度 λ は変わりません．λ の分布も学習したい場合は，ガンマ事前分布 $p(\lambda)$ をモデルに追加して推論する必要があります．

3.3.2　精度が未知の場合

　今度は 1 次元ガウス分布の平均 μ は何らかの理由ですでに知っているという前提で，精度 λ のみをデータから学習するモデルを考えてみます．ここでは観測モデルは，

$$p(x|\lambda) = \mathcal{N}(x|\mu, \lambda^{-1}) \tag{3.64}$$

と書くことにします．このガウス分布の式自体は平均値の推論の場合の式（3.47）と同じですが，今回は精度のみを学習したいので，左辺において λ だけを変数として明示することにします．また，精度パラメータ λ は何かしらの事前分布が必要になりますが，λ は正の実数値をもつので，次のようなガンマ事前分布を与えるのがよいと思われます．

$$p(\lambda) = \mathrm{Gam}(\lambda|a, b) \tag{3.65}$$

事実，ガンマ分布はガウス分布の精度パラメータに対する共役事前分布になることが知られています．実際に事後分布を求めることによりこれを確認してみましょう．ベイズの定理を使うことにより，λ の事後分布は次のように

92　**Chapter 3**　ベイズ推論による学習と予測

求められます.

$$p(\lambda|\mathbf{X}) \propto p(\mathbf{X}|\lambda)p(\lambda)$$

$$= \{\prod_{n=1}^{N} p(x_n|\lambda)\}p(\lambda)$$

$$= \{\prod_{n=1}^{N} \mathcal{N}(x_n|\mu,\lambda^{-1})\}\mathrm{Gam}(\lambda|a,b) \tag{3.66}$$

対数計算を行い,具体的に λ に関する関数形式を調べてみましょう.

$$\ln p(\lambda|\mathbf{X}) = \sum_{n=1}^{N} \ln \mathcal{N}(x_n|\mu,\lambda^{-1}) + \ln \mathrm{Gam}(\lambda|a,b) + \mathrm{const.}$$

$$= (\frac{N}{2} + a - 1) \ln \lambda - \{\frac{1}{2}\sum_{n=1}^{N}(x_n - \mu)^2 + b\}\lambda + \mathrm{const.} \tag{3.67}$$

λ と $\ln \lambda$ にかかる係数部分のみに注目すれば,これは次のようなガンマ分布になることがわかります.

$$p(\lambda|\mathbf{X}) = \mathrm{Gam}(\lambda|\hat{a},\hat{b}) \tag{3.68}$$

$$ただし \quad \hat{a} = \frac{N}{2} + a$$

$$\hat{b} = \frac{1}{2}\sum_{n=1}^{N}(x_n - \mu)^2 + b \tag{3.69}$$

　次に予測分布 $p(x_*)$ を計算してみましょう.これは次のような積分計算によって導かれます.

$$p(x_*) = \int p(x_*|\lambda)p(\lambda)\mathrm{d}\lambda \tag{3.70}$$

この積分を直接計算しても予測分布は求められますが,ここでは先ほどの平均パラメータの例と同様,対数のみを使って簡易的に計算できないか検討してみることにします.ベイズの定理を使えば,x_* と λ に関して次のような関係性が成り立ちます.

$$p(\lambda|x_*) = \frac{p(x_*|\lambda)p(\lambda)}{p(x_*)} \tag{3.71}$$

対数をとって $p(\lambda)$ の項を無視すれば,$p(x_*)$ は次のように計算できます.

$$\ln p(x_*) = \ln p(x_*|\lambda) - \ln p(\lambda|x_*) + \mathrm{const.} \tag{3.72}$$

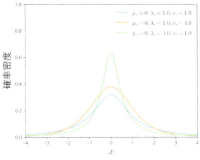

図 3.4 スチューデントの t 分布.

ここで, $p(\lambda|x_*)$ は, 1 個の点 x_* を観測したあとの事後分布のようなものと考えられるので, 式 (3.69) の結果を真似れば次のように書けます.

$$p(\lambda|x_*) = \mathrm{Gam}(\lambda|\frac{1}{2} + a, b(x_*)) \tag{3.73}$$

$$\text{ただし}\quad b(x_*) = \frac{1}{2}(x_* - \mu)^2 + b \tag{3.74}$$

$p(x_*|\lambda)$ および $p(\lambda|x_*)$ を式 (3.72) に代入して計算を進めてみると, 途中計算で λ に関する項は消えてしまい, 結果的に

$$\ln p(x_*) = -\frac{2a+1}{2}\ln\left\{1 + \frac{1}{2b}(x_* - \mu)^2\right\} + \mathrm{const.} \tag{3.75}$$

と書くことができます. 実はこの結果は, 次のような**スチューデントの t 分布 (Student's t distribution)** と呼ばれる分布に対数をとったものになっています.

$$\mathrm{St}(x|\mu_s, \lambda_s, \nu_s) = \frac{\Gamma(\frac{\nu_s+1}{2})}{\Gamma(\frac{\nu_s}{2})}\left(\frac{\lambda_s}{\pi\nu_s}\right)^{\frac{1}{2}}\left\{1 + \frac{\lambda_s}{\nu_s}(x - \mu_s)^2\right\}^{-\frac{\nu_s+1}{2}} \tag{3.76}$$

図 3.4 には 1 次元のスチューデントの t 分布の例をいくつかプロットしています. 式 (3.76) を見るとかなり複雑な確率分布のように見えますが, 対数をとって, 確率変数 x に関わらない項を const. にまとめてしまえば次のようになります.

$$\ln \mathrm{St}(x|\mu_s, \lambda_s, \nu_s) = -\frac{\nu_s+1}{2}\ln\left\{1 + \frac{\lambda_s}{\nu_s}(x - \mu_s)^2\right\} + \mathrm{const.} \tag{3.77}$$

式 (3.75) との対応関係をとれば, 予測分布は次のように書けることになり

94 **Chapter 3** ベイズ推論による学習と予測

ます.

$$p(x_*) = \mathrm{St}(x_*|\mu_s, \lambda_s, \nu_s) \tag{3.78}$$

$$\text{ただし} \quad \mu_s = \mu$$
$$\lambda_s = \frac{a}{b} \tag{3.79}$$
$$\nu_s = 2a$$

3.3.3 平均・精度が未知の場合

さらに,平均と精度がともに未知であるケースを考えてみることにします.ここでの観測モデルは次のように記述することにします.

$$p(x|\mu, \lambda) = \mathcal{N}(x|\mu, \lambda^{-1}) \tag{3.80}$$

このモデルに対して単純に式 (3.48) と式 (3.65) で表される 2 つの事前分布を導入してベイズ推論を行うこともできますが,実は 1 次元ガウス分布では次のような m, β, a および b を固定パラメータとした**ガウス・ガンマ分布（Gauss-gamma distribution）**を事前分布として仮定すると,まったく同じ形式の事後分布が得られることが知られています.

$$p(\mu, \lambda) = \mathrm{NG}(\mu, \lambda|m, \beta, a, b)$$
$$= \mathcal{N}(\mu|m, (\beta\lambda)^{-1})\mathrm{Gam}(\lambda|a, b) \tag{3.81}$$

ここでは平均パラメータ μ の精度が固定ではなく,$\beta\lambda$ に置き換わっています.のちほどの計算結果で明らかになることですが,いままで本章で見てきたパラメータの推論と同様,事後分布における 4 つの超パラメータ $\hat{m}$, $\hat{\beta}$, $\hat{a}$ および $\hat{b}$ を求めるのが今回の目標になります.参考までに,**図 3.5** に左から順に平均未知,精度未知,平均・精度未知の場合のガウス分布のグラフィカルモデルを示しています.小さいボックスは固定パラメータのノードを表しています[*6].式 (3.81) からもわかるように,今回の平均・精度未知の学習モデルでは,観測変数 x_n だけでなく平均パラメータも精度パラメータに依存しているような形になっています.

今回は 2 種類のパラメータを確率変数として扱っているので計算が若干複雑になりますが,基本的にはベイズの定理を使って事後分布を計算する手順

[*6] 正確にはほかの固定パラメータ（超パラメータ）も同様にグラフに記述するべきですが,ここでは 3 つのモデルの単純比較が目的ですので省略しています.

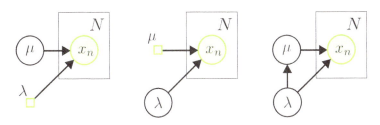

図 3.5 1 次元ガウス分布の学習モデル．

に変わりはありません．ここでは，いままで 1 次元ガウス分布に対して求めた計算結果をなるべく使うことによって，多少楽をしながら事後分布を計算することを考えてみます．

はじめに平均値 μ にのみ注目してみることにしましょう．こちらは式 (3.53) および式 (3.54) で示される事後分布の計算結果に対して，精度の部分を $\beta\lambda$ とおけば計算結果を流用できます．したがって事後分布の $p(\mu|\lambda, \mathbf{X})$ の部分は次のようになります．

$$p(\mu|\lambda, \mathbf{X}) = \mathcal{N}(\mu|\hat{m}, (\hat{\beta}\lambda)^{-1}) \tag{3.82}$$

ただし $\quad \hat{\beta} = N + \beta$

$$\hat{m} = \frac{1}{\hat{\beta}}(\sum_{n=1}^{N} x_n + \beta m) \tag{3.83}$$

次に残りの $p(\lambda|\mathbf{X})$ を求めることにしましょう．まず，同時分布を条件付き分布の積によって次のように単純に書き下してみます．

$$p(\mathbf{X}, \mu, \lambda) = p(\mu|\lambda, \mathbf{X})p(\lambda|\mathbf{X})p(\mathbf{X}) \tag{3.84}$$

ここから，

$$p(\lambda|\mathbf{X}) = \frac{p(\mathbf{X}, \mu, \lambda)}{p(\mu|\lambda, \mathbf{X})p(\mathbf{X})}$$
$$\propto \frac{p(\mathbf{X}, \mu, \lambda)}{p(\mu|\lambda, \mathbf{X})} \tag{3.85}$$

としてしまえば，モデルとしてはじめから与えられている同時分布 $p(\mathbf{X}, \mu, \lambda) = p(\mathbf{X}|\mu, \lambda)p(\mu, \lambda)$ と，式 (3.82) ですでに求めてある $p(\mu|\lambda, \mathbf{X})$ を使うことによって λ の事後分布が明らかになりそうです．式 (3.85) の対数をとって実際に λ に関する関数形式を求めてみると，

$$\ln p(\lambda|\mathbf{X}) = (\frac{N}{2} + a - 1)\ln\lambda$$
$$- \{\frac{1}{2}(\sum_{n=1}^{N} x_n^2 + \beta m^2 - \hat{\beta}\hat{m}^2) + b\}\lambda + \text{const.} \tag{3.86}$$

という形に整理でき，ガンマ分布の定義式（2.56）と照らし合わせれば，これは次のようにまとめられることがわかります．

$$p(\lambda|\mathbf{X}) = \text{Gam}(\lambda|\hat{a}, \hat{b}) \tag{3.87}$$

$$\text{ただし} \quad \hat{a} = \frac{N}{2} + a$$
$$\hat{b} = \frac{1}{2}(\sum_{n=1}^{N} x_n^2 + \beta m^2 - \hat{\beta}\hat{m}^2) + b \tag{3.88}$$

改めて得られた事後分布の式（3.82）および式（3.87）を眺めてみれば，事後分布が式（3.81）の事前分布と同様の確率分布の形式をとっており，単純に4つの超パラメータ m，β，a および b が観測データによって更新されるだけの結果になっていることがわかりますね．共役事前分布として平均と精度の同時分布 $p(\mu, \lambda)$ を考えずに，$p(\mu)p(\lambda)$ のように独立な事前分布を使って計算することも可能ですが，得られる事後分布 $p(\mu, \lambda|\mathbf{X})$ は結局2つのパラメータの同時分布になってしまうので[7]，実装の面から考えてもはじめからガウス・ガンマ分布を事前分布として導入したほうが単純になる場合が多いです．

次に事前分布 $p(\mu, \lambda)$ を使った予測分布の計算を行ってみます．ここでは，次のようにガウス分布の平均と精度の2つの変数を積分除去してやる必要があります．

$$p(x_*) = \iint p(x_*|\mu, \lambda)p(\mu, \lambda)\mathrm{d}\mu\mathrm{d}\lambda \tag{3.89}$$

式（3.89）の積分を直接計算することも可能ですが，計算がややこしくなるので，ここでも過去の計算結果を使ってなるべく簡単に $p(x_*)$ を求められないか考えることにします．例によって，ベイズの定理を使って x_* に無関係な項を無視すれば，予測分布 $p(x_*)$ に対して次のような式が成り立ちます．

$$\ln p(x_*) = \ln p(x_*|\mu, \lambda) - \ln p(\mu, \lambda|x_*) + \text{const.} \tag{3.90}$$

ここで2つ目の項は，式（3.82）および式（3.87）で表される事後分布の計

---

[7] これはグラフィカルモデルでいえば1章で説明した head-to-head 型の例で，μ と λ は $\mathbf{X}$ が観測されたあとでは独立にならないことからわかります．

算結果を流用すれば，

$$p(\mu, \lambda | x_*) = \mathcal{N}(\mu | m(x_*), \{(1+\beta)\lambda\}^{-1}) \mathrm{Gam}(\lambda | \frac{1}{2} + a, b(x_*)) \quad (3.91)$$

$$\text{ただし} \quad m(x_*) = \frac{x_* + \beta m}{1 + \beta}$$
$$b(x_*) = \frac{\beta}{2(1+\beta)}(x_* - m)^2 + b \quad (3.92)$$

と書くことができます．これを式 (3.90) に代入し，x_* に関わる項のみで整理すると，

$$\ln p(x_*) = -\frac{1+2a}{2} \ln\left\{1 + \frac{\beta}{2(1+\beta)b}(x_* - m)^2\right\} + \mathrm{const.} \quad (3.93)$$

となります．計算の途中で 2 つの変数 μ と λ がうまい具合に式から消えてくれるのがポイントです．これは 1 次元のスチューデントの t 分布に対数をとったものと同じ形をとり，式 (3.76) で表される定義に基づけば，

$$p(x_*) = \mathrm{St}(x_* | \mu_s, \lambda_s, \nu_s) \quad (3.94)$$

$$\text{ただし} \quad \mu_s = m$$
$$\lambda_s = \frac{\beta a}{(1+\beta)b} \quad (3.95)$$
$$\nu_s = 2a$$

として予測分布を解析的に求めることができます．ここでもまた，事前分布の代わりに事後分布のパラメータを入れれば，データを N 個観測したあとの予測分布 $p(x_*|\mathbf{X})$ になりますので，実際はそちらの計算結果を使う機会のほうが多いと思います．

　以上で，1 次元ガウス分布の基本的なベイズ推論はおしまいです．結果の数式は覚える必要はまったくありませんが，それぞれの結果に至ったロジックを理解することと，事後分布や予測分布の意味を理解して，あとで必要に応じて計算結果を流用できるようにしておくことが大事です．

3.4　多次元ガウス分布の学習と予測

　ここでは D 次元の多次元ガウス分布を使ったパラメータの学習および新規データに対する予測を考えます．多次元ガウス分布は応用上非常に重要であり，特に共分散行列 $\mathbf{\Sigma}$ によって，データの次元間にまたがるような相関を捉えることができるのが大きな特徴です．事後分布，予測分布の導出に関し

98   **Chapter 3** ベイズ推論による学習と予測

ては少し複雑な行列計算が新しく入ってきますが，導出の流れは 1 次元ガウ
ス分布で行ったものがそのまま適用できます．ここでも共分散行列を扱う代
わりに，その逆行列である精度行列 $\Lambda = \Sigma^{-1}$ を表記として使います．

3.4.1 平均が未知の場合

さて，はじめに D 次元の確率変数 $\mathbf{x} \in \mathbb{R}^D$ の平均パラメータ $\boldsymbol{\mu} \in \mathbb{R}^D$ の
みが未知で，精度行列 $\Lambda \in \mathbb{R}^{D \times D}$ はすでに与えられていることとして推論
を行ってみましょう．すなわち観測モデルは次のようになります．

$$p(\mathbf{x}|\boldsymbol{\mu}) = \mathcal{N}(\mathbf{x}|\boldsymbol{\mu}, \Lambda^{-1}) \tag{3.96}$$

精度行列 Λ は正定値行列として事前に設定する必要があることに注意して
ください．ガウス分布の平均パラメータに対しては，同じくガウス分布を事
前分布として使えば解析的な推論計算が行えることが知られています．つま
り，固定された超パラメータ $\mathbf{m} \in \mathbb{R}^D$ および $\Lambda_{\boldsymbol{\mu}} \in \mathbb{R}^{D \times D}$ を導入し，

$$p(\boldsymbol{\mu}) = \mathcal{N}(\boldsymbol{\mu}|\mathbf{m}, \Lambda_{\boldsymbol{\mu}}^{-1}) \tag{3.97}$$

のように設定することにします．

式（3.96）と式（3.97）を用いれば，N 個のデータ $\mathbf{X}$ を観測したあとの事
後分布は次のようになります．

$$\begin{aligned}
p(\boldsymbol{\mu}|\mathbf{X}) &\propto p(\mathbf{X}|\boldsymbol{\mu})p(\boldsymbol{\mu}) \\
&= \{\prod_{n=1}^{N} p(\mathbf{x}_n|\boldsymbol{\mu})\}p(\boldsymbol{\mu}) \\
&= \{\prod_{n=1}^{N} \mathcal{N}(\mathbf{x}_n|\boldsymbol{\mu}, \Lambda^{-1})\}\mathcal{N}(\boldsymbol{\mu}|\mathbf{m}, \Lambda_{\boldsymbol{\mu}}^{-1})
\end{aligned} \tag{3.98}$$

対数をとり，$\boldsymbol{\mu}$ に関して整理してみることにします．

$$\begin{aligned}
\ln p(\boldsymbol{\mu}|\mathbf{X}) &= \sum_{n=1}^{N} \ln \mathcal{N}(\mathbf{x}_n|\boldsymbol{\mu}, \Lambda^{-1}) + \ln \mathcal{N}(\boldsymbol{\mu}|\mathbf{m}, \Lambda_{\boldsymbol{\mu}}^{-1}) + \mathrm{const.} \\
&= -\frac{1}{2}\{\boldsymbol{\mu}^{\top}(N\Lambda + \Lambda_{\boldsymbol{\mu}})\boldsymbol{\mu} - 2\boldsymbol{\mu}^{\top}(\Lambda \sum_{n=1}^{N} \mathbf{x}_n + \Lambda_{\boldsymbol{\mu}}\mathbf{m})\} + \mathrm{const.}
\end{aligned}$$
$$\tag{3.99}$$

結果として D 次元ベクトル $\boldsymbol{\mu}$ に関する上に凸の 2 次関数が出てきました．
1 次元のガウス分布で行った議論と同じように，この時点で $\boldsymbol{\mu}$ の事後分布が

ガウス分布であることがわかるのですが，ここでは再び結果の事後分布を次のようにおくことによって事後分布のパラメータを計算します．

$$p(\boldsymbol{\mu}|\mathbf{X}) = \mathcal{N}(\boldsymbol{\mu}|\hat{\mathbf{m}}, \hat{\boldsymbol{\Lambda}}_{\boldsymbol{\mu}}^{-1}) \qquad (3.100)$$

式（3.100）の対数をとって $\boldsymbol{\mu}$ に関して整理すれば，

$$\ln p(\boldsymbol{\mu}|\mathbf{X}) = -\frac{1}{2}\{\boldsymbol{\mu}^{\top}\hat{\boldsymbol{\Lambda}}_{\boldsymbol{\mu}}\boldsymbol{\mu} - 2\boldsymbol{\mu}^{\top}\hat{\boldsymbol{\Lambda}}_{\boldsymbol{\mu}}\hat{\mathbf{m}}\} + \mathrm{const.} \qquad (3.101)$$

となるので，あとは式（3.99）との対応関係をとってみれば，

$$\hat{\boldsymbol{\Lambda}}_{\boldsymbol{\mu}} = N\boldsymbol{\Lambda} + \boldsymbol{\Lambda}_{\boldsymbol{\mu}} \qquad (3.102)$$

$$\hat{\mathbf{m}} = \hat{\boldsymbol{\Lambda}}_{\boldsymbol{\mu}}^{-1}(\boldsymbol{\Lambda}\sum_{n=1}^{N}\mathbf{x}_n + \boldsymbol{\Lambda}_{\boldsymbol{\mu}}\mathbf{m}) \qquad (3.103)$$

と求められます．少しだけ行列計算に慎重になれば，1次元で行った流れと同様の手続きで事後分布が求められるのがわかりますね．

次に，観測されていないデータ点 $\mathbf{x}_* \in \mathbb{R}^D$ に関する予測分布 $p(\mathbf{x}_*)$ を求めます．ここでも明示的に積分計算を行うことは避け，対数計算のみで推論を完結させてしまいましょう．はじめにベイズの定理を使い，予測分布を対数の形で書けば

$$\ln p(\mathbf{x}_*) = \ln p(\mathbf{x}_*|\boldsymbol{\mu}) - \ln p(\boldsymbol{\mu}|\mathbf{x}_*) + \mathrm{const.} \qquad (3.104)$$

となります．ここで，$p(\boldsymbol{\mu}|\mathbf{x}_*)$ は，たった1つのデータ $\mathbf{x}_*$ を条件付けした場合の事後分布とみなすことができるので，式（3.102）および式（3.103）の結果を流用してしまえば，

$$p(\boldsymbol{\mu}|\mathbf{x}_*) = \mathcal{N}(\boldsymbol{\mu}|\mathbf{m}(\mathbf{x}_*), (\boldsymbol{\Lambda} + \boldsymbol{\Lambda}_{\boldsymbol{\mu}})^{-1}) \qquad (3.105)$$

$$\text{ただし}\quad \mathbf{m}(\mathbf{x}_*) = (\boldsymbol{\Lambda} + \boldsymbol{\Lambda}_{\boldsymbol{\mu}})^{-1}(\boldsymbol{\Lambda}\mathbf{x}_* + \boldsymbol{\Lambda}_{\boldsymbol{\mu}}\mathbf{m}) \qquad (3.106)$$

となります．$\mathbf{m}(\mathbf{x}_*)$ は D 次元の平均パラメータであり，内部に予測分布の計算に必要な $\mathbf{x}_*$ を含んでいます．これを式（3.104）に代入して $\mathbf{x}_*$ に関して整理をすれば，次のような $\mathbf{x}_*$ の2次関数になります．

$$\begin{aligned}\ln p(\mathbf{x}_*) = -\frac{1}{2}\{&\mathbf{x}_*^{\top}(\boldsymbol{\Lambda} - \boldsymbol{\Lambda}(\boldsymbol{\Lambda} + \boldsymbol{\Lambda}_{\boldsymbol{\mu}})^{-1}\boldsymbol{\Lambda})\mathbf{x}_* \\ &- 2\mathbf{x}_*^{\top}\boldsymbol{\Lambda}(\boldsymbol{\Lambda} + \boldsymbol{\Lambda}_{\boldsymbol{\mu}})^{-1}\boldsymbol{\Lambda}_{\boldsymbol{\mu}}\mathbf{m}\} + \mathrm{const.}\end{aligned} \qquad (3.107)$$

ここで，この分布が次のようなガウス分布として書けるとします．

$$p(\mathbf{x}_*) = \mathcal{N}(\mathbf{x}_*|\boldsymbol{\mu}_*, \boldsymbol{\Lambda}_*^{-1}) \qquad (3.108)$$

100 **Chapter 3** ベイズ推論による学習と予測

対数をとり，式 (3.107) と対応付ければ，パラメータは次のようになります．

$$\mathbf{\Lambda}_* = \mathbf{\Lambda} - \mathbf{\Lambda}(\mathbf{\Lambda} + \mathbf{\Lambda}_\mu)^{-1}\mathbf{\Lambda}$$
$$= (\mathbf{\Lambda}^{-1} + \mathbf{\Lambda}_\mu^{-1})^{-1} \tag{3.109}$$
$$\boldsymbol{\mu}_* = \mathbf{\Lambda}_*^{-1}\mathbf{\Lambda}(\mathbf{\Lambda} + \mathbf{\Lambda}_\mu)^{-1}\mathbf{\Lambda}_\mu\mathbf{m}$$
$$= \mathbf{m} \tag{3.110}$$

これらのパラメータの表現形式は付録 A.1 の行列に関する公式（A.7）を使えば求めることができます．

3.4.2 精度が未知の場合

次に平均パラメータが既知として与えられており，精度行列の分布のみをデータから学習したい場合を考えてみましょう．すなわち，観測モデルを次のようにおくことにします．

$$p(\mathbf{x}|\mathbf{\Lambda}) = \mathcal{N}(\mathbf{x}|\boldsymbol{\mu}, \mathbf{\Lambda}^{-1}) \tag{3.111}$$

正定値行列である精度行列 $\mathbf{\Lambda}$ を生成するための確率分布としては，次のようなウィシャート事前分布があります．

$$p(\mathbf{\Lambda}) = \mathcal{W}(\mathbf{\Lambda}|\nu, \mathbf{W}) \tag{3.112}$$

ここで，$\mathbf{W} \in \mathbb{R}^{D \times D}$ は正定値行列であり，ν は $\nu > D - 1$ を満たす実数値として事前に与えます．

ウィシャート分布が多次元ガウス分布の精度行列に対する共役事前分布であることを，実際に事後分布を計算することによって確認してみます．ベイズの定理を用いれば，データ $\mathbf{X} = \{\mathbf{x}_1, \ldots, \mathbf{x}_N\}$ を観測したあとの事後分布は次のように対数で表すことができます．

$$\ln p(\mathbf{\Lambda}|\mathbf{X}) = \sum_{n=1}^{N} \ln \mathcal{N}(\mathbf{x}_n|\boldsymbol{\mu}, \mathbf{\Lambda}^{-1}) + \ln \mathcal{W}(\mathbf{\Lambda}|\nu, \mathbf{W}) + \mathrm{const.} \tag{3.113}$$

具体的に式 (2.73) のガウス分布と式 (2.86) のウィシャート分布の対数に従って計算を進め，$\mathbf{\Lambda}$ に関する項のみを取り出すと次のようになります．

$$\ln p(\mathbf{\Lambda}|\mathbf{X}) = \frac{N + \nu - D - 1}{2} \ln |\mathbf{\Lambda}|$$
$$- \frac{1}{2}\mathrm{Tr}[\{\sum_{n=1}^{N}(\mathbf{x}_n - \boldsymbol{\mu})(\mathbf{x}_n - \boldsymbol{\mu})^\top + \mathbf{W}^{-1}\}\mathbf{\Lambda}] + \mathrm{const.}$$

$$\tag{3.114}$$

ここでは，式を整理するために途中でトレース $\mathrm{Tr}(\cdot)$ に関する計算を行いました（付録 A.1 参照）．さて，得られた確率分布は次のようにパラメータをおいたウィシャート分布であることがわかります．

$$p(\boldsymbol{\Lambda}|\mathbf{X}) = \mathcal{W}(\boldsymbol{\Lambda}|\hat{\nu}, \hat{\mathbf{W}}) \tag{3.115}$$

$$\text{ただし}\quad \hat{\mathbf{W}}^{-1} = \sum_{n=1}^{N}(\mathbf{x}_n - \boldsymbol{\mu})(\mathbf{x}_n - \boldsymbol{\mu})^{\top} + \mathbf{W}^{-1} \tag{3.116}$$

$$\hat{\nu} = N + \nu$$

次に，予測分布の計算を行ってみます．未観測のベクトル $\mathbf{x}_*$ に関する予測分布 $p(\mathbf{x}_*)$ はベイズの定理から次のように表せます．

$$\ln p(\mathbf{x}_*) = \ln p(\mathbf{x}_*|\boldsymbol{\Lambda}) - \ln p(\boldsymbol{\Lambda}|\mathbf{x}_*) + \mathrm{const.} \tag{3.117}$$

ここで，$p(\boldsymbol{\Lambda}|\mathbf{x}_*)$ は式 (3.115) の事後分布の計算結果を流用すれば次のように書けます．

$$p(\boldsymbol{\Lambda}|\mathbf{x}_*) = \mathcal{W}(\boldsymbol{\Lambda}|1 + \nu, \mathbf{W}(\mathbf{x}_*)) \tag{3.118}$$

$$\text{ただし}\quad \mathbf{W}(\mathbf{x}_*)^{-1} = (\mathbf{x}_* - \boldsymbol{\mu})(\mathbf{x}_* - \boldsymbol{\mu})^{\top} + \mathbf{W}^{-1} \tag{3.119}$$

この結果を式 (3.117) に代入して計算を進めると，$\mathbf{x}_*$ の多項式の部分やトレースの部分は打ち消しあい，$\mathbf{x}_*$ に関して次のような形式をとります．

$$\ln p(\mathbf{x}_*) = -\frac{1+\nu}{2} \ln\{1 + (\mathbf{x}_* - \boldsymbol{\mu})^{\top}\mathbf{W}(\mathbf{x}_* - \boldsymbol{\mu})\} + \mathrm{const.} \tag{3.120}$$

上記の計算のためには行列式に関する公式も必要になるので付録 A.1 を参照してください．これは，次の式で定義されるような $\mathbf{x} \in \mathbb{R}^D$ 上の多次元版のスチューデントの t 分布（**Student's t distribution**）であることが知られています．

$$
\begin{aligned}
&\mathrm{St}(\mathbf{x}|\boldsymbol{\mu}_s, \boldsymbol{\Lambda}_s, \nu_s) \\
&= \frac{\Gamma(\frac{\nu_s+D}{2})}{\Gamma(\frac{\nu_s}{2})} \frac{|\boldsymbol{\Lambda}_s|^{\frac{1}{2}}}{(\pi\nu_s)^{\frac{D}{2}}} \left\{1 + \frac{1}{\nu_s}(\mathbf{x} - \boldsymbol{\mu}_s)^{\top}\boldsymbol{\Lambda}_s(\mathbf{x} - \boldsymbol{\mu}_s)\right\}^{-\frac{\nu_s+D}{2}}
\end{aligned}
\tag{3.121}
$$

ここで $\boldsymbol{\mu}_s \in \mathbb{R}^D$，正定値行列 $\boldsymbol{\Lambda}_s \in \mathbb{R}^{D \times D}$ および $\nu_s \in \mathbb{R}$ はこの分布のパラメータです．この式の対数をとって，$\mathbf{x}$ に関わる項のみで書き表せば，

102　**Chapter 3**　ベイズ推論による学習と予測

$$
\ln \mathrm{St}(\mathbf{x}|\boldsymbol{\mu}_s, \boldsymbol{\Lambda}_s, \nu_s) = -\frac{\nu_s + D}{2} \ln \left\{ 1 + \frac{1}{\nu_s}(\mathbf{x} - \boldsymbol{\mu}_s)^\top \boldsymbol{\Lambda}_s (\mathbf{x} - \boldsymbol{\mu}_s) \right\}
$$
$$
+ \mathrm{const.} \tag{3.122}
$$

のようになるので，これと式（3.120）の計算結果を照らし合わせれば，最終的に得られる予測分布は次のように書き表すことができます．

$$
p(\mathbf{x}_*) = \mathrm{St}(\mathbf{x}_*|\boldsymbol{\mu}_s, \boldsymbol{\Lambda}_s, \nu_s) \tag{3.123}
$$

$$
\text{ただし}\quad \boldsymbol{\mu}_s = \boldsymbol{\mu}
$$
$$
\boldsymbol{\Lambda}_s = (1 - D + \nu)\mathbf{W} \tag{3.124}
$$
$$
\nu_s = 1 - D + \nu
$$

3.4.3　平均・精度が未知の場合

最後に，平均・精度を学習したい場合は，観測モデルを次のようにおきます．

$$
p(\mathbf{x}|\boldsymbol{\mu}, \boldsymbol{\Lambda}) = \mathcal{N}(\mathbf{x}|\boldsymbol{\mu}, \boldsymbol{\Lambda}^{-1})
$$

1 次元ガウス分布の場合では，平均・精度がともに未知だった場合はガウス・ガンマ分布を共役事前分布として使用しました．多次元の場合では，事前分布として次のような**ガウス・ウィシャート分布**（**Gaussian-Wishart distribution**）を使えば，事後分布が同じ形式で得られます．

$$
p(\boldsymbol{\mu}, \boldsymbol{\Lambda}) = \mathrm{NW}(\boldsymbol{\mu}, \boldsymbol{\Lambda}|\mathbf{m}, \beta, \nu, \mathbf{W})
$$
$$
= \mathcal{N}(\boldsymbol{\mu}|\mathbf{m}, (\beta\boldsymbol{\Lambda})^{-1})\mathcal{W}(\boldsymbol{\Lambda}|\nu, \mathbf{W}) \tag{3.125}
$$

まず，データ **X** を観測したあとの事後分布を求めてみましょう．これはベイズの定理を使って次のように計算することができます．

$$
p(\boldsymbol{\mu}, \boldsymbol{\Lambda}|\mathbf{X}) = \frac{p(\mathbf{X}|\boldsymbol{\mu}, \boldsymbol{\Lambda})p(\boldsymbol{\mu}, \boldsymbol{\Lambda})}{p(\mathbf{X})} \tag{3.126}
$$

ここでは，1 次元で行った議論と同様，$\boldsymbol{\mu}$ と $\boldsymbol{\Lambda}$ の事後分布は条件付き分布によって

$$
p(\boldsymbol{\mu}, \boldsymbol{\Lambda}|\mathbf{X}) = p(\boldsymbol{\mu}|\boldsymbol{\Lambda}, \mathbf{X})p(\boldsymbol{\Lambda}|\mathbf{X}) \tag{3.127}
$$

のように分解できるので，まず平均 $\boldsymbol{\mu}$ の事後分布を求め，そのあとで $\boldsymbol{\Lambda}$ の事後分布を求めればよさそうです．$p(\boldsymbol{\mu}|\boldsymbol{\Lambda}, \mathbf{X})$ に関しては，式（3.102）およ

び式（3.103）の事後分布の計算結果に対して，精度行列を $\beta\boldsymbol{\Lambda}$ とおくことにより求めることができます．

$$p(\boldsymbol{\mu}|\boldsymbol{\Lambda},\mathbf{X}) = \mathcal{N}(\boldsymbol{\mu}|\hat{\mathbf{m}},(\hat{\beta}\boldsymbol{\Lambda})^{-1}) \tag{3.128}$$

ただし $\quad \hat{\beta} = N + \beta$

$$\hat{\mathbf{m}} = \frac{1}{\hat{\beta}}(\sum_{n=1}^{N}\mathbf{x}_n + \beta\mathbf{m}) \tag{3.129}$$

次に $p(\boldsymbol{\Lambda}|\mathbf{X})$ を求めることにしましょう．式（3.126）と式（3.127）の関係式から，$\boldsymbol{\Lambda}$ のみに着目して対数で整理すると，

$$\ln p(\boldsymbol{\Lambda}|\mathbf{X}) = \ln p(\mathbf{X}|\boldsymbol{\mu},\boldsymbol{\Lambda}) + \ln p(\boldsymbol{\mu},\boldsymbol{\Lambda}) - \ln p(\boldsymbol{\mu}|\boldsymbol{\Lambda},\mathbf{X}) + \mathrm{const.} \tag{3.130}$$

が成り立ちます．$p(\boldsymbol{\mu}|\boldsymbol{\Lambda},\mathbf{X})$ は式（3.128）の計算済みの結果がそのまま代入できるので，これにより $\boldsymbol{\Lambda}$ の分布を調べることができ，

$$\begin{aligned} \ln p(\boldsymbol{\Lambda}|\mathbf{X}) = & \frac{N+\nu-D-1}{2}\ln|\boldsymbol{\Lambda}| \\ & -\frac{1}{2}\mathrm{Tr}[\{\sum_{n=1}^{N}\mathbf{x}_n\mathbf{x}_n^\top + \beta\mathbf{m}\mathbf{m}^\top - \hat{\beta}\hat{\mathbf{m}}\hat{\mathbf{m}}^\top + \mathbf{W}^{-1}\}\boldsymbol{\Lambda}] \\ & + \mathrm{const.} \end{aligned} \tag{3.131}$$

という形に整理できます．あとはウィシャート分布の定義式と対応関係をとれば，次のように表すことができます．

$$p(\boldsymbol{\Lambda}|\mathbf{X}) = \mathcal{W}(\boldsymbol{\Lambda}|\hat{\nu},\hat{\mathbf{W}}) \tag{3.132}$$

ただし $\quad \hat{\mathbf{W}}^{-1} = \sum_{n=1}^{N}\mathbf{x}_n\mathbf{x}_n^\top + \beta\mathbf{m}\mathbf{m}^\top - \hat{\beta}\hat{\mathbf{m}}\hat{\mathbf{m}}^\top + \mathbf{W}^{-1}$

$$\hat{\nu} = N + \nu \tag{3.133}$$

次に事前分布 $p(\boldsymbol{\mu},\boldsymbol{\Lambda})$ を使った予測分布の計算を行ってみます．新しいデータ点 $\mathbf{x}_* \in \mathbb{R}^D$ に関する予測分布は，

$$p(\mathbf{x}_*) = \iint p(\mathbf{x}_*|\boldsymbol{\mu},\boldsymbol{\Lambda})p(\boldsymbol{\mu},\boldsymbol{\Lambda})\mathrm{d}\boldsymbol{\mu}\mathrm{d}\boldsymbol{\Lambda} \tag{3.134}$$

のように二重積分を実行することによって計算できますが，1 次元の場合と同様の議論で，ここではなるべく簡単な対数計算を使って $p(\mathbf{x}_*)$ を求めることにします．ベイズの定理により，予測分布 $p(\mathbf{x}_*)$ に対して次のような式が成り立ちます．

$$\ln p(\mathbf{x}_*) = \ln p(\mathbf{x}_*|\boldsymbol{\mu}, \boldsymbol{\Lambda}) - \ln p(\boldsymbol{\mu}, \boldsymbol{\Lambda}|\mathbf{x}_*) + \text{const.} \tag{3.135}$$

ここで2つ目の項は，式 (3.128) および式 (3.132) で表されるガウス・ウィシャート事後分布の計算結果を流用すれば，

$$p(\boldsymbol{\mu}, \boldsymbol{\Lambda}|\mathbf{x}_*) = \mathcal{N}(\boldsymbol{\mu}|\mathbf{m}(\mathbf{x}_*), ((1+\beta)\boldsymbol{\Lambda})^{-1})\mathcal{W}(\boldsymbol{\Lambda}|1+\nu, \mathbf{W}(\mathbf{x}_*)) \tag{3.136}$$

$$\text{ただし}\quad \mathbf{m}(\mathbf{x}_*) = \frac{\mathbf{x}_* + \beta\mathbf{m}}{1+\beta}$$
$$\mathbf{W}(\mathbf{x}_*)^{-1} = \frac{\beta}{1+\beta}(\mathbf{x}_* - \mathbf{m})(\mathbf{x}_* - \mathbf{m})^\top + \mathbf{W}^{-1} \tag{3.137}$$

と書けます．これを使って式 (3.135) を計算し，$\mathbf{x}_*$ に関わる項のみで整理すると，

$$\ln p(\mathbf{x}_*) = -\frac{1+\nu}{2}\ln\big\{1 + \frac{\beta}{1+\beta}(\mathbf{x}_* - \mathbf{m})^\top \mathbf{W}(\mathbf{x}_* - \mathbf{m})\big\} + \text{const.}$$

$$\tag{3.138}$$

となります．これは多次元のスチューデントの t 分布の対数表現と一致しており，式 (3.121) の定義と対応関係をとれば，

$$p(\mathbf{x}_*) = \text{St}(\mathbf{x}_*|\boldsymbol{\mu}_s, \boldsymbol{\Lambda}_s, \nu_s) \tag{3.139}$$

$$\text{ただし}\quad \boldsymbol{\mu}_s = \mathbf{m}$$
$$\boldsymbol{\Lambda}_s = \frac{(1-D+\nu)\beta}{1+\beta}\mathbf{W}$$
$$\nu_s = 1 - D + \nu \tag{3.140}$$

として予測分布が求まります．実際は，N 個のデータ $\mathbf{X}$ を学習したあとの予測分布 $p(\mathbf{x}_*|\mathbf{X})$ が必要になるケースが多いので，これは事前分布の各パラメータ $\mathbf{m}$，β，$\mathbf{W}$ および ν を事後分布のパラメータに置き換えればよいでしょう．

3.5　線形回帰の例

　本章で紹介した共役事前分布を使った解析的計算の応用例として，**線形回帰（linear regression）**のモデルをガウス分布を使って構築し，さらに係数パラメータの学習および未観測データの予測を行います．

3.5.1 モデルの構築

線形回帰モデルでは，実数の出力値 $y_n \in \mathbb{R}$ は入力値 $\mathbf{x}_n \in \mathbb{R}^M$，パラメータ $\mathbf{w} \in \mathbb{R}^M$，ノイズ成分 $\epsilon_n \in \mathbb{R}$ を使って次のようにモデル化されます[*8].

$$y_n = \mathbf{w}^\top \mathbf{x}_n + \epsilon_n \tag{3.141}$$

ここではノイズ成分 ϵ_n が次のような平均ゼロのガウス分布に従っていると仮定します.

$$\epsilon_n \sim \mathcal{N}(\epsilon_n|0, \lambda^{-1}) \tag{3.142}$$

ここで $\lambda \in \mathbb{R}^+$ は 1 次元ガウス分布の既知の精度パラメータであるとします．式（3.141）と式（3.142）を 1 つにまとめて，次のような表記で y_n の確率分布を定式化するのが簡単です.

$$p(y_n|\mathbf{x}_n, \mathbf{w}) = \mathcal{N}(y_n|\mathbf{w}^\top \mathbf{x}_n, \lambda^{-1}) \tag{3.143}$$

今回はパラメータ $\mathbf{w}$ を観測データから学習したいので，次のような事前分布を設定してみることにします.

$$p(\mathbf{w}) = \mathcal{N}(\mathbf{w}|\mathbf{m}, \boldsymbol{\Lambda}^{-1}) \tag{3.144}$$

ここで $\mathbf{m} \in \mathbb{R}^M$ は平均パラメータ，正定値行列 $\boldsymbol{\Lambda} \in \mathbb{R}^{M \times M}$ は精度行列パラメータです．$\mathbf{m}$ や $\boldsymbol{\Lambda}$ は超パラメータであり，事前にある値で固定されているとします.

作ったモデルを使っていくつかデータサンプルを取得してみるのは実践的なベイズ学習において非常に重要なプロセスです．例えば，$M = 4$ とし，入力ベクトルは $(1, x, x^2, x^3)^\top$ のような 3 次の多項式を仮定します[*9]．$\mathbf{m}$ をゼロベクトルとし，$\boldsymbol{\Lambda} = \mathbf{I}_M$ というように具体的に値を設定すれば，式（3.144）を使って $\mathbf{w}$ の実現値をサンプルすることができます．いくつかのサンプルされた $\mathbf{w}$ の値に基づいて 3 次関数をプロットしたのが図 3.6 です．また，観測値 y_n に対する精度パラメータも同様に $\lambda = 10.0$ などと設定すれば，y_n の値も生成することができます．図 3.6 で作られた関数のうちから 1 つを選び，入力値 $\mathbf{x}_n$ を等間隔で何点か与えたうえで，人工的な観測値 y_n をいくつかシミュレートしてドットで示したのが図 3.7 です.

このように，確率分布の組み合わせ方や構成する確率分布の種類，設定す

[*8] ここでは入力ベクトルはすべて $\mathbf{x}$ として取り扱います．文献によっては，データに対して事前に非線形な変換 ϕ（2 次関数やその他の特徴量抽出など）が行われることを明記するために，入力ベクトルを $\phi(\mathbf{x})$ と書く場合もあります.

[*9] ここでは定数項も 1 つの次元として扱っているため，次元が M の場合は $M-1$ 次関数となることに注意してください.

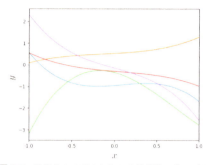

図 3.6　学習前のモデルからの 3 次関数のサンプル．

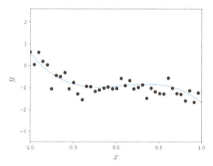

図 3.7　関数からの人工データ y_n のサンプル．

る固定パラメータの値を事前に設定することによって，1 つの確率モデル（あるいはデータの生成過程に関する 1 つの仮説）を明記することができます．それと同時に，そのモデルから具体的なパラメータやデータのサンプルを得ることによって，仮説がカバーしている実現例を視覚的に確認することができます．確率分布によって定義した式と，それからサンプルされる値をよく観察することにより，データを学習させる前に開発者は自身の開発したモデルの特性をチェックすることができます．このプロセスは非常に重要で，例えば予測したい値 y としてある商品の価格を想定しているのに，学習前のモデルからサンプルした各 y_n が非現実的なマイナスの値に偏って出力されてしまったりする場合は，明らかにモデルのデザイン自体か事前分布の設定に誤りがあります．このようなモデルに対していくらデータを増やして事後分布を解析しても，意味のある結果が得られる可能性は低いでしょう．解析的な事後分布や近似推論アルゴリズムを苦労して導く前に，モデル設計の時点でいくつかのサンプルを抽出してみて，モデルの妥当性を確認してみるのが賢明であるといえます．基本的なガウス分布の挙動を学ぶためには定義式を

3.5 線形回帰の例 107

じっと眺めて理解するよりも，具体的なサンプルをとったりグラフに描画したりしたほうが直観的であるように，複雑に設計された確率モデルも結局は1つの確率分布であることを考えれば，このようなサンプリングによる実現値の確認作業は極めて自然なモデルの検討手段といえるでしょう．

3.5.2 事後分布と予測分布の計算

さて，ここでは先ほど構築した線形回帰モデルを使って，データを観測したあとの事後分布と予測分布を求めてみることにしましょう．事後分布はベイズの定理を用いれば次のように書くことができます．

$$p(\mathbf{w}|\mathbf{Y}, \mathbf{X}) = \frac{p(\mathbf{w}) \prod_{n=1}^{N} p(y_n|\mathbf{x}_n, \mathbf{w})}{p(\mathbf{Y}|\mathbf{X})}$$

$$\propto p(\mathbf{w}) \prod_{n=1}^{N} p(y_n|\mathbf{x}_n, \mathbf{w}) \tag{3.145}$$

1次元ガウス分布のパラメータ学習で行った議論の流れとまったく同じで，式（3.145）を $\mathbf{w}$ について整理し，$\mathbf{w}$ の分布の形式を明らかにすることがここでの目標になります．これは対数をとることにより，

$$\ln p(\mathbf{w}|\mathbf{Y}, \mathbf{X}) = -\frac{1}{2}\{\mathbf{w}^{\top}(\lambda \sum_{n=1}^{N} \mathbf{x}_n \mathbf{x}_n^{\top} + \boldsymbol{\Lambda})\mathbf{w}$$

$$- 2\mathbf{w}^{\top}(\lambda \sum_{n=1}^{N} y_n \mathbf{x}_n + \boldsymbol{\Lambda}\mathbf{m})\} + \text{const.} \tag{3.146}$$

と計算できることから，$\mathbf{w}$ の事後分布は次のように事前分布と同じ M 次元ガウス分布として書けることがわかります．

$$p(\mathbf{w}|\mathbf{Y}, \mathbf{X}) = \mathcal{N}(\mathbf{w}|\hat{\mathbf{m}}, \hat{\boldsymbol{\Lambda}}^{-1}) \tag{3.147}$$

$$\text{ただし} \quad \hat{\boldsymbol{\Lambda}} = \lambda \sum_{n=1}^{N} \mathbf{x}_n \mathbf{x}_n^{\top} + \boldsymbol{\Lambda}$$

$$\hat{\mathbf{m}} = \hat{\boldsymbol{\Lambda}}^{-1}(\lambda \sum_{n=1}^{N} y_n \mathbf{x}_n + \boldsymbol{\Lambda}\mathbf{m}) \tag{3.148}$$

次に，新規入力値 $\mathbf{x}_*$ が与えられたときの出力値 y_* の予測分布 $p(y_*|\mathbf{x}_*, \mathbf{Y}, \mathbf{X})$ も求めてみます．パラメータの事後分布は事前分布と同じガウス分布であることは確認済みです．したがって，まず事前分布を使った場合の予測分布 $p(y_*|\mathbf{x}_*)$ を計算し，そのあとで事前分布を事後分布に置き換えて予測分布

$p(y_*|\mathbf{x}_*, \mathbf{Y}, \mathbf{X})$ を求めることにします．ある新規の入力データベクトル $\mathbf{x}_*$ と未知の出力値 y_* に関して，ベイズの定理より次が成り立ちます．

$$p(\mathbf{w}|y_*, \mathbf{x}_*) = \frac{p(\mathbf{w})p(y_*|\mathbf{x}_*, \mathbf{w})}{p(y_*|\mathbf{x}_*)} \tag{3.149}$$

これに対数をとることにより，求めたい $\ln p(y_*|\mathbf{x}_*)$ に関して表せば，

$$\ln p(y_*|\mathbf{x}_*) = \ln p(y_*|\mathbf{x}_*, \mathbf{w}) - \ln p(\mathbf{w}|y_*, \mathbf{x}_*) + \mathrm{const.} \tag{3.150}$$

となります．右辺の 1 つ目の項は式（3.143）をそのまま当てはめればよく，2 つ目の項に関しても式（3.147）の事後分布の計算結果を流用すると，

$$p(\mathbf{w}|y_*, \mathbf{x}_*) = \mathcal{N}(\mathbf{w}|\mathbf{m}(y_*), (\lambda\mathbf{x}_*\mathbf{x}_*^\top + \mathbf{\Lambda})^{-1}) \tag{3.151}$$

$$\text{ただし} \quad \mathbf{m}(y_*) = (\lambda\mathbf{x}_*\mathbf{x}_*^\top + \mathbf{\Lambda})^{-1}(\lambda y_*\mathbf{x}_* + \mathbf{\Lambda}\mathbf{m}) \tag{3.152}$$

と表すことができます．これらをもとに，式（3.150）を y_* に関して整理すると，

$$\begin{aligned}
\ln p(y_*|\mathbf{x}_*) = -\frac{1}{2}\{&(\lambda - \lambda^2\mathbf{x}_*^\top(\lambda\mathbf{x}_*\mathbf{x}_*^\top + \mathbf{\Lambda})^{-1}\mathbf{x}_*)y_*^2 \\
&- 2\mathbf{x}_*^\top\lambda(\lambda\mathbf{x}_*\mathbf{x}_*^\top + \mathbf{\Lambda})^{-1}\mathbf{\Lambda}\mathbf{m}y_*\} + \mathrm{const.}
\end{aligned} \tag{3.153}$$

のように 2 次関数として表されます．これは結果として次のような 1 次元のガウス分布としてまとめることができます．

$$p(y_*|\mathbf{x}_*) = \mathcal{N}(y_*|\mu_*, \lambda_*^{-1}) \tag{3.154}$$

$$\begin{aligned}
\text{ただし} \quad \mu_* &= \mathbf{m}^\top\mathbf{x}_* \\
\lambda_*^{-1} &= \lambda^{-1} + \mathbf{x}_*^\top\mathbf{\Lambda}^{-1}\mathbf{x}_*
\end{aligned} \tag{3.155}$$

λ_* および μ_* の結果は付録の式 (A.7) を使えば得られます．実際に N 個のデータを観測したあとの予測分布は，事前分布のパラメータ $\mathbf{m}$, $\mathbf{\Lambda}$ の代わりに，事後分布のパラメータ $\hat{\mathbf{m}}$, $\hat{\mathbf{\Lambda}}$ を当てはめれば求められます．

3.5.3　モデルの比較

　図 3.8 はいま導出した予測分布を使って，正弦波をもとにして作られた $N = 10$ 個のデータ点を次数の異なる多項式により学習させてみた結果です．図の実線は予測モデルの平均値 μ_* を表し，点線は平均値に対して対応する偏差 $\sqrt{\lambda_*^{-1}}$ の値を足し引きしたものになります．図を見ると，$M = 1$ や $M = 2$ のときは，モデルが単純すぎるためにうまく正弦波の構造を捉えられていないように見えます．$M = 4$ のときは，モデルがデータの上がり

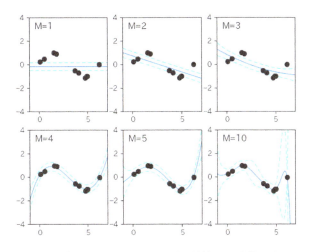

図 3.8 多項式回帰モデルの予測分布（横軸は x, 縦軸は y).

下がりの傾向をうまく掴めているようです．訓練データ数とパラメータ数が同じ $M = 10$ にもなると，実線で表される平均値が低次元のモデルと比べて安定しなくなってきますが，それと同時に点線で表される分散のカバー範囲が大きくなっています．これは $M = 10$ のモデルがほかの低次元のモデルと比べて予測結果に「自信をもっていない」ことを表しています．

この例のように，データ解析の分野では，あるデータセット $\mathcal{D}$ に対して複数のモデルのよさを比較したい場合があります．これは**モデル選択（model selection）**と呼ばれています．今回のようなシンプルな例では，訓練データと予測分布を直接可視化することによってモデルの良し悪しがある程度判断できますが，パラメータが多く複雑なモデルになるにつれてそのような手段はとれなくなるため，モデルの比較を何らかの方法で定量的に行うことが望ましいでしょう．ベイズ学習においては，**周辺尤度（marginal likelihood）**あるいは**モデルエビデンス（model evidence）**と呼ばれる値 $p(\mathcal{D})$ を複数のモデル同士で直接比較してモデル選択する方法が一般的に行われているようです．これは，あるモデルに対する $p(\mathcal{D})$ の値が，データ $\mathcal{D}$ を生成する尤もらしさを表しているとされているためです．線形回帰のモデルでは入力値 $\mathbf{X}$ は常に与えられているので，式（3.145）の分母にある $p(\mathbf{Y}|\mathbf{X})$ の値を比べればよいことになります．式（3.145）を変形すれば

$$p(\mathbf{Y}|\mathbf{X}) = \frac{p(\mathbf{w}) \prod_{n=1}^{N} p(y_n|\mathbf{x}_n, \mathbf{w})}{p(\mathbf{w}|\mathbf{Y}, \mathbf{X})} \tag{3.156}$$

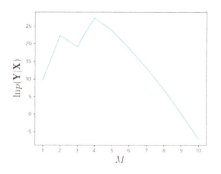

図 3.9　多項式回帰モデルの $\ln p(\mathbf{Y}|\mathbf{X})$ の比較.

と書き直すことができます．分子に現れる $p(\mathbf{w})$ や $\prod_{n=1}^{N} p(y_n|\mathbf{x}_n, \mathbf{w})$ はモデル設計の段階で用意されていますし，分母に現れる事後分布 $p(\mathbf{w}|\mathbf{Y}, \mathbf{X})$ は式 (3.147) より解析的な結果がすでに得られているので，これらを使えば対数をとった周辺尤度は，

$$\ln p(\mathbf{Y}|\mathbf{X}) = -\frac{1}{2}\{\sum_{n=1}^{N}(\lambda y_n^2 - \ln \lambda + \ln 2\pi) + \mathbf{m}^\top \mathbf{\Lambda} \mathbf{m} - \ln|\mathbf{\Lambda}| \\ - \hat{\mathbf{m}}^\top \hat{\mathbf{\Lambda}} \hat{\mathbf{m}} + \ln|\hat{\mathbf{\Lambda}}|\} \tag{3.157}$$

と求めることができます．

訓練データ数を $N = 10$ とし，パラメータの次元 M の設定に応じた $\ln p(\mathbf{Y}|\mathbf{X})$ の値を比較してみたのが図 3.9 です．この結果からわかるように，$M = 4$ のときがデータに対するモデルとして表現能力がもっとも適切であることが示唆されています．一方で，$M = 1$ などのシンプルすぎるモデルでは，そもそも観測データをうまく表現しきることができないため低い値を示す結果になっています．また，$M = 10$ の場合では，複雑に入り組んだような関数もモデルが生成する候補として含まれており，観測データをちょうどうまく生成するような可能性が相対的に小さくなるためにモデルエビデンスが低い値を示します．ただし，この結果はデータ数 N に応じて変わってくることに注意してください．例えばデータの数が1個しかない場合は，おそらく定数関数で十分にデータを表現できてしまうので，$M = 1$ のモデルが最適なものとして選ばれる可能性があります．

このようなモデルの表現能力と訓練データ数の関係性をもう1つ例を挙げて確認してみましょう．図 3.10 のように，2次関数に正弦波を加えた真の関数を仮定し，そこからノイズ成分の加わった観測データが生成されているよ

3.5 線形回帰の例

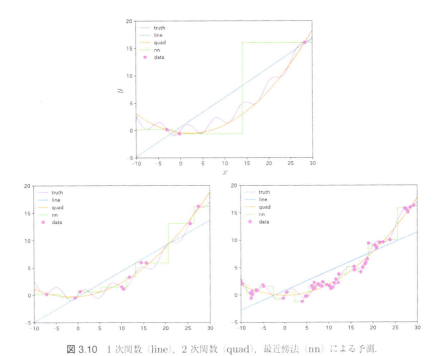

図 3.10 1 次関数 (line), 2 次関数 (quad), 最近傍法 (nn) による予測.

うな状況を考えます.ここでは異なる訓練データ数に対して 1 次関数回帰,2 次関数回帰,**最近傍法**(**nearest neighbor**)で曲線を学習してみることにします.最近傍法では,新しい入力値 $\mathbf{x}_* \in \mathbb{R}^M$ に対して,次のようにある誤差関数(例えばユークリッド距離)に関してもっとも近い点 $\mathbf{x}_n \in \mathbb{R}^M$ を学習データからまず探します.

$$n_{\text{opt.}} = \underset{n \in \{1,\ldots,N\}}{\operatorname{argmin}} \sum_{m=1}^{M} (x_{n,m} - x_{*,m})^2 \tag{3.158}$$

そして,得られた $n_{\text{opt.}}$ を使って予測値を $y_* = y_{n_{\text{opt.}}}$ として採用するという非常に単純なアルゴリズムです.最近傍法は過去に学習したデータ点を直接使って予測を出すので,メモリベースのアルゴリズムであるといわれています.また,線形回帰がパラメータの数が固定である**パラメトリックモデル**(**parametric model**)であるのに対して,最近傍法はデータ数に応じてモデルが変化するので**ノンパラメトリックモデル**(**nonparametric model**)であるということがいえます(ただしベイズモデルではありません).

図 3.10 はそれぞれ 3 つの手法に対して訓練データ数 N を 3, 10, 50 と増

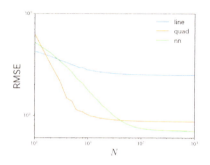

図 3.11 データサイズとテストデータに対する予測誤差.

やしていった場合の予測値を曲線で表しています．結果からわかるように，データ点の数が多くなるにつれて最近傍法が 1 次関数や 2 次関数の捉えることのできない正弦波によるデータの特徴を掴み始めているように見えます．訓練データとテストデータを分け，テストデータにおける予測値の誤差[*10]を評価してみた結果が図 3.11 です．ここでは訓練データ数を $N = 1$ から $N = 1000$ まで変えてみて評価値を出しています．また，安定した結果を得るため，それぞれの実験において訓練データおよびテストデータをランダムに 1000 回作り直して結果の平均をとっています．図 3.11 の結果から確認できるように，訓練データが非常に少ないときは 1 次関数がもっともテストデータに対する予測誤差が低くなっています．訓練データが増えるに従って，真の関数の大まかな傾向を捉えることのできる 2 次関数がもっとも小さい予測誤差を出し始めますが，さらにデータ数が極端に多くなってくると，最近傍法が細かい正弦波の部分まで丸暗記し始めるため，予測誤差がもっとも小さくなっているのがわかります．

このように，利用可能なデータ数が異なれば選択すべきモデルが変わってくるということは，ベイズ学習に限らず機械学習を実践で活用する際に非常に重要なポイントになってきます．特に，訓練データ数を増やしても予測精度が向上しない場合は，単純にモデルのパラメータを増やしたり，より複雑な表現能力をもつモデルを構築することによって予測の柔軟性を高めるのが効果的です．極端な例であれば，ここで行った実験のように無尽蔵に予測関数の複雑さが増していく最近傍法を試してみてもよいかもしれません．またその逆で，データの数が十分でない場合はなるべく表現能力が制限されたモデルを適用するのが適切な判断になることが多いです．こちらに関しても，

[*10] ここでは評価指標として RMSE（root mean squared error）を使っています．RMSE は予測値と正解の値の二乗誤差を平均化し，平方根をとったものです．

3.5 線形回帰の例　113

図 3.11 における直線モデルがデータが少ないときに平均的に高い精度を出していることから理解できます．さらに単純化すれば，入力値を $x_n = 1$ などと固定した $M = 1$ 次元の多項式回帰を使用することもでき，これはほとんど「平均値を当てはめて予測するだけ」という極めてシンプルなアルゴリズムになります．「一生懸命構築したアルゴリズムの性能が思うほどよくなかった」というのはよくある話なので，アルゴリズムを開発する際は常にこれらのような簡便な手法と性能比較を行っておくのが無難でしょう．

> **参考** **3.3 最尤推定と MAP 推定**

さてここでは，本章で紹介しなかったベイズ推論以外の学習手法に関して簡単に紹介します．

最尤推定（**maximum likelihood estimation**）は，観測データ $\mathbf{X}$ に対する尤度関数 $p(\mathbf{X}|\theta)$ をパラメータ θ の値に関して最大化することによって，もっとも当てはまりのよい観測モデルを探索する手法です．

$$\theta_{\mathrm{ML}} = \underset{\theta}{\operatorname{argmax}}\, p(\mathbf{X}|\theta) \tag{3.159}$$

最尤推定では事前分布 $p(\theta)$ は導入しません．尤度関数を最大化する θ を制限なく探索してしまうため，図 1.20 ですでに示したような著しい過剰適合を起こしてしまいます．最尤推定では θ を広がりをもった確率分布ではなく，1 つの「点」として探索を行うため，ベイズ推論と比較する意味で**点推定**（**point estimation**）と呼ばれています．また，最尤推定を使って 4 章で紹介するような混合モデルを学習することもありますが，最適化の途中でゼロ割りや**特異行列**（**singular matrix**）によるエラーが発生する可能性があるため，実応用上ではほとんど使われません．

最尤推定の問題点を解決する手法としては **MAP 推定**（**maximum a posteriori estimation**）あるいは**正則化**（**regularization**）と呼ばれる方法があり，一般的には次のようにパラメータの事前分布 $p(\theta)$ を導入し事後分布を θ に関して最大化します．

$$\begin{aligned}\theta_{\mathrm{MAP}} &= \underset{\theta}{\operatorname{argmax}}\, p(\theta|\mathbf{X}) \\ &= \underset{\theta}{\operatorname{argmax}}\, p(\mathbf{X}|\theta)p(\theta)\end{aligned} \tag{3.160}$$

最尤推定のような極端な過剰適合や数値エラーなどを引き起こすこと

はありませんが，MAP 推定も最尤推定と同様に事後分布を「点」として取り扱うため，パラメータの不確実性がまったく取り扱えないという欠点があります．

　ちなみにこれら 2 つのパラメータの推定手法は，4 章で紹介する変分推論アルゴリズムの極めて特殊な例であると解釈することができます．具体的には，最尤推定は事前分布 $p(\theta)$ に定数を仮定し，事後分布 $p(\theta|\mathbf{X})$ に関しては無限に尖った近似分布 $q(\theta)$ を仮定していることになります．同様に，MAP 推定では事前分布はベイズ推論と同じくあらかじめ設計された $p(\theta)$ を導入するものの，事後分布は最尤推定と同様の無限に尖った近似分布 $q(\theta)$ を仮定しています．

Chapter 4

混合モデルと近似推論

さて，3 章で紹介した確率分布の共役性を利用した多項式回帰の例などは，パラメータの事後分布や未観測の値に対する予測分布を解析的に求めることのできるモデルでした．しかし機械学習では，画像や自然言語などの応用分野に代表されるように，複雑な統計的性質をもつデータを解析の対象にすることが多く，それに応じた複雑な確率モデルを組み立てる必要性が出てきます．こういったモデルに対しては，解析的に事後分布や予測分布を計算することは非常に困難になってきます．本章では，そのような複雑なモデルの例として混合モデルを取り扱い，さらに効率的な推論を行うための近似推論手法を紹介します．まず最初に，混合モデルの概要と，各種の近似アルゴリズム（ギブスサンプリング，変分推論，崩壊型ギブスサンプリング）の概念的な説明から入ります．具体的な実現例として，1 次元ポアソン混合モデルと多次元ガウス混合モデルを構築し，簡単なデータのクラスタリング実験を行います．

4.1 混合モデルと事後分布の推論

これまでの章では，比較的単純な離散分布やガウス分布のベイズ推論を紹介しました．しかし，現実世界にある複雑なデータの生成過程をモデル化するには，そのような単純な確率分布を単体で使うだけでは表現力として不十分な場合が多く，実際はここで紹介するような混合モデル（mixture model）のアイデアなどを使って，各種確率分布をブロックのように組み合わせ，より表現力の豊かなモデルを構築する必要があります．

4.1.1 混合モデルを使う理由

混合モデルを考えるための動機付けとして，はじめに6ページの図1.4のようなデータを考えてみましょう．図1.4で示されるデータ点においては，明らかに複数個のデータの**クラスタ**（**cluster**）が背後に存在しており，これを単一の2次元ガウス分布のみで表現しようとすると，**図4.1**のような構造を無視して全体を覆うような分布になってしまい，あまり適切にデータの特徴が表現できているとはいえないでしょう．このようなデータはクラスタ数が3個の**ガウス混合モデル**（**Gaussian mixture model**）を使うことによってうまく表現することができます．混合モデルを使うことによって，それぞれのクラスタごとにデータを表現するような確率分布を割り当てることが可能になります．また，図ではクラスタごとに所属するデータ数に偏りが存在しますが，こういった偏り具合も混合モデルは混合比率パラメータといった値を通して柔軟に取り扱うことができます．

また，混合モデルは線形回帰などのほかの確率モデルと簡単に組み合わせることができます．例えば，図4.2のような入力値 x と出力値 y のペアのデータセットがあったとします．このような y の値に関して2つのトレンドをもつような多峰性のデータは，2章で紹介した単純な多項式回帰を使ってもうまく特徴を捉えることができません．図4.2では最尤推定を用いて多項式関数を無理やりデータにフィッティングさせた結果を合わせて示していますが，次元が $M=4$ の比較的シンプルな関数（青線）の場合では2つのトレンドの間を通るような平均値の推定になっていますし，かといって $M=30$ の非常に複雑な関数（赤線）を当てはめても2つのトレンドの間を細かく何度も行き来してしまうような予測になってしまい，いずれにしてもあまり意味のある予測を得られていません．このようなケースでも，混合モデルを考えることによってデータの背後に2つの回帰関数が存在することを仮定でき

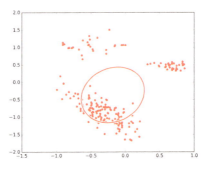

図 4.1　単一のガウス分布による表現．

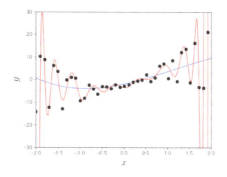

図 4.2 多峰性の出力値 y をもつデータ．

れば，データの傾向をより的確に表した予測モデルを構築することができます．また，機械学習の多くのモデルは観測データに外れ値やラベル付けの間違いが存在してしまうと，予測結果が大きな影響を受けてしまいますが，そういった異常値がある頻度でデータに現れることがあらかじめわかっている場合は，混合モデルのアイデアを使ってうまく対処する仕組みを作ることができます．

4.1.2 混合モデルのデータ生成過程

データを表現するためのモデルを構築するためには，「観測されたデータ点 1 つ 1 つがどのような過程で生成されるのか」を具体的に想定してみる必要があります．図 1.4 のようなクラスタ構造をもつデータに対して，N 個のデータ $\mathbf{X} = \{\mathbf{x}_1, \ldots, \mathbf{x}_N\}$ が生成される過程を，例えば次のように記述してみてはどうでしょうか．簡単のためクラスタ数 K はここでは既知であるとします．

1. それぞれのクラスタの混合比率 $\boldsymbol{\pi} = (\pi_1, \ldots, \pi_K)^\top$ が事前分布 $p(\boldsymbol{\pi})$ から生成される（ただし $\pi_k \in (0,1)$ かつ $\sum_{k=1}^{K} \pi_k = 1$）．
2. それぞれのクラスタ $k = 1, \ldots, K$ に対する観測モデルのパラメータ $\boldsymbol{\theta}_k$（平均値や分散など）が事前分布 $p(\boldsymbol{\theta}_k)$ から生成される．
3. $n = 1, \ldots, N$ に関して，$\mathbf{x}_n$ に対応するクラスタの割り当て $\mathbf{s}_n$ が比率 $\boldsymbol{\pi}$ によって選ばれる．
4. $n = 1, \ldots, N$ に関して，$\mathbf{s}_n$ によって選択された k 番目の確率分布 $p(\mathbf{x}_n | \boldsymbol{\theta}_k)$ からデータ $\mathbf{x}_n$ が生成される．

118   **Chapter 4**　混合モデルと近似推論

　このようなプロセスを通して N 個すべてのデータ点 $\mathbf{X} = \{\mathbf{x}_1, \ldots, \mathbf{x}_N\}$ が生成されたと仮定すれば，図 1.4 のようなデータはこのモデルによって生み出された 1 つの実現例として捉えることができます．このように，データの生成過程に関する仮定をもとに構築したモデルを**生成モデル**（generative model）と呼びます．別の言い方をすれば，データを生成するための確率的なシミュレータを作っているといったほうがイメージがしやすいかもしれません．また，この例で $\mathbf{s}_n$ は隠れ変数（hidden variable）または**潜在変数**（latent variable）と呼ばれることがあります．これは $\mathbf{s}_n$ 自体は手元にある $\mathbf{x}_n$ とは違って直接観測することができず，$\mathbf{x}_n$ を発生させる確率分布を潜在的に決めている確率変数であるということを意味しています．

　さて，上記のアイデアを使って実用的なアルゴリズムを構築するには，具体的にそれぞれの確率分布を数式で定義しないといけません．説明を簡便にするため，それぞれの確率分布をステップ 4 から 1 まで逆に辿って説明することにします．

　まずステップ 4 では，最終的に取り出される点 $\mathbf{x}_n$ に対する確率分布を定義する必要があります．これは K 種類の確率分布を定義する必要がありますが，図 1.4 のような例では，すべてガウス分布を設定するので十分でしょう．

$$p(\mathbf{x}_n | \boldsymbol{\theta}_k) = \mathcal{N}(\mathbf{x}_n | \boldsymbol{\mu}_k, \boldsymbol{\Sigma}_k) \quad \text{for } k = 1, \ldots, K \tag{4.1}$$

ここでは観測モデルのパラメータを $\boldsymbol{\theta}_k = \{\boldsymbol{\mu}_k, \boldsymbol{\Sigma}_k\}$ としています．混合モデルは K 個の異なる観測モデルをスイッチする仕組みですので，取り扱う分布はもちろんガウス分布以外でもかまいません．のちほど具体的な推論アルゴリズムの導出を解説する際には，はじめに 1 次元のポアソン分布を例として扱うことになります．ほかにも，例えば線形回帰を混合したり，種類の異なる確率モデルを組み合わせたりすることも可能です．

　次にステップ 3 の K 個の観測モデルを各データ点に割り当てるための手段ですが，これは $\mathbf{s}_n$ に対して 1 of K 表現を用いるのが便利です．このような $\mathbf{s}_n$ をサンプルするための分布としては，$\boldsymbol{\pi}$ をパラメータとしたカテゴリ分布を選ぶのが自然でしょう．

$$p(\mathbf{s}_n | \boldsymbol{\pi}) = \text{Cat}(\mathbf{s}_n | \boldsymbol{\pi}) \tag{4.2}$$

$\mathbf{s}_n$ は K 次元のベクトルであり，ある k に対して $s_{n,k} = 1$ が成り立つとき，k 番目のクラスタが指定されたことを意味します．また，どの k が選ばれやすいかは，この分布を支配する**混合比率**（mixing proportion）パラメータ $\boldsymbol{\pi}$ が示す割合によって決定されます（$\sum_{k=1}^{K} \pi_k = 1$）．

4.1 混合モデルと事後分布の推論 119

　ステップ4の分布と組み合わせると, $\mathbf{x}_n$ を生成するための確率分布は次のような式によって表現することができます.

$$p(\mathbf{x}_n|\mathbf{s}_n, \mathbf{\Theta}) = \prod_{k=1}^{K} p(\mathbf{x}_n|\boldsymbol{\theta}_k)^{s_{n,k}} \tag{4.3}$$

ここでは観測モデルのパラメータを $\mathbf{\Theta} = \{\boldsymbol{\theta}_1, \ldots, \boldsymbol{\theta}_K\}$ としてまとめて書きました. 確率分布が K 回掛け算されていますが, $\mathbf{s}_n$ は K 個ある要素のうち1つしか値1をとらないので, $\mathbf{s}_n$ によって K 個のうちの1つの観測モデル $p(\mathbf{x}_n|\boldsymbol{\theta}_k)$ だけが常に選択されるようになるわけです (ほかの分布は0乗で消えてしまいます).

　次にステップ2に関してですが, これはステップ4で定義した観測モデルのパラメータ $\boldsymbol{\theta}_k$ に関する事前分布 $p(\boldsymbol{\theta}_k)$ を定義します. ここは $p(\mathbf{x}_n|\boldsymbol{\theta}_k)$ に対して共役性が成り立つような事前分布を設定するのが一般的です. 例えば $p(\mathbf{x}_n|\boldsymbol{\theta}_k)$ がポアソン分布としてモデル化されている場合は, そのパラメータの共役事前分布であるガンマ分布をもってくるのが後々の計算上便利になってきます.

　最後にステップ1の混合比率 $\boldsymbol{\pi}$ に関してですが, この値も十分な量のデータを観測するまで未知である場合が多いので, 何かしらの事前分布をもたせてデータから学習させたほうがよいでしょう. $\boldsymbol{\pi}$ はカテゴリ分布のパラメータなので, ここでは共役事前分布である K 次元のディリクレ分布を選ぶことにします.

$$p(\boldsymbol{\pi}) = \mathrm{Dir}(\boldsymbol{\pi}|\boldsymbol{\alpha}) \tag{4.4}$$

ここで, 各要素が正の実数値であるような K 次元ベクトル $\boldsymbol{\alpha}$ はディリクレ分布の超パラメータであり, この分布の傾向を決めるものですが, これに関しては今回は固定値として扱います.

　さて, これらすべての確率分布を使って N 個のデータに関する同時分布を書き下せば, モデル全体の設計図が完成します.

$$\begin{aligned} p(\mathbf{X}, \mathbf{S}, \mathbf{\Theta}, \boldsymbol{\pi}) &= p(\mathbf{X}|\mathbf{S}, \mathbf{\Theta})p(\mathbf{S}|\boldsymbol{\pi})p(\mathbf{\Theta})p(\boldsymbol{\pi}) \\ &= \Big\{\prod_{n=1}^{N} p(\mathbf{x}_n|\mathbf{s}_n, \mathbf{\Theta})p(\mathbf{s}_n|\boldsymbol{\pi})\Big\}\Big\{\prod_{k=1}^{K} p(\boldsymbol{\theta}_k)\Big\}p(\boldsymbol{\pi}) \end{aligned} \tag{4.5}$$

ここで $\mathbf{S} = \{\mathbf{s}_1, \ldots, \mathbf{s}_N\}$ とおきました. この同時分布に対応するグラフィ

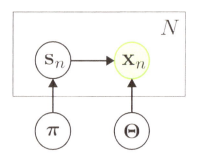

図 4.3 混合モデルのグラフ表現.

カルモデルを書くと図 4.3 のようになります[*1]. ステップ 1 から 4 までのデータの生成過程と, 式 (4.5) で与えられた同時分布, そして図に示されるグラフィカルモデルとの対応関係がイメージできたでしょうか. 本章の後半では, この混合分布における観測モデル $p(\mathbf{x}_n|\boldsymbol{\theta}_k)$ と対応する事前分布 $p(\boldsymbol{\theta}_k)$ を定義することによって, ポアソン混合モデルやガウス混合モデルといった具体的な例を作っていくことにします.

4.1.3 混合モデルの事後分布

混合モデルにおける推論問題は, 手元にある観測データ $\mathbf{X}$ をモデルに与えて, その背後にある未知の変数 $\mathbf{S}$, $\boldsymbol{\pi}$, $\boldsymbol{\Theta}$ の事後分布を計算することです. 式で書くと, 求めたいのは次のような条件付き分布です.

$$p(\mathbf{S}, \boldsymbol{\Theta}, \boldsymbol{\pi}|\mathbf{X}) = \frac{p(\mathbf{X}, \mathbf{S}, \boldsymbol{\Theta}, \boldsymbol{\pi})}{p(\mathbf{X})} \tag{4.6}$$

あるいは, データ $\mathbf{X}$ が所属するクラスタ $\mathbf{S}$ の推定を行うには,

$$p(\mathbf{S}|\mathbf{X}) = \iint p(\mathbf{S}, \boldsymbol{\Theta}, \boldsymbol{\pi}|\mathbf{X}) \mathrm{d}\boldsymbol{\Theta} \mathrm{d}\boldsymbol{\pi} \tag{4.7}$$

を計算すればよさそうです. しかし混合モデルにおいてこれらの計算は残念ながら効率的に計算できないことが知られています. なぜならこの事後分布は確率変数 $\mathbf{S}$, $\boldsymbol{\pi}$, $\boldsymbol{\Theta}$ が複雑に絡み合った形状をしており, 正規化項 $p(\mathbf{X})$ の計算が困難であるためです. $p(\mathbf{X})$ の計算を真面目にやろうとすると, 次のような周辺化が必要になってきます.

[*1] 3 章のガウス分布の項でも解説しましたが, ディリクレ分布のパラメータ $\boldsymbol{\alpha}$ などの固定された超パラメータもグラフィカルモデルに書き入れる場合があり, その際は観測データのような固定値をもったノードと扱いは同じになります.

$$p(\mathbf{X}) = \sum_{\mathbf{S}} \iint p(\mathbf{X}, \mathbf{S}, \boldsymbol{\Theta}, \boldsymbol{\pi}) \mathrm{d}\boldsymbol{\Theta} \mathrm{d}\boldsymbol{\pi}$$

$$= \sum_{\mathbf{S}} p(\mathbf{X}, \mathbf{S}) \tag{4.8}$$

1行目のパラメータ $\boldsymbol{\Theta}$, $\boldsymbol{\pi}$ に関しては共役事前分布を使うことにより解析的に積分除去可能になりますが，2行目において $\mathbf{S}$ のとりうるすべての組み合わせに関して $p(\mathbf{X}, \mathbf{S})$ を評価する必要があり，これには K^N 回の計算が必要となってしまいます．一般的に機械学習で取り扱う問題はデータ数 N が多いため，この計算量は非現実的なものになります．

4.2 確率分布の近似手法

1章で簡単に紹介したように，**近似推論**（**approximate inference**）を行うアルゴリズムはこれまでに非常に多くのものが提案されてきています．ここでは，その中でも比較的シンプルで広く利用されているギブスサンプリングおよび平均場近似による変分推論を紹介します．ベイズ学習ではデータを表現するモデルと対応する近似推論手法の組み合わせで全体として1つのアルゴリズムが構成されます．扱うモデルやデータのサイズ，要求される計算コストやアプリケーションによって最適な近似推論手法の選び方が異なってくるため，複数の手法を武器としてもっておくことはよりよい性能を追求するうえで非常に役に立ちます．

5章以降でもここで紹介するアルゴリズムはさまざまな実用上重要な確率モデルに適用していきますので，ここでは各アルゴリズムの理論的な背景よりも，あくまでアルゴリズムの使い方にのみ焦点を当てて解説します．

4.2.1 ギブスサンプリング

ある確率分布 $p(z_1, z_2, z_3)$ に関して何かしらの知見（各種期待値計算など）を得たいとしたときに，この分布から各 z_1, z_2, z_3 の実現値を複数サンプルするという手段が考えられます．

$$z_1^{(i)}, z_2^{(i)}, z_3^{(i)} \sim p(z_1, z_2, z_3) \quad \text{for } i = 1, 2, \dots \tag{4.9}$$

例えば $p(z_1, z_2, z_3)$ が3次元ガウス分布などのよく知られた分布である場合，各次元の変数を同時にサンプルすることは容易なのですが，分布がもっと複雑な形状をもつ場合，すべての変数を同時にサンプルすることは困難になります．**MCMC**（**Markov chain Monte Carlo**）の手法の1つに分類さ

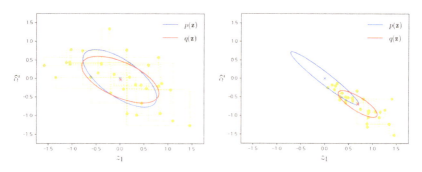

図 4.4 2次元ガウス分布に対するギブスサンプリング.

れる**ギブスサンプリング**（**Gibbs sampling**）はこうした問題にアプローチするために開発された手法で，i 個目の各変数を次のように 1 つずつサンプルします．

$$\begin{aligned}
z_1^{(i)} &\sim p(z_1 | z_2^{(i-1)}, z_3^{(i-1)}) \\
z_2^{(i)} &\sim p(z_2 | z_1^{(i)}, z_3^{(i-1)}) \\
z_3^{(i)} &\sim p(z_3 | z_1^{(i)}, z_2^{(i)})
\end{aligned} \quad (4.10)$$

ある確率変数 z_k をサンプルするために，すでにサンプルされた値で分布を条件付けし，よりサンプルしやすい簡単な確率分布を得るというのがアイデアです．このような繰り返し手続きで取り出された z_k は，サンプルの数が十分に多い場合，真の事後分布からサンプルされたものとみなせることが，理論的に保証されています．また，実際にギブスサンプリングを実装する際には，最初（$i=1$）のサンプルを得るために $i=0$ の初期値を設定する必要があり，例えば $z_1^{(1)}$ からサンプルを始める場合は，$z_2^{(0)}$ と $z_3^{(0)}$ に対して何かしらのランダムな値をあらかじめ与えてやるのが一般的です．

図 4.4 は，青い楕円で示される 2 次元ガウス分布 $p(\mathbf{z})$ に対してギブスサンプリングを適用した例です．この例では「1 次元ガウス分布からのサンプルは容易だが，2 次元ガウス分布からのサンプルは困難」であるという仮の問題設定を考えています．図中の点線は各サンプルが抽出された順番関係を示しており，各次元（軸）ごとに点が順次サンプルされていることがわかります．左図のサンプル点が十分に多い場合は，ギブスサンプリングによるサンプルが 2 次元ガウス分布から直接取り出されたとみなしてもよさそうなことが直観的にわかりますね．図中の赤い楕円で示される $q(\mathbf{z})$ は，得られたサンプルから平均と分散を求めることによってガウス分布としての表現を視

覚化したもので，真の分布 $p(\mathbf{z})$ をよく近似していることがわかります．

ギブスサンプリングの最大の問題点は，複雑な事後分布の推論に対してどのくらいのサンプル数が必要であるかが明確でないことです．例えば図 4.4 の右図のような例を見てみましょう．ここでは左図の場合と違い，2 つの次元間にかなり顕著な負の相関がみられるような真の分布 $p(\mathbf{z})$ になっています．このような分布に対してギブスサンプリングを適用すると，すべての範囲をまんべんなく探索するために非常に多くの計算時間が必要となります．どちらの図においてもサンプル回数は 30 に設定していますが，明らかに右図においては分布の全体を探索しきれていません．この例では真の分布 $p(\mathbf{z})$ の形状も図に示されていますが，実応用ではもっと多次元の分布を取り扱うためにこのような視覚化は行えません．したがって，一般的にはサンプル点がどれだけうまく真の分布を表せているのかは知ることができません．

また，変数をサンプルする方法は式（4.10）以外にも考えられ，モデルによっては

$$
\begin{aligned}
z_1^{(i)} &\sim p(z_1 | z_2^{(i-1)}, z_3^{(i-1)}) \\
z_2^{(i)}, z_3^{(i)} &\sim p(z_2, z_3 | z_1^{(i)})
\end{aligned}
\tag{4.11}
$$

のように，複数の変数を同時にサンプルできる場合があります．これは式（4.10）との対比として**ブロッキングギブスサンプリング（blocking Gibbs sampling）**と呼ばれており，z_2 と z_3 が同時にサンプルされているため，より真の事後分布に近いサンプルが得られることが期待できます．ただし，$p(z_2, z_3 | z_1^{(i)})$ が計算コストの面で十分に簡単にサンプリングできるような分布になっている必要があります．

発展として，**崩壊型ギブスサンプリング（collapsed Gibbs sampling）**という手法も紹介します．ある複雑な確率分布 $p(z_1, z_2, z_3)$ に対して，ギブスサンプリングでは式（4.10）のように確率変数を 1 つ 1 つサンプルしました．崩壊型ギブスサンプリングでは，まずいくつかの変数を周辺化することにより，モデルから除去してしまいます．

$$
p(z_1, z_2) = \int p(z_1, z_2, z_3) \mathrm{d}z_3
\tag{4.12}
$$

そして，周辺化された分布 $p(z_1, z_2)$ に対して通常通りギブスサンプリングを適用します．

$$
\begin{aligned}
z_1^{(i)} &\sim p(z_1 | z_2^{(i-1)}) \\
z_2^{(i)} &\sim p(z_2 | z_1^{(i)})
\end{aligned}
\tag{4.13}
$$

124 **Chapter 4** 混合モデルと近似推論

標準的なギブスサンプリングと比べて，そもそもサンプルするべき変数の種類が少ないので，より高速に所望のサンプルが得られることが期待できます．崩壊型ギブスサンプリングを適用するためには，まず式 (4.12) の積分計算が解析的に行えることと，残りの各変数のサンプルが容易に行える形式になっていることが条件になります．

4.2.2 変分推論

変分推論（**variational inference**）または変分近似（**variational approximation**）は非常にシンプルで強力な確率分布の近似手法です．ギブスサンプリングがある未知の確率分布から逐次的に実現値をサンプルしていくのに対して，変分推論は最適化問題を解くことによって未知の確率分布の近似的な表現を得ることを目標とします．

ある複雑な確率分布 $p(z_1, z_2, z_3)$ を，より簡単な近似分布 $q(z_1, z_2, z_3)$ で表現できないかを考えます．これは例えば，式 (2.13) の KL ダイバージェンスの基準を用いた次のような最小化問題としてアプローチできます．

$$q_{\mathrm{opt.}}(z_1, z_2, z_3) = \operatorname*{argmin}_{q} \mathrm{KL}[q(z_1, z_2, z_3) \| p(z_1, z_2, z_3)] \qquad (4.14)$$

KL ダイバージェンスは 2 つの確率分布間の差異を表しているので，この距離が小さければ小さいほど 2 つの確率分布は「似ている」ことになります．ただし，この最適化問題を制約なしにそのまま解いてしまうと，解がそのまま $q_{\mathrm{opt.}}(z_1, z_2, z_3) = p(z_1, z_2, z_3)$ となってしまい，これでは何も解決したことになりません．変分推論では，近似分布 q の表現能力を限定し，その限定された分布の中で真の事後分布 p にもっとも近い分布を最適化によって探します．典型的な使い方としては**平均場近似**（**mean-field approximation**）に基づく変分推論があり，近似分布 q に対して次のように各確率変数に独立性の仮定をおきます．

$$p(z_1, z_2, z_3) \approx q(z_1)q(z_2)q(z_3) \qquad (4.15)$$

これは，$p(z_1, z_2, z_3)$ の各変数 z_1, z_2, z_3 の間の複雑な依存関係を無視してしまおうという仮定ですね．このもとで，各分解された近似分布 $q(z_1)$, $q(z_2)$, $q(z_3)$ を KL ダイバージェンスが小さくなるように 1 つ 1 つ修正していくのが平均場近似による変分推論の基本的なアルゴリズムになります．

例えば，すでに $q(z_2)$ と $q(z_3)$ は与えられているとしましょう．このとき最適な $q(z_1)$ は次の最適化問題を解けば求められることになります．

$$q_{\text{opt.}}(z_1) = \underset{q(z_1)}{\text{argmin}} \, \text{KL}[q(z_1)q(z_2)q(z_3)||p(z_1, z_2, z_3)] \tag{4.16}$$

分布 $q(z_2)$ および $q(z_3)$ を固定した場合の式（4.16）における KL ダイバージェンスを調べ，$q(z_1)$ を決定するための形式を求めてみることにします．ここでは表記を簡単にするため，期待値計算を $\langle \cdot \rangle_{q(z_1)q(z_2)q(z_3)} = \langle \cdot \rangle_{1,2,3}$ のように短く表すことにします．

$$\text{KL}[q(z_1)q(z_2)q(z_3)||p(z_1, z_2, z_3)] \tag{4.17}$$

$$= -\Big\langle \ln \frac{p(z_1, z_2, z_3)}{q(z_1)q(z_2)q(z_3)} \Big\rangle_{1,2,3} \tag{4.18}$$

$$= -\Big\langle \Big\langle \ln \frac{p(z_1, z_2, z_3)}{q(z_1)q(z_2)q(z_3)} \Big\rangle_{2,3} \Big\rangle_1 \tag{4.19}$$

$$= -\Big\langle \langle \ln p(z_1, z_2, z_3) \rangle_{2,3} - \langle \ln q(z_1) \rangle_{2,3}$$
$$- \langle \ln q(z_2) \rangle_{2,3} - \langle \ln q(z_3) \rangle_{2,3} \Big\rangle_1 \tag{4.20}$$

$$= -\Big\langle \langle \ln p(z_1, z_2, z_3) \rangle_{2,3} - \ln q(z_1) \Big\rangle_1 + \text{const.} \tag{4.21}$$

$$= -\Big\langle \ln \frac{\exp\{\langle \ln p(z_1, z_2, z_3) \rangle_{2,3}\}}{q(z_1)} \Big\rangle_1 + \text{const.} \tag{4.22}$$

$$= \text{KL}[q(z_1)||\exp\{\langle \ln p(z_1, z_2, z_3) \rangle_{2,3}\}] + \text{const.} \tag{4.23}$$

だいぶ長い計算になってしまいましたが，基本的には対数計算と期待値の処理に注意すれば式展開を追えるでしょう．まず式（4.18）では，KL ダイバージェンスの定義式（2.13）に基づいて期待値の形で書き直しました．続く計算では対数によって各項をバラバラに展開していますが，式（4.21）では z_1 に無関係となる項はすべて定数項 const. に吸収させています．式（4.22）は少しトリッキーな変形ですが，$\langle \ln p(z_1, z_2, z_3) \rangle_{2,3}$ に対して指数 exp をとったあと，対数 ln をとることにより，1 つの ln でまとめています．こうすることにより，結果として式（4.23）のような新たな KL ダイバージェンスを得ることができます[*2]．

結論としては，$q(z_2)$ および $q(z_3)$ が与えられたとすると，式（4.23）の最小値は次の等式によって得られることになります[*3]．

$$\ln q(z_1) = \langle \ln p(z_1, z_2, z_3) \rangle_{q(z_2)q(z_3)} + \text{const.} \tag{4.24}$$

のちほど具体的な例で説明しますが，混合モデルのように共役事前分布を上

[*2] ちなみに $\exp\{\langle \ln p(z_1, z_2, z_3) \rangle_{2,3}\}$ の部分は正規化された分布である必要はありません．ここでの目標は KL ダイバージェンスを最小化するための目的関数を得ることであり，正規化項は最適化に直接は関わらないからです．

[*3] 以降は添え字の opt. は省略していきます．

手に使った確率モデルでは，右辺の計算結果を事前分布と同じ分布の形式に帰着させることができます．ここでは，式（4.14）の KL ダイバージェンスの解析的な最小解を直接得ることはできなくても，式（4.16）のような部分的な最小化問題に対してはより簡単に解析解が得られる場合があるということを覚えておいてください．

同様に，$q(z_2)$ や $q(z_3)$ に対する最適化もまったく同じ議論になり，それぞれの近似分布に対する更新を繰り返すことにより，式（4.14）による全体の KL ダイバージェンスが更新ごとに徐々に最小化されていきます．平均場近似による変分推論のアルゴリズムは全体として**アルゴリズム 4.1** のようになります．ここでは $q(z_1)$ から更新を始めているので，$q(z_2)$，$q(z_3)$ に対しては何かしらの初期値を与える必要があります．繰り返しの終了条件はこの例のように固定値 MAXITER を設定するのがもっとも簡単ですが，計算時間の上限を定めてもよいですし，**ELBO（evidence lower bound）**などの評価値を繰り返しごとに監視し，変化が一定値 ϵ より小さくなった場合に終了させるなどのやり方もよく行われています．ELBO の役割や意味に関しては，付録 A.4 に追加の解説を入れたのでそちらを参照してください．

ついでに，より現実的な想定として，観測データ $\mathcal{D}$ が与えられた一般的な確率モデル $p(\mathcal{D}, z_1, \ldots, z_M)$ の事後分布に対する近似公式をここで用意しておくことにしましょう．ここでは，$\mathcal{D}$ はデータ集合，各 $z_1, \ldots, z_M$ は未観測の変数（潜在変数やパラメータ）であるとします．また，未観測変数の集合からある i 番目の変数 z_i のみを除いた集合を $\mathbf{Z}_{\backslash i}$ とおきます．このモデルに対する事後分布 $p(z_1, \ldots, z_M | \mathcal{D})$ を近似する場合は，条件付き分布の定義から同時分布の期待値として書くことができます．したがって，近似分布 $q(z_i)$ は，ほかの近似分布 $q(\mathbf{Z}_{\backslash i})$ が固定されたもとでは，

$$
\begin{aligned}
\ln q(z_i) &= \langle \ln p(z_1, \ldots, z_M | \mathcal{D}) \rangle_{q(\mathbf{Z}_{\backslash i})} + \mathrm{const.} \\
&= \langle \ln p(\mathcal{D}, z_1, \ldots, z_M) \rangle_{q(\mathbf{Z}_{\backslash i})} + \mathrm{const.}
\end{aligned} \tag{4.25}
$$

として求めることができます．$q(z_i)$ の分布を決定するためには $p(\mathcal{D})$ は不必要になるため，定数 const. に吸収させることができるわけですね．この公式（4.25）は本章における変分推論アルゴリズムの導出だけでなく，5 章以降のさまざまな確率モデルに対しても何度も適用していくことになります．

アルゴリズム 4.1 平均場近似による変分推論

$q(z_2), q(z_3)$ を初期化
for $i = 1, \ldots, \text{MAXITER}$ **do**
　$\ln q(z_1) = \langle \ln p(z_1, z_2, z_3) \rangle_{2,3} + \text{const.}$
　$\ln q(z_2) = \langle \ln p(z_1, z_2, z_3) \rangle_{1,3} + \text{const.}$
　$\ln q(z_3) = \langle \ln p(z_1, z_2, z_3) \rangle_{1,2} + \text{const.}$
end for

図 4.5 は 2 次元ガウス分布に対して変分推論を適用してみた例です．先ほどのギブスサンプリングの例と同様，「1 次元のガウス分布は簡単に正規化できるが，2 次元のガウス分布は正規化できない」という仮想的なシナリオで近似計算を行っています．左の図では青い楕円が推定したい真の 2 次元ガウス分布，赤い楕円が変分推論による近似分布です．結果が明らかに示すように，変分推論では分解を仮定した変数間の相関が捉えられなくなってしまうので，学習が十分に収束したあとでも強い相関をもつような分布に対してはよい近似を与えてくれません．しかし，一般的には変分推論のほうがギブスサンプリングより高速なため，特に大規模な確率モデルに対しては優れた収束性能を発揮する場合が多いです．また，右の図には $\text{KL}[q(\mathbf{x}) \| p(\mathbf{x})]$ も示しています．変分推論が，毎回の更新において，必ず KL ダイバージェンスを減少させる方向に最適化をしていることがわかります[*4]．

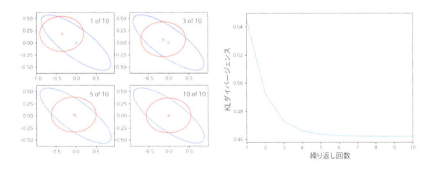

図 4.5 2 次元ガウス分布に対する変分推論．

[*4] ただし，今回は $p(\mathbf{x})$ が 2 次元ガウス分布であるとわかっているために，このような KL ダイバージェンスが解析的に求められています．実用上のモデルにおいては，毎回の更新で $q(\mathbf{x})$ が $p(\mathbf{x})$ に近づいていくことは保証されていますが，「どれだけ近いのか」は把握できません．

128 **Chapter 4** 混合モデルと近似推論

また，ブロッキングギブスサンプリングのときの議論と同様，必ずしも式
（4.15）のような完全分解でなくてもよい場合があり，例えば

$$p(z_1, z_2, z_3) \approx q(z_1)q(z_2, z_3) \tag{4.26}$$

のようにより大きいまとまりで近似することが可能な場合もあります．これ
を式（4.15）と対比して**構造化変分推論**（**structured variational infer-
ence**）と呼ぶ場合もあります．この場合は z_2 と z_3 の相関を近似分布で捉え
ることができるため，完全にバラバラに分解した場合よりも精緻な近似結果
が得られる可能性がありますが，一般的にはそれに応じてメモリコストや計
算コストは高くなります．

4.3　ポアソン混合モデルにおける推論

ここでは，1次元データに対する**ポアソン混合モデル**（**Poisson mixture
model**）を導入し，実際に事後分布を推論するためのアルゴリズムを導いて
みます．ポアソン混合モデルをはじめに紹介する理由は，ガウス混合モデル
と比べて各種の近似手法（ギブスサンプリング，変分推論，崩壊型ギブスサ
ンプリング）が比較的簡単に導けるからです．また，3章で紹介した事後分
布や予測分布の解析的計算の応用事例にもなっています．さらに，続く5章
においてポアソン分布の非負性を利用した発展的なモデルとして**非負値行列
因子分解**（**nonnegative matrix factorization**）を紹介しますが，そこ
でもポアソン分布やガンマ分布を使った似たような計算が登場してきます．

4.3.1　ポアソン混合モデル

ポアソン混合モデルは，図 4.6 のヒストグラムのような多峰性の離散非
負データを学習する際に利用できます．パラメータは Θ の代わりに $\lambda =$
$\{\lambda_1, \ldots, \lambda_K\}$ とし，あるクラスタ k に対する観測モデルとして，次のような
ポアソン分布を採用します．

$$p(x_n|\lambda_k) = \text{Poi}(x_n|\lambda_k) \tag{4.27}$$

したがって，混合分布における条件付き分布 $p(x_n|\mathbf{s}_n, \lambda)$ は次のようになり
ます．

$$p(x_n|\mathbf{s}_n, \lambda) = \prod_{k=1}^{K} \text{Poi}(x_n|\lambda_k)^{s_{n,k}} \tag{4.28}$$

K 個あるポアソン分布のうち 1 つだけが，$\mathbf{s}_n$ によって指定されるわけで

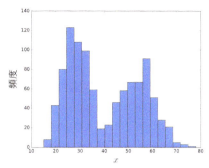

図 4.6 多峰性の 1 次元データ．

すね．

次に，ポアソン分布のパラメータ $\boldsymbol{\lambda} = \{\lambda_1, \ldots, \lambda_K\}$ に対して事前分布を設定してみましょう．ここでは共役事前分布であるガンマ分布を用いるのが簡単です．

$$p(\lambda_k) = \text{Gam}(\lambda_k|a, b) \tag{4.29}$$

a, b は事前に固定値を与えられた超パラメータです．これらの超パラメータは，単純化のためクラスタ間で共通であるものとしてここでは扱っていますが，応用によっては a_k や b_k のように添え字を設定し，それぞれのクラスタごとに事前に値を与えてもまったく問題はありません[*5]．残りの潜在変数 $\mathbf{S}$ や混合比率パラメータ $\boldsymbol{\pi}$ に関する確率分布に式（4.2）および式（4.4）をそのまま使えば，ポアソン混合モデルのモデル化は完了です．

繰り返しになりますが，ここで構築した同時分布自体が，データの発生過程に関する 1 つの仮説を明確に表現していることになります．実践では，いくつかの超パラメータの値を試してサンプル $x_1, x_2, \ldots$ を得ることによって，モデルに対しておかれている仮説を視覚的に確認しておくことを強くお勧めします．理由としては，次に行う推論アルゴリズムの導出作業には多少の手間と時間がかかるため，モデルを構築した時点でデータの表現能力や挙動に関して思い違いやミスがないか確認できるためです．また，問題によっては超パラメータに対して何かしらの事前知識を与えることができるかもしれません．例えば，何らかの理由でクラスタ間のデータ数の偏り具合がある程度事前にわかっている場合は，クラスタごとの超パラメータ α_k を設定することによって，その知識をモデルに反映させることができます．逆にクラ

[*5] 特に，近似された事後分布においてはパラメータ $\hat{a}_k, \hat{b}_k$ の値がクラスタごとに異なってくるので，逐次学習などを応用として考えている場合には，はじめからクラスタ別の超パラメータを明記してアルゴリズムを導出するのがよいかもしれません．

130   **Chapter 4**　混合モデルと近似推論

スタの偏りに関して何も知識をもっていない場合では，すべての α_k の値を小さくしておくことによって，事前分布の影響を抑えた結果を得ることができます．

4.3.2　ギブスサンプリング

　先ほど解説したギブスサンプリングを使って，ポアソン混合モデルの事後分布からパラメータ $\boldsymbol{\lambda}$，$\boldsymbol{\pi}$ と潜在変数 $\mathbf{S}$ をサンプルするアルゴリズムを導出してみます．$\mathbf{X}$ が観測されたあとの条件付き分布は

$$p(\mathbf{S}, \boldsymbol{\lambda}, \boldsymbol{\pi} | \mathbf{X}) \tag{4.30}$$

となります．混合分布では，潜在変数とパラメータを分けてサンプルすると十分に簡単な確率分布が得られることが知られています．したがって今回は，次のような戦略で各確率変数を取り出してみることにします（以降からは，サンプルのインデックスを表す i は省略します）．

$$\mathbf{S} \sim p(\mathbf{S} | \mathbf{X}, \boldsymbol{\lambda}, \boldsymbol{\pi}) \tag{4.31}$$

$$\boldsymbol{\lambda}, \boldsymbol{\pi} \sim p(\boldsymbol{\lambda}, \boldsymbol{\pi} | \mathbf{X}, \mathbf{S}) \tag{4.32}$$

　はじめに式 (4.31) から $\mathbf{S} = \{\mathbf{s}_1, \ldots, \mathbf{s}_N\}$ をサンプルするための条件付き分布を求めてみましょう．ここでは，観測データ $\mathbf{X}$ のほかに，$\boldsymbol{\lambda}$ や $\boldsymbol{\pi}$ があたかも観測されたかのように扱うのがポイントです．いま注目している確率変数 $\mathbf{S}$ にのみ注目して計算を進めてみます．

$$\begin{aligned} p(\mathbf{S} | \mathbf{X}, \boldsymbol{\lambda}, \boldsymbol{\pi}) &\propto p(\mathbf{X}, \mathbf{S}, \boldsymbol{\lambda}, \boldsymbol{\pi}) \\ &\propto p(\mathbf{X} | \mathbf{S}, \boldsymbol{\lambda}) p(\mathbf{S} | \boldsymbol{\pi}) \\ &= \prod_{n=1}^{N} p(x_n | \mathbf{s}_n, \boldsymbol{\lambda}) p(\mathbf{s}_n | \boldsymbol{\pi}) \end{aligned} \tag{4.33}$$

1 行目では条件付き分布の定義から，事後分布が同時分布に比例するような形で書き直しています．2 行目，3 行目では混合モデルの定義式 (4.5) に従って分布を条件付き分布の積によって表し，さらに $\mathbf{S}$ に関わらない項は式から削除しています．結果として，$p(\mathbf{S} | \mathbf{X}, \boldsymbol{\lambda}, \boldsymbol{\pi})$ は各 $\mathbf{s}_1, \ldots, \mathbf{s}_N$ の独立した分布に分解できることがわかりますね．これはつまり，データとパラメータが与えられたもとでは，すべての $\mathbf{S} = \{\mathbf{s}_1, \ldots, \mathbf{s}_N\}$ を一度に同時にサンプルするような大規模な確率分布を求める必要はなく，それぞれの $\mathbf{s}_n$ が独立にサンプルできることを意味しています（条件付き独立性）．

　具体的に，$\mathbf{s}_n$ をサンプルするための確率分布を計算してみましょう．ここ

からは確率分布の指数部分を計算しなければならないため，表記を簡単にするため対数をとって計算を進めます．観測モデルの式（4.28）から

$$\ln p(x_n|\mathbf{s}_n, \boldsymbol{\lambda}) = \sum_{k=1}^{K} s_{n,k} \ln \mathrm{Poi}(x_n|\lambda_k)$$

$$= \sum_{k=1}^{K} s_{n,k}(x_n \ln \lambda_k - \lambda_k) + \mathrm{const.} \tag{4.34}$$

であり，また式（4.2）から，

$$\ln p(\mathbf{s}_n|\boldsymbol{\pi}) = \ln \mathrm{Cat}(\mathbf{s}_n|\boldsymbol{\pi})$$

$$= \sum_{k=1}^{K} s_{n,k} \ln \pi_k \tag{4.35}$$

となるため，2つを合わせれば結果として，

$$\ln p(x_n|\mathbf{s}_n, \boldsymbol{\lambda})p(\mathbf{s}_n|\boldsymbol{\pi}) = \sum_{k=1}^{K} s_{n,k}(x_n \ln \lambda_k - \lambda_k + \ln \pi_k) + \mathrm{const.} \tag{4.36}$$

となります．制約 $\sum_{k=1}^{K} s_{n,k} = 1$ を考慮すれば，これは $\mathbf{s}_n$ に関するカテゴリ分布に対数をとったものとなるので，簡易表記のため新たなパラメータ $\boldsymbol{\eta}_n$ を用意すると次のようにまとめることができます．

$$\mathbf{s}_n \sim \mathrm{Cat}(\mathbf{s}_n|\boldsymbol{\eta}_n) \tag{4.37}$$

$$\text{ただし} \quad \eta_{n,k} \propto \exp\{x_n \ln \lambda_k - \lambda_k + \ln \pi_k\}$$

$$\left(\text{s.t.} \quad \sum_{k=1}^{K} \eta_{n,k} = 1\right) \tag{4.38}$$

各 $\mathbf{s}_n$ に対して各 $\eta_{n,k}$ を計算することにより，カテゴリ分布から $\mathbf{s}_n$ がサンプルできることになります．

　次に，式（4.32）からパラメータをサンプルするための条件付き分布を求めてみましょう．ここでも，$\mathbf{S}$ がすべて観測された値のように扱うことによって分布が得られます．

$$p(\boldsymbol{\lambda}, \boldsymbol{\pi}|\mathbf{X}, \mathbf{S}) \propto p(\mathbf{X}, \mathbf{S}, \boldsymbol{\lambda}, \boldsymbol{\pi})$$

$$= p(\mathbf{X}|\mathbf{S}, \boldsymbol{\lambda})p(\mathbf{S}|\boldsymbol{\pi})p(\boldsymbol{\lambda})p(\boldsymbol{\pi}) \tag{4.39}$$

ここでも先ほどとまったく同じ流れで，はじめに条件付き分布の定義により同時分布に比例する形に式を表現したあと，モデルの定義に従って条件付き

132　**Chapter 4**　混合モデルと近似推論

分布の積に分解しただけです．ここで注目してほしい点は，式（4.39）において λ に関する項と π に関する項が別々に分解できることです．したがって，$\mathbf{X}$ および $\mathbf{S}$ が与えられた条件のもとでは2つの分布は独立となり，それぞれ別々にサンプルするための分布が得られることになります．

はじめに λ の分布から計算してみましょう．対数をとることによって

$$
\begin{aligned}
\ln & p(\mathbf{X}|\mathbf{S}, \boldsymbol{\lambda})p(\boldsymbol{\lambda}) \\
&= \sum_{n=1}^{N}\sum_{k=1}^{K} s_{n,k}\ln\mathrm{Poi}(x_n|\lambda_k) + \sum_{k=1}^{K}\ln\mathrm{Gam}(\lambda_k|a, b) \\
&= \sum_{k=1}^{K}\{(\sum_{n=1}^{N} s_{n,k}x_n + a - 1)\ln\lambda_k - (\sum_{n=1}^{N} s_{n,k} + b)\lambda_k\} + \mathrm{const.} \quad (4.40)
\end{aligned}
$$

ということになり，λ に対しては次のようにそれぞれの独立した K 個のガンマ分布からサンプルすればよいことがわかります．

$$
\lambda_k \sim \mathrm{Gam}(\lambda_k|\hat{a}_k, \hat{b}_k) \quad (4.41)
$$

$$
\text{ただし}\quad
\begin{aligned}
\hat{a}_k &= \sum_{n=1}^{N} s_{n,k}x_n + a \\
\hat{b}_k &= \sum_{n=1}^{N} s_{n,k} + b
\end{aligned}
\quad (4.42)
$$

一方，π の分布に関しては，

$$
\begin{aligned}
\ln p(\mathbf{S}|\boldsymbol{\pi})p(\boldsymbol{\pi}) &= \sum_{n=1}^{N}\ln\mathrm{Cat}(\mathbf{s}_n|\boldsymbol{\pi}) + \ln\mathrm{Dir}(\boldsymbol{\pi}|\boldsymbol{\alpha}) \\
&= \sum_{k=1}^{K}(\sum_{n=1}^{N} s_{n,k} + \alpha_k - 1)\ln\pi_k + \mathrm{const.} \quad (4.43)
\end{aligned}
$$

となるため，π は以下のディリクレ分布からサンプルできることになります．

$$
\boldsymbol{\pi} \sim \mathrm{Dir}(\boldsymbol{\pi}|\hat{\boldsymbol{\alpha}}) \quad (4.44)
$$

$$
\text{ただし}\quad \hat{\alpha}_k = \sum_{n=1}^{N} s_{n,k} + \alpha_k \quad (4.45)
$$

以上ですべての未観測変数をサンプルする手続きが得られました．まとめると，ポアソン混合モデルの事後分布に対するギブスサンプリングは**アルゴリズム4.2**のようになります．ここでは潜在変数 $\mathbf{S}$ を最初にサンプルしているため λ や π の値をあらかじめ初期値として与える必要がありますが，逆

4.3 ポアソン混合モデルにおける推論 133

に $\mathbf{S}$ をランダムに初期化し，$\boldsymbol{\lambda}$ や $\boldsymbol{\pi}$ からサンプルを始めることもできます．

アルゴリズム 4.2 ポアソン混合モデルのためのギブスサンプリング

> パラメータのサンプル $\boldsymbol{\lambda}, \boldsymbol{\pi}$ に初期値を設定
> **for** $i = 1, \ldots, \mathrm{MAXITER}$ **do**
>   **for** $n = 1, \ldots, N$ **do**
>   式 (4.37) を用いて $\mathbf{s}_n$ をサンプル
>   **end for**
>   **for** $k = 1, \ldots, K$ **do**
>   式 (4.41) を用いて λ_k をサンプル
>   **end for**
>   式 (4.44) を用いて $\boldsymbol{\pi}$ をサンプル
> **end for**

4.3.3 変分推論

次は，ポアソン混合分布に対する変分推論アルゴリズムを導出してみましょう．変分推論アルゴリズムの更新式を得るためには，事後分布に対する分解近似の仮定をおく必要があります．ここでは次のように，潜在変数とパラメータを分けることによって，事後分布を近似することを目指します．

$$p(\mathbf{S}, \boldsymbol{\lambda}, \boldsymbol{\pi} | \mathbf{X}) \approx q(\mathbf{S}) q(\boldsymbol{\lambda}, \boldsymbol{\pi}) \tag{4.46}$$

ちなみに，このように潜在変数とパラメータの分布を分けて近似する手続きを，特に**変分ベイズ EM アルゴリズム**（**variational Bayesian expectation maximization algorithm**）と呼ぶ場合があります[*6]．

はじめに $q(\mathbf{S})$ に対して先ほど導出した変分推論の公式 (4.25) を当てはめてみましょう．

$$\ln q(\mathbf{S}) = \langle \ln p(\mathbf{X}, \mathbf{S}, \boldsymbol{\lambda}, \boldsymbol{\pi}) \rangle_{q(\boldsymbol{\lambda}, \boldsymbol{\pi})} + \mathrm{const.}$$
$$= \langle \ln p(\mathbf{X} | \mathbf{S}, \boldsymbol{\lambda}) \rangle_{q(\boldsymbol{\lambda})} + \langle \ln p(\mathbf{S} | \boldsymbol{\pi}) \rangle_{q(\boldsymbol{\pi})} + \mathrm{const.}$$
$$= \sum_{n=1}^{N} \{ \langle \ln p(x_n | \mathbf{s}_n, \boldsymbol{\lambda}) \rangle_{q(\boldsymbol{\lambda})} + \langle \ln p(\mathbf{s}_n | \boldsymbol{\pi}) \rangle_{q(\boldsymbol{\pi})} \} + \mathrm{const.} \tag{4.47}$$

[*6] これはもともと最尤推定の文脈で **EM アルゴリズム**（**expectation maximization algorithm**）と呼ばれる似た手法が存在するためです．

134　**Chapter 4**　混合モデルと近似推論

ここではモデル全体の定義式 (4.5) に従って同時分布を分解し，$\mathbf{S}$ に無関係な項はすべて const. に吸収させました．式 (4.47) を見ればわかるように，近似分布 $q(\mathbf{S})$ の対数は N 個の和で表現されており，各点ごとの独立な分布 $q(\mathbf{s}_1), \ldots, q(\mathbf{s}_N)$ に分解されることがわかります．また，それぞれの期待値の項は

$$
\langle \ln p(x_n|\mathbf{s}_n, \boldsymbol{\lambda}) \rangle_{q(\boldsymbol{\lambda})} = \sum_{k=1}^{K} \langle s_{n,k} \ln \mathrm{Poi}(x_n|\lambda_k) \rangle_{q(\lambda_k)}
$$

$$
= \sum_{k=1}^{K} s_{n,k}(x_n \langle \ln \lambda_k \rangle - \langle \lambda_k \rangle) + \mathrm{const.} \tag{4.48}
$$

および

$$
\langle \ln p(\mathbf{s}_n|\boldsymbol{\pi}) \rangle_{q(\boldsymbol{\pi})} = \langle \ln \mathrm{Cat}(\mathbf{s}_n|\boldsymbol{\pi}) \rangle_{q(\boldsymbol{\pi})}
$$

$$
= \sum_{k=1}^{K} s_{n,k} \langle \ln \pi_k \rangle \tag{4.49}
$$

であるため，$\mathbf{s}_n$ の近似分布は次のようなカテゴリ分布になることがわかります．

$$
q(\mathbf{s}_n) = \mathrm{Cat}(\mathbf{s}_n|\boldsymbol{\eta}_n) \tag{4.50}
$$

$$
\text{ただし}\quad \eta_{n,k} \propto \exp\{x_n \langle \ln \lambda_k \rangle - \langle \lambda_k \rangle + \langle \ln \pi_k \rangle\}
$$

$$
\left(\mathrm{s.t.} \quad \sum_{k=1}^{K} \eta_{n,k} = 1 \right) \tag{4.51}
$$

この更新式を完成させるためには，$\boldsymbol{\lambda}$ や $\boldsymbol{\pi}$ に対する各種の期待値計算が必要になってきます．これらは $q(\boldsymbol{\lambda})$ や $q(\boldsymbol{\pi})$ の形式が明らかにならなければ計算できないので，具体的な計算に関してはここでは後回しにしておきます．ここでは，これらの期待値さえ計算することができれば，$q(\mathbf{s}_n)$ は単純なカテゴリ分布になることだけ理解しておいてください．

　次にパラメータに対する近似分布の更新式を求めてみましょう．同様の流れで変分推論の公式を適用してみます．

$$
\ln q(\boldsymbol{\lambda}, \boldsymbol{\pi}) = \langle \ln p(\mathbf{X}, \mathbf{S}, \boldsymbol{\lambda}, \boldsymbol{\pi}) \rangle_{q(\mathbf{S})} + \mathrm{const.}
$$

$$
= \langle \ln p(\mathbf{X}|\mathbf{S}, \boldsymbol{\lambda}) \rangle_{q(\mathbf{S})} + \ln p(\boldsymbol{\lambda})
$$

$$
+ \langle \ln p(\mathbf{S}|\boldsymbol{\pi}) \rangle_{q(\mathbf{S})} + \ln p(\boldsymbol{\pi}) + \mathrm{const.} \tag{4.52}
$$

ここでは，期待値計算はすべて $q(\mathbf{S})$ に関してとるので，そもそも $\mathbf{S}$ が入っ

ていない確率分布はブラケット $\langle \cdot \rangle$ からそのまま抜け出せることに注意してください．ここで興味深いことは，式 (4.52) で表される対数表現において，$\boldsymbol{\lambda}$ と $\boldsymbol{\pi}$ に関する項が独立に分解されていることです．これは，得られる近似分布が $\boldsymbol{\lambda}$ と $\boldsymbol{\pi}$ の同時分布にならず，それぞれ独立した 2 つの分布 $q(\boldsymbol{\lambda}, \boldsymbol{\pi}) = q(\boldsymbol{\lambda})q(\boldsymbol{\pi})$ になることを意味しています．

はじめに $\boldsymbol{\lambda}$ に関係する項のみを取り出して計算すると，

$$
\begin{aligned}
\ln q(\boldsymbol{\lambda}) &= \sum_{n=1}^{N} \langle \sum_{k=1}^{K} s_{n,k} \ln \mathrm{Poi}(x_n|\lambda_k) \rangle_{q(\mathbf{s}_n)} + \sum_{k=1}^{K} \ln \mathrm{Gam}(\lambda_k|a, b) \\
&\quad + \mathrm{const.} \\
&= \sum_{k=1}^{K} \{ (\sum_{n=1}^{N} \langle s_{n,k} \rangle x_n + a - 1) \ln \lambda_k - (\sum_{n=1}^{N} \langle s_{n,k} \rangle + b) \lambda_k \} \\
&\quad + \mathrm{const.}
\end{aligned}
\tag{4.53}
$$

となるので，$\boldsymbol{\lambda}$ の近似事後分布はさらに K 個の独立な分布に分けられることがわかります．それぞれの k 番目の $\boldsymbol{\lambda}$ の近似分布は，次のようなガンマ分布になります．

$$
q(\lambda_k) = \mathrm{Gam}(\lambda_k|\hat{a}_k, \hat{b}_k)
\tag{4.54}
$$

$$
\text{ただし} \quad \hat{a}_k = \sum_{n=1}^{N} \langle s_{n,k} \rangle x_n + a
$$

$$
\hat{b}_k = \sum_{n=1}^{N} \langle s_{n,k} \rangle + b
\tag{4.55}
$$

次に，$\boldsymbol{\pi}$ に関係する項のみを取り出して計算すると，

$$
\begin{aligned}
\ln q(\boldsymbol{\pi}) &= \sum_{n=1}^{N} \langle \ln \mathrm{Cat}(\mathbf{s}_n|\boldsymbol{\pi}) \rangle_{q(\mathbf{s}_n)} + \ln \mathrm{Dir}(\boldsymbol{\pi}|\boldsymbol{\alpha}) + \mathrm{const.} \\
&= \sum_{k=1}^{K} (\sum_{n=1}^{N} \langle s_{n,k} \rangle + \alpha_k - 1) \ln \pi_k + \mathrm{const.}
\end{aligned}
\tag{4.56}
$$

となり，次のようなディリクレ分布が得られます．

$$
q(\boldsymbol{\pi}) = \mathrm{Dir}(\boldsymbol{\pi}|\hat{\boldsymbol{\alpha}})
\tag{4.57}
$$

$$
\text{ただし} \quad \hat{\alpha}_k = \sum_{n=1}^{N} \langle s_{n,k} \rangle + \alpha_k
\tag{4.58}
$$

136　**Chapter 4**　混合モデルと近似推論

どちらの近似分布も，それぞれ事前分布と同じ種類の確率分布になりました
ね．

　各パラメータの近似分布の更新に必要な期待値 $\langle s_{n,k} \rangle = \langle s_{n,k} \rangle_{q(\mathbf{s}_n)}$ です
が，$q(\mathbf{s}_n)$ がカテゴリ分布に従うことがわかっているので，単純に $q(\mathbf{s}_n)$ の
平均パラメータになります．

$$\langle s_{n,k} \rangle = \eta_{n,k} \tag{4.59}$$

同様に，先ほど後回しにしていた期待値 $\langle \boldsymbol{\lambda} \rangle$，$\langle \ln \boldsymbol{\lambda} \rangle$，$\langle \ln \boldsymbol{\pi} \rangle$ の計算も考えて
みましょう．$q(\boldsymbol{\lambda})$, $q(\boldsymbol{\pi})$ はそれぞれガンマ分布とディリクレ分布であること
がわかったので，必要な期待値は次のようになります．

$$\langle \lambda_k \rangle = \frac{\hat{a}_k}{\hat{b}_k} \tag{4.60}$$

$$\langle \ln \lambda_k \rangle = \psi(\hat{a}_k) - \ln \hat{b}_k \tag{4.61}$$

$$\langle \ln \pi_k \rangle = \psi(\hat{\alpha}_k) - \psi(\sum_{i=1}^{K} \hat{\alpha}_i) \tag{4.62}$$

このように，すべての近似分布の形式が明らかになっているので，必要な期
待値計算はそれぞれの近似分布のパラメータで表現できます[*7]．ここでよく
ある計算ミスとして，$\langle \ln f(x) \rangle$ と $\ln \langle f(x) \rangle$ を同一視してしまうことがあり
ます．積分による定義式に戻って確認すれば明らかですが，一般に「期待値
の対数 $\neq$ 対数の期待値」であることは忘れないようにしてください．

　まとめると，ポアソン混合モデルに対する変分推論アルゴリズムは**アルゴ
リズム 4.3** のようになります．ある繰り返し回数 MAXITER に達するまで
近似分布を順次更新していく方法が一般的ですが，毎回の更新のたびにポア
ソン混合モデルの ELBO を計算することによって進捗を追跡する方法もあ
ります．ポアソン混合モデルにおける ELBO の計算に関しては付録 A.4 を
参照してください．

　ところで，変分推論で使われる 1 つ 1 つの更新式を見てみると，ギブスサ
ンプリングの各サンプリングステップと非常に似ていることがわかります．
実際，変分推論の更新式における期待値計算の部分を単純にサンプル値に置
き換えることによってギブスサンプリングを導くことができます．

[*7]　解析計算が実行できない期待値が登場する場合もあります．そのようなときは，式（2.14）のような
　　単純なサンプリングによる期待値の近似をさらに行うこともあります．

アルゴリズム 4.3　ポアソン混合モデルのための変分推論

> $q(\boldsymbol{\lambda}), q(\boldsymbol{\pi})$ を初期化
> **for** $i = 1, \ldots, \mathrm{MAXITER}$ **do**
> 　　**for** $n = 1, \ldots, N$ **do**
> 　　　　式 (4.50) を用いて $q(\mathbf{s}_n)$ を更新
> 　　**end for**
> 　　**for** $k = 1, \ldots, K$ **do**
> 　　　　式 (4.54) を用いて $q(\lambda_k)$ を更新
> 　　**end for**
> 　　式 (4.57) を用いて $q(\boldsymbol{\pi})$ を更新
> **end for**

4.3.4　崩壊型ギブスサンプリング

　ここではポアソン混合モデルに対する崩壊型ギブスサンプリングのアルゴリズムを導出しましょう．通常，混合モデルにおける崩壊型ギブスサンプリングでは，まず同時分布からパラメータを周辺化除去することを考えます．

$$p(\mathbf{X}, \mathbf{S}) = \iint p(\mathbf{X}, \mathbf{S}, \boldsymbol{\lambda}, \boldsymbol{\pi}) \mathrm{d}\boldsymbol{\lambda} \mathrm{d}\boldsymbol{\pi} \tag{4.63}$$

ひとたびパラメータを周辺化してしまえば，あとは $\mathbf{S}$ を $p(\mathbf{S}|\mathbf{X})$ からサンプルできればよく，パラメータの事後分布などは必要に応じてサンプルされた $\mathbf{S}$ から計算できます．**図 4.7** では，パラメータを周辺化する前のモデル（左）と周辺化したあとのモデル（右）をグラフィカルモデルによって表現しました．周辺化されたモデルのグラフ構造を見ればわかるように，各 $\mathbf{s}_1, \ldots, \mathbf{s}_N$ は互いに依存関係をもってしまい，**完全グラフ（complete graph）** を構成してしまっています．このような事後分布から直接同時に $\mathbf{s}_1, \ldots, \mathbf{s}_N$ をサンプルするためには，$\mathbf{S}$ のとりうる K^N 個の組み合わせをすべて評価してから正規化する必要があるため，これは原理的には可能ですが，N がある程度の大きさであれば現実的な計算量にはなりません．したがって，ここではこの周辺化されたモデルの事後分布 $p(\mathbf{S}|\mathbf{X})$ に対してギブスサンプリングを適用し，各 $\mathbf{s}_1, \ldots, \mathbf{s}_N$ がそれぞれバラバラにサンプルできないか検討します．言い換えると，あるサンプルしたい変数 $\mathbf{s}_n$ 以外のすべての潜在変数

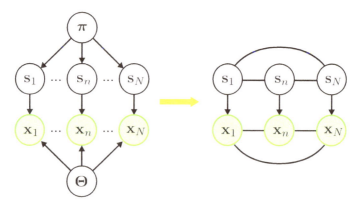

図 4.7 混合モデルと周辺化されたモデル．

の集合を $\mathbf{S}_{\setminus n} = \{\mathbf{s}_1, \ldots, \mathbf{s}_{n-1}, \mathbf{s}_{n+1}, \ldots \mathbf{s}_N\}$ としたときに，条件付き分布 $p(\mathbf{s}_n|\mathbf{X}, \mathbf{S}_{\setminus n})$ が十分簡単な確率分布として得られればよいということになります．

このアイデアに基づいて少し計算を進めましょう．

$$p(\mathbf{s}_n|\mathbf{X}, \mathbf{S}_{\setminus n}) \propto p(x_n, \mathbf{X}_{\setminus n}, \mathbf{s}_n, \mathbf{S}_{\setminus n}) \tag{4.64}$$

$$= p(x_n|\mathbf{X}_{\setminus n}, \mathbf{s}_n, \mathbf{S}_{\setminus n}) p(\mathbf{X}_{\setminus n}|\mathbf{s}_n, \mathbf{S}_{\setminus n}) p(\mathbf{s}_n|\mathbf{S}_{\setminus n}) p(\mathbf{S}_{\setminus n}) \tag{4.65}$$

$$\propto p(x_n|\mathbf{X}_{\setminus n}, \mathbf{s}_n, \mathbf{S}_{\setminus n}) p(\mathbf{s}_n|\mathbf{S}_{\setminus n}) \tag{4.66}$$

まず，式（4.64）では単純に条件付き分布の定義を用いて同時分布の形で表現し，分母に現れる項 $p(x_n, \mathbf{X}_{\setminus n}, \mathbf{S}_{\setminus n})$ は $\mathbf{s}_n$ に直接関係がないので無視しました．次に，式（4.65）は同時分布を単純に条件付き分布の積で書き直してみました．ここには $p(\mathbf{X}_{\setminus n}|\mathbf{s}_n, \mathbf{S}_{\setminus n})$ という項がありますが，これは図 4.8 のようなグラフ表現で考えてみれば，$\mathbf{s}_n$ は各 $\mathbf{X}_{\setminus n}$ と共同親の関係になりません．したがって，$\mathbf{X}_{\setminus n}$ と $\mathbf{s}_n$ の条件付き独立性を示すことができ，

$$p(\mathbf{X}_{\setminus n}|\mathbf{s}_n, \mathbf{S}_{\setminus n}) = p(\mathbf{X}_{\setminus n}|\mathbf{S}_{\setminus n}) \tag{4.67}$$

と書き直すことができます．したがって，この項はいま注目している $\mathbf{s}_n$ とは無関係になるので，式（4.66）ではまるごと削除されています．同様に，$p(\mathbf{S}_{\setminus n})$ も $\mathbf{s}_n$ が含まれていないので削除されています．

さて，できあがった式をよく見てみると，下記の 2 つの項に分解されることがわかります．

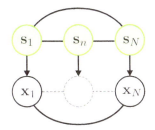

図 4.8 $p(\mathbf{X}_{\setminus n}|\mathbf{s}_n, \mathbf{S}_{\setminus n})$ のグラフ表現.

$$p(\mathbf{s}_n|\mathbf{S}_{\setminus n}) \tag{4.68}$$

$$p(x_n|\mathbf{X}_{\setminus n}, \mathbf{s}_n, \mathbf{S}_{\setminus n}) \tag{4.69}$$

いま計算したいのは $\mathbf{s}_n$ に関する離散分布です.これら 2 つの式に対して各 k で $s_{n,k} = 1$ となる場合の値を計算し,最後に足して 1 になるように正規化すれば,$\mathbf{s}_n$ をサンプルするための確率(カテゴリ分布)が得られます.この 2 つの分布の計算に関してもう少し詳しく調べてみましょう.

はじめに式 (4.68) ですが,これは次のような $\mathbf{s}_n$ の予測分布であると解釈することができます.

$$p(\mathbf{s}_n|\mathbf{S}_{\setminus n}) = \int p(\mathbf{s}_n|\boldsymbol{\pi})p(\boldsymbol{\pi}|\mathbf{S}_{\setminus n})\mathrm{d}\boldsymbol{\pi} \tag{4.70}$$

右側の項 $p(\boldsymbol{\pi}|\mathbf{S}_{\setminus n})$ は $N-1$ 個のサンプル $\mathbf{S}_{\setminus n}$ をあたかも観測データかのように扱った場合の「$\boldsymbol{\pi}$ の事後分布」を表しています.ベイズの定理を適用してみれば,

$$p(\boldsymbol{\pi}|\mathbf{S}_{\setminus n}) \propto p(\mathbf{S}_{\setminus n}|\boldsymbol{\pi})p(\boldsymbol{\pi}) \tag{4.71}$$

となり,これは 3 章で行ったカテゴリ分布とディリクレ事前分布を用いたパラメータの学習と同じです.$\boldsymbol{\pi}$ の事後分布の式 (3.27) を用いれば,この分布は解析的に求まり,K 次元ベクトル $\hat{\boldsymbol{\alpha}}_{\setminus n}$ をパラメータとした次のようなディリクレ分布になります.

$$p(\boldsymbol{\pi}|\mathbf{S}_{\setminus n}) = \mathrm{Dir}(\boldsymbol{\pi}|\hat{\boldsymbol{\alpha}}_{\setminus n}) \tag{4.72}$$

$$\text{ただし}\quad \hat{\alpha}_{\setminus n,k} = \sum_{n' \neq n} s_{n',k} + \alpha_k \tag{4.73}$$

ここで $\sum_{n' \neq n}$ は n 番目以外のすべてのインデックスに関して和をとることを意味します.$p(\boldsymbol{\pi}|\mathbf{S}_{\setminus n})$ がディリクレ分布であることがわかったので,あと

140　**Chapter 4**　混合モデルと近似推論

は式（4.70）の通り $\boldsymbol{\pi}$ を周辺化除去すれば $p(\mathbf{s}_n|\mathbf{S}_{\backslash n})$ が求まることになります．こちらに関しても 2 章で導いた予測分布の結果（3.32）を用いれば，K 次元ベクトル $\boldsymbol{\eta}_{\backslash n}$ をパラメータとした次のようなカテゴリ分布が得られることがわかります．

$$p(\mathbf{s}_n|\mathbf{S}_{\backslash n}) = \int \mathrm{Cat}(\mathbf{s}_n|\boldsymbol{\pi})\mathrm{Dir}(\boldsymbol{\pi}|\hat{\boldsymbol{\alpha}}_{\backslash n})\mathrm{d}\boldsymbol{\pi}$$

$$= \mathrm{Cat}(\mathbf{s}_n|\boldsymbol{\eta}_{\backslash n}) \tag{4.74}$$

$$\text{ただし}\quad \eta_{\backslash n,k} \propto \hat{\alpha}_{\backslash n,k} \tag{4.75}$$

　次に，式（4.69）を計算しましょう．こちらのほうは見た目がやや複雑になりますが，$\mathbf{s}_n$ の予測分布を求めた場合と同じ議論が成り立ち，次のような予測分布のようなものを計算する問題になります[*8]．

$$p(x_n|\mathbf{X}_{\backslash n}, \mathbf{s}_n, \mathbf{S}_{\backslash n}) = \int p(x_n|\mathbf{s}_n, \boldsymbol{\lambda})p(\boldsymbol{\lambda}|\mathbf{X}_{\backslash n}, \mathbf{S}_{\backslash n})\mathrm{d}\boldsymbol{\lambda} \tag{4.76}$$

まず，右側の項のある種の事後分布のようなものを計算してみることにします．ベイズの定理を用いれば，

$$p(\boldsymbol{\lambda}|\mathbf{X}_{\backslash n}, \mathbf{S}_{\backslash n}) \propto p(\mathbf{X}_{\backslash n}|\mathbf{S}_{\backslash n}, \boldsymbol{\lambda})p(\boldsymbol{\lambda}) \tag{4.77}$$

となるため，これはポアソン分布とガンマ事前分布を用いたベイズ推論になります．ただし，潜在変数 $\mathbf{S}_{\backslash n}$ がいるので，ここでは念のため丁寧に対数を使って計算してみると，

$$\ln p(\mathbf{X}_{\backslash n}|\mathbf{S}_{\backslash n}, \boldsymbol{\lambda})p(\boldsymbol{\lambda})$$

$$= \sum_{n' \neq n} \sum_{k=1}^{K} s_{n',k} \ln \mathrm{Poi}(x_{n'}|\lambda_k) + \sum_{k=1}^{K} \ln \mathrm{Gam}(\lambda_k|a, b)$$

$$= \sum_{k=1}^{K} \{ (\sum_{n' \neq n} s_{n',k}x_{n'} + a - 1) \ln \lambda_k - (\sum_{n' \neq n} s_{n',k} + b)\lambda_k \} + \mathrm{const.}$$

$$\tag{4.78}$$

であるため，事前分布と同様，ガンマ分布になることがわかります[*9]．

$$p(\boldsymbol{\lambda}|\mathbf{X}_{\backslash n}, \mathbf{S}_{\backslash n}) = \prod_{k=1}^{K} \mathrm{Gam}(\lambda_k|\hat{a}_{\backslash n,k}, \hat{b}_{\backslash n,k}) \tag{4.79}$$

[*8]　ただしここでは x_n はデータとして与えられているので，無理矢理に言葉にしてしまえば条件付き予測尤度ということになります．

[*9]　ギブスサンプリングでも実質的に同じ計算を行ったので，事後分布の式（4.41）を流用しても求められます．

$$\text{ただし} \quad \hat{a}_{\backslash n,k} = \sum_{n' \neq n} s_{n',k} x_{n'} + a$$

$$\hat{b}_{\backslash n,k} = \sum_{n' \neq n} s_{n',k} + b \tag{4.80}$$

次に，この分布を用いてパラメータ $\boldsymbol{\lambda}$ を積分除去し，x_n に対するある種の予測分布を計算します．計算を簡単にするために，ある k に対して $s_{n,k} = 1$ となる場合のみを考えれば，式 (4.76) は次のように解析的に積分ができます．

$$p(x_n|\mathbf{X}_{\backslash n}, s_{n,k}=1, \mathbf{S}_{\backslash n}) = \int p(x_n|\lambda_k) p(\lambda_k|\mathbf{X}_{\backslash n}, \mathbf{S}_{\backslash n}) \mathrm{d}\lambda_k$$

$$= \mathrm{NB}(x_n|\hat{a}_{\backslash n,k}, \frac{1}{\hat{b}_{\backslash n,k}+1}) \tag{4.81}$$

このように，結果は 3 章のポアソン分布に関する予測分布で紹介した式 (3.43) で表される負の二項分布になります．

これで式 (4.68) および式 (4.69) で表される 2 つの確率分布の形式が明らかになりました．実際にこの確率分布から $\mathbf{s}_n$ をサンプルするためには，$\mathbf{s}_n$ のそれぞれに対する実現値（$\mathbf{s}_n = (1,0,\ldots,0,0)^{\top}$ から $\mathbf{s}_n = (0,0,\ldots,0,1)^{\top}$）までを式 (4.74) および式 (4.81) に関して評価し，得られた K 個の値で正規化すれば $\mathbf{s}_n$ をサンプルするためのカテゴリ分布が得られます．

ちなみに，崩壊型ギブスサンプリングはその特性上，各 n 番目のデータ点ごとにサンプリングを行うので，式 (4.73) や式 (4.80) のように，毎回のサンプリングに関していちいち $N-1$ 個のデータや潜在変数に関する足し合わせを実行し直す必要はありません．ある i 番目のサンプルを得た直後に，j 番目のサンプルを得たいとしたときに，例えば式 (4.73) の事後分布の計算は，

$$\hat{\alpha}_{\backslash j,k} = \hat{\alpha}_{\backslash i,k} + s_{i,k} - s_{j,k} \tag{4.82}$$

とすることができます．ここで $\hat{\alpha}_{\backslash i,k}$ は $\mathbf{s}_i$ をサンプルする際に使った量で，これに対して実際にサンプルされた $s_{i,k}$ を加え，過去にサンプルされた古い $s_{j,k}$ の分を取り除けば，新しい $\mathbf{s}_j$ をサンプルするために必要な $\hat{\alpha}_{\backslash j,k}$ が得られることを意味しています．式 (4.80) に関しても同様で，次のように書けます．

$$\hat{a}_{\backslash j,k} = \hat{a}_{\backslash i,k} + s_{i,k} x_i - s_{j,k} x_j$$

$$\hat{b}_{\backslash j,k} = \hat{b}_{\backslash i,k} + s_{i,k} - s_{j,k} \tag{4.83}$$

実装上は，N 個分のデータによって計算される $\hat{\alpha}_k$，$\hat{a}_k$ および $\hat{b}_k$ を変数上で

保持しておきます．新しい $\mathbf{s}_n$ をサンプルする直前で，以前の n 番目のデータに関わる量を $\hat{\alpha}_k$, $\hat{a}_k$ および $\hat{b}_k$ から一時的に引いておき，$\mathbf{s}_n$ をサンプルしたあとで新たに得られた量を加え直します．このような工夫を加えることにより，アルゴリズムは計算速度だけでなくメモリ使用の面でも非常に効率的になります．

　ポアソン混合モデルに対する崩壊型ギブスサンプリングのアルゴリズムは，**アルゴリズム 4.4** のようになります．

アルゴリズム 4.4　ポアソン混合モデルのための崩壊型ギブスサンプリング

> 潜在変数のサンプル $\mathbf{s}_1, \ldots, \mathbf{s}_N$ に初期値を設定
> $\hat{\alpha}$, $\hat{a}$, $\hat{b}$ を計算
> **for** $i = 1, \ldots, \mathrm{MAXITER}$ **do**
> 　**for** $n = 1, \ldots, N$ **do**
> 　　式 (4.82) および式 (4.83) を用いて x_n に関する統計量を除去
> 　　**for** $k = 1, \ldots, K$ **do**
> 　　　式 (4.81) を用いて $p(x_n | \mathbf{X}_{\backslash n}, s_{n,k} = 1, \mathbf{S}_{\backslash n})$ を計算
> 　　**end for**
> 　　式 (4.74) および $p(x_n | \mathbf{X}_{\backslash n}, \mathbf{s}_n, \mathbf{S}_{\backslash n})$ を用いて $\mathbf{s}_n$ をサンプル
> 　　式 (4.82) および式 (4.83) を用いて x_n に関する統計量を追加
> 　**end for**
> **end for**

4.3.5　簡易実験

　せっかくですので，導いた 3 つの近似推論手法を簡単なトイデータに対して適用してみましょう．ここでは，**図 4.9** のヒストグラムで表される簡単な 2 峰性データを，$K = 2$ としたポアソン混合モデルに基づいた変分推論でクラスタリングしました．図中の色はそれぞれのクラスタの所属（赤または青）を表しており，平均値の異なる 2 つのポアソン分布を組み合わせてデータを表現していることがわかります．また，2 つのクラスタの中間に存在するデータは所属があいまいになるため，結果としてクラスタ所属の期待値 $\langle \mathbf{s}_n \rangle$ がソフトな値をもちます．図 4.9 では，赤と青の間をとるような色を使うことによってこのような不確実性を表現しています．

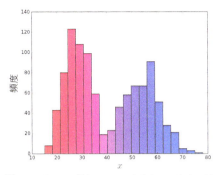

図 4.9 ポアソン混合モデルによるクラスタリング.

クラスタ数を $K = 8$ に増やして 3 つの近似手法の性能を計算時間で比べた結果が図 4.10 です．ここでは，事前分布からランダムに生成した人工的なテストデータセットを 6 つ用意しています．各図では，横軸を計算時間（ミリ秒），縦軸を ELBO として各手法の推移を示しています．また，手法の初期値依存を軽減するために，各データセットでは実験を 10 回ずつ繰り返し，得られた ELBO の平均値を結果として使っています．グラフが示すように，変分推論が初期段階で高速な収束性能を見せるものの，ギブスサンプリングに基づく 2 つの手法のほうが変分推論よりも最終的な推論結果はよくなる傾向にあります．特に崩壊型ギブスサンプリングは，初期段階における収束の速さも最終段階の精度の高さも非常に良好なものとなっています．ただし，モデルのデザインはもちろん，データの種類や数，許容できる計算時間によっても結果の評価は変わってくるので，単純にどの手法がもっともよいかという議論はあまり意味がありません．また，今回のポアソン混合モデルの崩壊型ギブスサンプリングにおいては，式（4.81）で表される計算に必要な予測尤度の項が比較的簡単に求められるため，標準的なギブスサンプリングと比べても計算量としての欠点がほとんどないなど多少有利な条件になっています．

お勧めとしては，はじめに導出が簡単なギブスサンプリングから検討し，それで速度や最終的な精度に満足がいかないようであれば，変分推論や崩壊型ギブスサンプリングも導いてみて比較してみるのがよいでしょう．

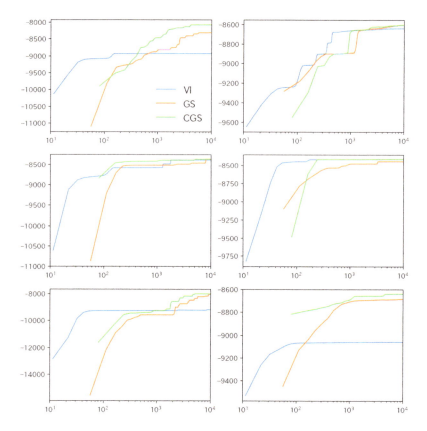

図 4.10 変分推論（VI），ギブスサンプリング（GS），崩壊型ギブスサンプリング（CGS）の比較．

4.4 ガウス混合モデルにおける推論

　本節では観測モデルとして，平均および精度行列が未知である多次元のガウス分布を考え，事後分布の近似推論アルゴリズムとしてギブスサンプリング，変分推論，崩壊型ギブスサンプリングを再び導出してみることにします．共役性から，多次元ガウス分布に対するパラメータの事前分布としてガウス・ウィシャート分布を用いることにします．先ほどのポアソン混合モデルと比べて，多次元であることや手計算が少しややこしいガウス・ウィシャート分布を用いることなどいくつかの点でチャレンジがありますが，導出までの道筋はほとんど同じです．

4.4.1 ガウス混合モデル

ガウス混合モデル（**Gaussian mixture model**）では，各クラスタ k における データ $\mathbf{x}_n \in \mathbb{R}^D$ の観測モデルとしてガウス分布を用います．パラメータを $\boldsymbol{\theta}_k = \{\boldsymbol{\mu}_k, \boldsymbol{\Lambda}_k\}$ とすれば，観測モデルは

$$p(\mathbf{x}_n|\boldsymbol{\mu}_k, \boldsymbol{\Lambda}_k) = \mathcal{N}(\mathbf{x}_n|\boldsymbol{\mu}_k, \boldsymbol{\Lambda}_k^{-1}) \tag{4.84}$$

と書くことができます．各パラメータは $\boldsymbol{\mu}_k \in \mathbb{R}^D$，$\boldsymbol{\Lambda}_k \in \mathbb{R}^{D \times D}$ となります．したがって，潜在変数も含めた条件付き分布は次のように書けます．

$$p(\mathbf{x}_n|\mathbf{s}_n, \boldsymbol{\mu}, \boldsymbol{\Lambda}) = \prod_{k=1}^{K} \mathcal{N}(\mathbf{x}_n|\boldsymbol{\mu}_k, \boldsymbol{\Lambda}_k^{-1})^{s_{n,k}} \tag{4.85}$$

ただし，ここでは簡易表記のため，各クラスタにおける観測モデルのパラメータを $\boldsymbol{\mu} = \{\boldsymbol{\mu}_1, \ldots, \boldsymbol{\mu}_K\}$，$\boldsymbol{\Lambda} = \{\boldsymbol{\Lambda}_1, \ldots, \boldsymbol{\Lambda}_K\}$ のようにまとめています．

これらの観測モデルのパラメータに対応する事前分布を導入することにしましょう．ここでは共役事前分布であるガウス・ウィシャート分布を採用することにします．

$$p(\boldsymbol{\mu}_k, \boldsymbol{\Lambda}_k) = \mathcal{N}(\boldsymbol{\mu}_k|\mathbf{m}, (\beta\boldsymbol{\Lambda}_k)^{-1})\mathcal{W}(\boldsymbol{\Lambda}_k|\nu, \mathbf{W}) \tag{4.86}$$

ここで $\mathbf{m} \in \mathbb{R}^D$，$\beta \in \mathbb{R}^+$，$\mathbf{W} \in \mathbb{R}^{D \times D}$，および $\nu > D - 1$ は超パラメータです．ポアソン混合モデルの場合と同様，これらの値はクラスタ間をまたがって共通のものであると仮定していますが，事前に何か知識がある場合には例えば $\mathbf{m}_k \in \mathbb{R}^D$ のように添え字を設定し，クラスタごとに別々の値を与えてもよいでしょう．

4.4.2 ギブスサンプリング

ガウス混合モデルに対するギブスサンプリングアルゴリズムの導出に挑戦してみましょう．いま関心のある事後分布は

$$p(\mathbf{S}, \boldsymbol{\mu}, \boldsymbol{\Lambda}, \boldsymbol{\pi}|\mathbf{X}) \tag{4.87}$$

です．ここでは，ポアソン混合モデルにおける議論と同様，次のようにパラメータと潜在変数を分けてサンプリングすることにします．

$$\mathbf{S} \sim p(\mathbf{S}|\mathbf{X}, \boldsymbol{\mu}, \boldsymbol{\Lambda}, \boldsymbol{\pi}) \tag{4.88}$$

$$\boldsymbol{\mu}, \boldsymbol{\Lambda}, \boldsymbol{\pi} \sim p(\boldsymbol{\mu}, \boldsymbol{\Lambda}, \boldsymbol{\pi}|\mathbf{X}, \mathbf{S}) \tag{4.89}$$

この方針をもとに，まず $\mathbf{S}$ をサンプルするための条件付き分布を求めてみ

146　**Chapter 4**　混合モデルと近似推論

ましょう．パラメータ $\boldsymbol{\mu}$, $\boldsymbol{\Lambda}$ および $\boldsymbol{\pi}$ はすでにサンプルされている状態であるとして，$\mathbf{S}$ に関係する項のみに着目して整理すれば，

$$
\begin{aligned}
p(\mathbf{S}|\mathbf{X},\boldsymbol{\mu},\boldsymbol{\Lambda},\boldsymbol{\pi}) &\propto p(\mathbf{X},\mathbf{S},\boldsymbol{\mu},\boldsymbol{\Lambda},\boldsymbol{\pi}) \\
&\propto p(\mathbf{X}|\mathbf{S},\boldsymbol{\mu},\boldsymbol{\Lambda})p(\mathbf{S}|\boldsymbol{\pi}) \\
&= \prod_{n=1}^{N} p(\mathbf{x}_n|\mathbf{s}_n,\boldsymbol{\mu},\boldsymbol{\Lambda})p(\mathbf{s}_n|\boldsymbol{\pi}) \quad (4.90)
\end{aligned}
$$

となります．ここでは例によって事後分布を同時分布に比例する形で書き直し，さらに式（4.5）の混合モデルの同時分布を当てはめました．ここから先は指数部分の計算になるため，これまでのように対数をとって計算をします．まず観測分布の対数は次のように書き下せます．

$$
\begin{aligned}
&\ln p(\mathbf{x}_n|\mathbf{s}_n,\boldsymbol{\mu},\boldsymbol{\Lambda}) \\
&= \sum_{k=1}^{K} s_{n,k} \ln \mathcal{N}(\mathbf{x}_n|\boldsymbol{\mu}_k,\boldsymbol{\Lambda}_k^{-1}) \\
&= \sum_{k=1}^{K} s_{n,k} \left\{ -\frac{1}{2}(\mathbf{x}_n-\boldsymbol{\mu}_k)^{\top}\boldsymbol{\Lambda}_k(\mathbf{x}_n-\boldsymbol{\mu}_k) + \frac{1}{2}\ln|\boldsymbol{\Lambda}_k| \right\} + \mathrm{const.} \quad (4.91)
\end{aligned}
$$

また，$\ln p(\mathbf{s}_n|\boldsymbol{\pi})$ は式（4.35）ですでに与えられているので，2 つをまとめれば，

$$
\begin{aligned}
&\ln p(\mathbf{x}_n|\mathbf{s}_n,\boldsymbol{\mu},\boldsymbol{\Lambda})p(\mathbf{s}_n|\boldsymbol{\pi}) \\
&= \sum_{k=1}^{K} s_{n,k} \left\{ -\frac{1}{2}(\mathbf{x}_n-\boldsymbol{\mu}_k)^{\top}\boldsymbol{\Lambda}_k(\mathbf{x}_n-\boldsymbol{\mu}_k) + \frac{1}{2}\ln|\boldsymbol{\Lambda}_k| + \ln\pi_k \right\} + \mathrm{const.}
\end{aligned}
$$

$$(4.92)$$

となり，$\mathbf{s}_n$ は次のようなカテゴリ分布からサンプルすればよいことがわかります．

$$
\mathbf{s}_n \sim \mathrm{Cat}(\mathbf{s}_n|\boldsymbol{\eta}_n) \quad (4.93)
$$

$$
\begin{aligned}
\text{ただし} \quad \eta_{n,k} &\propto \exp\Big\{ -\frac{1}{2}(\mathbf{x}_n-\boldsymbol{\mu}_k)^{\top}\boldsymbol{\Lambda}_k(\mathbf{x}_n-\boldsymbol{\mu}_k) \\
&\qquad\quad + \frac{1}{2}\ln|\boldsymbol{\Lambda}_k| + \ln\pi_k \Big\}
\end{aligned}
$$

$$(4.94)$$

$$
\left(\text{s.t.} \quad \sum_{k=1}^{K} \eta_{n,k} = 1 \right)
$$

次は，潜在変数 $\mathbf{S}$ がすべてサンプルとして与えられているとして，残りのパラメータに関する条件付き分布を計算してみましょう．

$$
\begin{aligned}
p(\boldsymbol{\mu}, \boldsymbol{\Lambda}, \boldsymbol{\pi} | \mathbf{X}, \mathbf{S}) & \propto p(\mathbf{X}, \mathbf{S}, \boldsymbol{\mu}, \boldsymbol{\Lambda}, \boldsymbol{\pi}) \\
& \propto p(\mathbf{X} | \mathbf{S}, \boldsymbol{\mu}, \boldsymbol{\Lambda}) p(\mathbf{S} | \boldsymbol{\pi}) p(\boldsymbol{\mu}, \boldsymbol{\Lambda}) p(\boldsymbol{\pi})
\end{aligned}
\tag{4.95}
$$

ここでもまず同時分布に比例する形で式を書き直し，さらに混合モデルの式 (4.5) に従って条件付き分布の積に分解しています．結果を見てみると，観測分布に関するパラメータ $\boldsymbol{\mu}$ および $\boldsymbol{\Lambda}$ の分布と，混合比率を表すパラメータ $\boldsymbol{\pi}$ の分布は別々の項に分解できることがわかります．ただし $\boldsymbol{\mu}$ と $\boldsymbol{\Lambda}$ のペアは分解することができず，これらの同時分布を求める必要があります．

はじめに $\boldsymbol{\mu}$, $\boldsymbol{\Lambda}$ の（同時）条件付き分布を求めましょう．対数をとり，$\boldsymbol{\mu}$ と $\boldsymbol{\Lambda}$ に関連する項だけで整理してみると，

$$
\begin{aligned}
& \ln p(\mathbf{X} | \mathbf{S}, \boldsymbol{\mu}, \boldsymbol{\Lambda}) p(\boldsymbol{\mu}, \boldsymbol{\Lambda}) \\
& = \sum_{n=1}^{N} \sum_{k=1}^{K} s_{n,k} \ln \mathcal{N}(\mathbf{x}_n | \boldsymbol{\mu}_k, \boldsymbol{\Lambda}_k^{-1}) + \sum_{k=1}^{K} \ln \mathrm{NW}(\boldsymbol{\mu}_k, \boldsymbol{\Lambda}_k | \mathbf{m}, \beta, \nu, \mathbf{W}) \\
& = \sum_{k=1}^{K} \{ \sum_{n=1}^{N} s_{n,k} \ln \mathcal{N}(\mathbf{x}_n | \boldsymbol{\mu}_k, \boldsymbol{\Lambda}_k^{-1}) + \ln \mathrm{NW}(\boldsymbol{\mu}_k, \boldsymbol{\Lambda}_k | \mathbf{m}, \beta, \nu, \mathbf{W}) \}
\end{aligned}
\tag{4.96}
$$

となり，求めたい条件付き分布は独立な K 個の分布に分解されます．ここでは，3 章でガウス・ウィシャート分布のベイズ推論で行った計算と同様の流れで分布を求めることにします．つまり，$p(\boldsymbol{\mu}_k, \boldsymbol{\Lambda}_k | \mathbf{X}, \mathbf{S}) = p(\boldsymbol{\mu}_k | \boldsymbol{\Lambda}_k, \mathbf{X}, \mathbf{S}) p(\boldsymbol{\Lambda}_k | \mathbf{X}, \mathbf{S})$ であることから，まず $\boldsymbol{\mu}_k$ の分布を求めたあと，その結果を利用して $\boldsymbol{\Lambda}_k$ の分布を求めることにします．式 (4.96) の k に関する和の中身を，$\boldsymbol{\mu}_k$ に関して整理すれば，

$$
\begin{aligned}
& \sum_{n=1}^{N} s_{n,k} \ln \mathcal{N}(\mathbf{x}_n | \boldsymbol{\mu}_k, \boldsymbol{\Lambda}_k^{-1}) + \ln \mathrm{NW}(\boldsymbol{\mu}_k, \boldsymbol{\Lambda}_k | \mathbf{m}, \beta, \nu, \mathbf{W}) \\
& = -\frac{1}{2} \{ \boldsymbol{\mu}_k^\top (\sum_{n=1}^{N} s_{n,k} + \beta) \boldsymbol{\Lambda}_k \boldsymbol{\mu}_k - 2 \boldsymbol{\mu}_k^\top (\boldsymbol{\Lambda}_k \sum_{n=1}^{N} s_{n,k} \mathbf{x}_n + \beta \boldsymbol{\Lambda}_k \mathbf{m}) \} \\
& \quad + \mathrm{const.}
\end{aligned}
\tag{4.97}
$$

のように 2 次関数の形としてまとめることができ，$\boldsymbol{\mu}_k$ は次のような多次元ガウス分布に従ってサンプルすればよいことになります．

$$
\boldsymbol{\mu}_k \sim \mathcal{N}(\boldsymbol{\mu}_k | \hat{\mathbf{m}}_k, (\hat{\beta}_k \boldsymbol{\Lambda}_k)^{-1})
\tag{4.98}
$$

148　**Chapter 4**　混合モデルと近似推論

$$
\text{ただし}\quad \hat{\beta}_k = \sum_{n=1}^{N} s_{n,k} + \beta
$$

$$
\hat{\mathbf{m}}_k = \frac{\sum_{n=1}^{N} s_{n,k} \mathbf{x}_n + \beta \mathbf{m}}{\hat{\beta}_k}
$$

(4.99)

続いて，$p(\boldsymbol{\Lambda}_k | \mathbf{X}, \mathbf{S})$ を求めることにしましょう．条件付き分布の関係性から

$$
\ln p(\boldsymbol{\Lambda}_k | \mathbf{X}, \mathbf{S}) = \ln p(\boldsymbol{\mu}_k, \boldsymbol{\Lambda}_k | \mathbf{X}, \mathbf{S}) - \ln p(\boldsymbol{\mu}_k | \boldsymbol{\Lambda}_k, \mathbf{X}, \mathbf{S}) \quad (4.100)
$$

が成り立ちます．$p(\boldsymbol{\mu}_k | \boldsymbol{\Lambda}_k, \mathbf{X}, \mathbf{S})$ はいまちょうど求めたばかりの結果 (4.98) を代入すれば，$\boldsymbol{\mu}_k$ に関する項はキャンセルされ，

$$
\begin{aligned}
&\ln p(\boldsymbol{\Lambda}_k | \mathbf{X}, \mathbf{S}) \\
&= \frac{\sum_{n=1}^{N} s_{n,k} + \nu - D - 1}{2} \ln |\boldsymbol{\Lambda}_k| \\
&\quad - \frac{1}{2} \mathrm{Tr}\Big\{ \big(\sum_{n=1}^{N} s_{n,k} \mathbf{x}_n \mathbf{x}_n^\top + \beta \mathbf{m}\mathbf{m}^\top - \hat{\beta}_k \hat{\mathbf{m}}_k \hat{\mathbf{m}}_k^\top + \mathbf{W}^{-1} \big) \boldsymbol{\Lambda}_k \Big\} + \mathrm{const.}
\end{aligned}
$$

(4.101)

のように $\boldsymbol{\Lambda}_k$ の式として整理することができます．したがって，$\boldsymbol{\Lambda}_k$ は次のウィシャート分布からサンプルできることになります．

$$
\boldsymbol{\Lambda}_k \sim \mathcal{W}(\boldsymbol{\Lambda}_k | \hat{\nu}_k, \hat{\mathbf{W}}_k) \quad (4.102)
$$

$$
\text{ただし}\quad \hat{\mathbf{W}}_k^{-1} = \sum_{n=1}^{N} s_{n,k} \mathbf{x}_n \mathbf{x}_n^\top + \beta \mathbf{m}\mathbf{m}^\top - \hat{\beta}_k \hat{\mathbf{m}}_k \hat{\mathbf{m}}_k^\top + \mathbf{W}^{-1}
$$

$$
\hat{\nu}_k = \sum_{n=1}^{N} s_{n,k} + \nu
$$

(4.103)

これで，$\boldsymbol{\mu}$ および $\boldsymbol{\Lambda}$ を同時にサンプルする式が求まりました．実装上は，まず式 (4.102) を使って各 $\boldsymbol{\Lambda}_k$ をサンプルし，その値を使って式 (4.98) から各 $\boldsymbol{\mu}_k$ をサンプルすることになります．

最後に，$\boldsymbol{\pi}$ をサンプルするための条件付き分布ですが，式 (4.95) を見れば，これは $p(\boldsymbol{\pi}|\mathbf{X}, \mathbf{S}) \propto p(\mathbf{S}|\boldsymbol{\pi})p(\boldsymbol{\pi})$ として求めることができます．したがって，観測モデルの項 $p(\mathbf{X}|\mathbf{S}, \boldsymbol{\mu}, \boldsymbol{\Lambda})$ とは無関係になりますので，ポアソン混合モデルのギブスサンプリングで求めた式 (4.44) がそのまま使えることになります．

以上をまとめると，ガウス混合モデルの事後分布に対するギブスサンプリングは**アルゴリズム 4.5** になります．

4.4 ガウス混合モデルにおける推論　149

アルゴリズム 4.5　*ガウス混合モデルのためのギブスサンプリング*

> パラメータのサンプル $\boldsymbol{\mu}, \boldsymbol{\Lambda}, \boldsymbol{\pi}$ に初期値を設定
> **for** $i = 1, \ldots, \text{MAXITER}$ **do**
> 　**for** $n = 1, \ldots, N$ **do**
> 　　式 (4.93) を用いて $\mathbf{s}_n$ をサンプル
> 　**end for**
> 　**for** $k = 1, \ldots, K$ **do**
> 　　式 (4.102) を用いて $\boldsymbol{\Lambda}_k$ をサンプル
> 　　式 (4.98) を用いて $\boldsymbol{\mu}_k$ をサンプル
> 　**end for**
> 　式 (4.44) を用いて $\boldsymbol{\pi}$ をサンプル
> **end for**

4.4.3　変分推論

ガウス混合モデルに対する変分推論でも，次のように潜在変数とパラメータを分けて近似すると，計算効率のよいアルゴリズムが導けます．

$$p(\mathbf{S}, \boldsymbol{\mu}, \boldsymbol{\Lambda}, \boldsymbol{\pi} | \mathbf{X}) \approx q(\mathbf{S}) q(\boldsymbol{\mu}, \boldsymbol{\Lambda}, \boldsymbol{\pi}) \tag{4.104}$$

はじめに $q(\mathbf{S})$ に対して変分推論の公式（4.25）を当てはめてみましょう．

$$\begin{aligned}
\ln q(\mathbf{S}) &= \langle \ln p(\mathbf{X}, \mathbf{S}, \boldsymbol{\mu}, \boldsymbol{\Lambda}, \boldsymbol{\pi}) \rangle_{q(\boldsymbol{\mu}, \boldsymbol{\Lambda}, \boldsymbol{\pi})} + \text{const.} \\
&= \langle \ln p(\mathbf{X} | \mathbf{S}, \boldsymbol{\mu}, \boldsymbol{\Lambda}) \rangle_{q(\boldsymbol{\mu}, \boldsymbol{\Lambda})} + \langle \ln p(\mathbf{S} | \boldsymbol{\pi}) \rangle_{q(\boldsymbol{\pi})} + \text{const.} \\
&= \sum_{n=1}^{N} \left\{ \langle \ln p(\mathbf{x}_n | \mathbf{s}_n, \boldsymbol{\mu}, \boldsymbol{\Lambda}) \rangle_{q(\boldsymbol{\mu}, \boldsymbol{\Lambda})} + \langle \ln p(\mathbf{s}_n | \boldsymbol{\pi}) \rangle_{q(\boldsymbol{\pi})} \right\} + \text{const.}
\end{aligned}$$

$$\tag{4.105}$$

結果から，近似分布 $q(\mathbf{S})$ は N 個の項に分解されることがわかります．したがって，ある $\mathbf{s}_n$ にのみ注目して計算を進めると，

$$\langle \ln p(\mathbf{x}_n|\mathbf{s}_n,\boldsymbol{\mu},\boldsymbol{\Lambda})\rangle_{q(\boldsymbol{\mu},\boldsymbol{\Lambda})}$$

$$= \sum_{k=1}^{K} \langle s_{n,k} \ln \mathcal{N}(\mathbf{x}_n|\boldsymbol{\mu}_k,\boldsymbol{\Lambda}_k^{-1})\rangle_{q(\boldsymbol{\mu}_k,\boldsymbol{\Lambda}_k)}$$

$$= \sum_{k=1}^{K} s_{n,k}\Big\{ -\frac{1}{2}\mathbf{x}_n^\top\langle\boldsymbol{\Lambda}_k\rangle\mathbf{x}_n + \mathbf{x}_n^\top\langle\boldsymbol{\Lambda}_k\boldsymbol{\mu}_k\rangle$$

$$-\frac{1}{2}\langle\boldsymbol{\mu}_k^\top\boldsymbol{\Lambda}_k\boldsymbol{\mu}_k\rangle + \frac{1}{2}\langle\ln|\boldsymbol{\Lambda}_k|\rangle\Big\} + \mathrm{const.} \qquad (4.106)$$

および

$$\langle \ln p(\mathbf{s}_n|\boldsymbol{\pi})\rangle_{q(\boldsymbol{\pi})} = \langle \ln \mathrm{Cat}(\mathbf{s}_n|\boldsymbol{\pi})\rangle_{q(\boldsymbol{\pi})}$$

$$= \sum_{k=1}^{K} s_{n,k}\langle\ln\pi_k\rangle \qquad (4.107)$$

が得られます. 2つを合わせれば $\mathbf{s}_n$ に対する近似分布は次のカテゴリ分布として表すことができます.

$$q(\mathbf{s}_n) = \mathrm{Cat}(\mathbf{s}_n|\boldsymbol{\eta}_n) \qquad (4.108)$$

ただし $\quad \eta_{n,k} \propto \exp\Big\{ -\frac{1}{2}\mathbf{x}_n^\top\langle\boldsymbol{\Lambda}_k\rangle\mathbf{x}_n + \mathbf{x}_n^\top\langle\boldsymbol{\Lambda}_k\boldsymbol{\mu}_k\rangle - \frac{1}{2}\langle\boldsymbol{\mu}_k^\top\boldsymbol{\Lambda}_k\boldsymbol{\mu}_k\rangle$

$$+ \frac{1}{2}\langle\ln|\boldsymbol{\Lambda}_k|\rangle + \langle\ln\pi_k\rangle\Big\}$$

$$\left(\mathrm{s.t.} \quad \sum_{k=1}^{K}\eta_{n,k} = 1\right)$$

$$(4.109)$$

まだパラメータの近似事後分布 $q(\boldsymbol{\mu},\boldsymbol{\Lambda})$ や $q(\boldsymbol{\pi})$ がどのような分布になるのか明らかでないので, 各期待値の計算は後回しにしておきます. すぐ次で示されますが, $q(\boldsymbol{\mu},\boldsymbol{\Lambda})$ や $q(\boldsymbol{\pi})$ はそれぞれ事前分布と同じガウス・ウィシャート分布とディリクレ分布になってくれるので, ここで登場する期待値計算は解析的に計算できることになります.

パラメータに対する近似分布の更新式を求めましょう.

$$\ln q(\boldsymbol{\mu},\boldsymbol{\Lambda},\boldsymbol{\pi}) = \langle\ln p(\mathbf{X},\mathbf{S},\boldsymbol{\mu},\boldsymbol{\Lambda},\boldsymbol{\pi})\rangle_{q(\mathbf{S})} + \mathrm{const.}$$

$$= \langle\ln p(\mathbf{X}|\mathbf{S},\boldsymbol{\mu},\boldsymbol{\Lambda})\rangle_{q(\mathbf{S})} + \ln p(\boldsymbol{\mu},\boldsymbol{\Lambda})$$

$$+ \langle\ln p(\mathbf{S}|\boldsymbol{\pi})\rangle_{q(\mathbf{S})} + \ln p(\boldsymbol{\pi}) + \mathrm{const.} \qquad (4.110)$$

ガウス混合モデルでのギブスサンプリングでの議論と同様, ここで得られる

のは観測変数の分布に対するパラメータ $\boldsymbol{\mu}$ および $\boldsymbol{\Lambda}$ に関わる項と，潜在変数の分布に対するパラメータ $\boldsymbol{\pi}$ に関わる項の 2 つに分けることができます.

はじめに $\boldsymbol{\mu}, \boldsymbol{\Lambda}$ に関係する項のみを取り出してみると，

$$
\begin{aligned}
&\ln q(\boldsymbol{\mu}, \boldsymbol{\Lambda}) \\
&= \sum_{n=1}^{N} \langle \sum_{k=1}^{K} s_{n,k} \ln \mathcal{N}(\mathbf{x}_n | \boldsymbol{\mu}_k, \boldsymbol{\Lambda}_k^{-1}) \rangle_{q(\mathbf{s}_n)} \\
&\quad + \sum_{k=1}^{K} \ln \mathrm{NW}(\boldsymbol{\mu}_k, \boldsymbol{\Lambda}_k | \mathbf{m}, \beta, \nu, \mathbf{W}) + \mathrm{const.} \\
&= \sum_{k=1}^{K} \{ \sum_{n=1}^{N} \langle s_{n,k} \rangle \ln \mathcal{N}(\mathbf{x}_n | \boldsymbol{\mu}_k, \boldsymbol{\Lambda}_k^{-1}) \\
&\qquad + \ln \mathrm{NW}(\boldsymbol{\mu}_k, \boldsymbol{\Lambda}_k | \mathbf{m}, \beta, \nu, \mathbf{W}) \} + \mathrm{const.} \quad (4.111)
\end{aligned}
$$

となります. したがって，ここでも K 個別々に近似事後分布を計算すればよいことになります. 式 (4.111) をまず $\boldsymbol{\mu}_k$ に関して整理すれば，

$$
\begin{aligned}
\ln q(\boldsymbol{\mu}_k | \boldsymbol{\Lambda}_k) = -\frac{1}{2} \{ &\boldsymbol{\mu}_k^\top (\sum_{n=1}^{N} \langle s_{n,k} \rangle + \beta) \boldsymbol{\Lambda}_k \boldsymbol{\mu}_k \\
&- 2\boldsymbol{\mu}_k^\top (\boldsymbol{\Lambda}_k \sum_{n=1}^{N} \langle s_{n,k} \rangle \mathbf{x}_n + \beta \boldsymbol{\Lambda}_k \mathbf{m}) \} + \mathrm{const.} \quad (4.112)
\end{aligned}
$$

のようにしてまとめることができ，$\boldsymbol{\mu}_k$ の近似分布は，$\boldsymbol{\Lambda}_k$ の条件が付いた次のような多次元ガウス分布として表せます.

$$
q(\boldsymbol{\mu}_k | \boldsymbol{\Lambda}_k) = \mathcal{N}(\boldsymbol{\mu}_k | \hat{\mathbf{m}}_k, (\hat{\beta}_k \boldsymbol{\Lambda}_k)^{-1}) \quad (4.113)
$$

$$
\begin{aligned}
\text{ただし} \quad \hat{\beta}_k &= \sum_{n=1}^{N} \langle s_{n,k} \rangle + \beta \\
\hat{\mathbf{m}}_k &= \frac{\sum_{n=1}^{N} \langle s_{n,k} \rangle \mathbf{x}_n + \beta \mathbf{m}}{\hat{\beta}_k}
\end{aligned} \quad (4.114)
$$

次に，$q(\boldsymbol{\Lambda})$ を求めましょう. 条件付き分布の関係性から

$$
\ln q(\boldsymbol{\Lambda}_k) = \ln q(\boldsymbol{\mu}_k, \boldsymbol{\Lambda}_k) - \ln q(\boldsymbol{\mu}_k | \boldsymbol{\Lambda}_k) \quad (4.115)
$$

が成り立つので，いま求めた $q(\boldsymbol{\mu}_k | \boldsymbol{\Lambda}_k)$ を式 (4.115) に代入することによって，

$$\ln q(\boldsymbol{\Lambda}_k)$$

$$=\frac{\sum_{n=1}^{N}\langle s_{n,k}\rangle + \nu - D - 1}{2}\ln|\boldsymbol{\Lambda}_k|$$

$$-\frac{1}{2}\mathrm{Tr}\Big\{(\sum_{n=1}^{N}\langle s_{n,k}\rangle \mathbf{x}_n\mathbf{x}_n^\top + \beta\mathbf{m}\mathbf{m}^\top - \hat{\beta}_k\hat{\mathbf{m}}_k\hat{\mathbf{m}}_k^\top + \mathbf{W}^{-1})\boldsymbol{\Lambda}_k\Big\}$$

$$+\,\mathrm{const.} \tag{4.116}$$

のように $\boldsymbol{\Lambda}_k$ の式として整理することができます．したがって，$\boldsymbol{\Lambda}_k$ の近似事後分布は次のようなウィシャート分布として求めることができます．

$$q(\boldsymbol{\Lambda}_k) = \mathcal{W}(\boldsymbol{\Lambda}_k|\hat{\nu}_k, \hat{\mathbf{W}}_k) \tag{4.117}$$

ただし

$$\hat{\mathbf{W}}_k^{-1} = \sum_{n=1}^{N}\langle s_{n,k}\rangle \mathbf{x}_n\mathbf{x}_n^\top + \beta\mathbf{m}\mathbf{m}^\top - \hat{\beta}_k\hat{\mathbf{m}}_k\hat{\mathbf{m}}_k^\top + \mathbf{W}^{-1}$$

$$\tag{4.118}$$

$$\hat{\nu}_k = \sum_{n=1}^{N}\langle s_{n,k}\rangle + \nu$$

これで観測モデルに対するパラメータの近似事後分布 $q(\boldsymbol{\mu}, \boldsymbol{\Lambda}) = q(\boldsymbol{\mu}|\boldsymbol{\Lambda})q(\boldsymbol{\Lambda})$ が，事前分布と同じ独立な K 個のガウス・ウィシャート分布として求められることがわかりました．

さらに，式 (4.110) を見れば，$\boldsymbol{\pi}$ の近似事後分布は $\langle \ln p(\mathbf{S}|\boldsymbol{\pi})\rangle_{q(\mathbf{S})} + \ln p(\boldsymbol{\pi})$ から計算できることがわかります．これはポアソン混合モデルで得た結果式 (4.57) がそのまま使えます．

さて，それぞれのパラメータの事後分布は狙い通りに事前分布と同じガウス・ウィシャート分布とディリクレ分布になってくれました．したがって，2 章で紹介した各種の期待値計算を参考にすれば，更新式に必要になる期待値は次のようになります．

$$\langle \boldsymbol{\Lambda}_k \rangle = \hat{\nu}_k \hat{\mathbf{W}}_k \tag{4.119}$$

$$\langle \ln|\boldsymbol{\Lambda}_k| \rangle = \sum_{d=1}^{D}\psi(\frac{\hat{\nu}_k + 1 - d}{2}) + D\ln 2 + \ln|\hat{\mathbf{W}}_k| \tag{4.120}$$

$$\langle \boldsymbol{\Lambda}_k\boldsymbol{\mu}_k \rangle = \hat{\nu}_k \hat{\mathbf{W}}_k \hat{\mathbf{m}}_k \tag{4.121}$$

$$\langle \boldsymbol{\mu}_k^\top \boldsymbol{\Lambda}_k\boldsymbol{\mu}_k \rangle = \hat{\nu}_k \hat{\mathbf{m}}_k^\top \hat{\mathbf{W}}_k \hat{\mathbf{m}}_k + \frac{D}{\hat{\beta}_k} \tag{4.122}$$

これらの計算結果をすべて考慮に入れれば，最終的に得られる実装上のアルゴリズムは **アルゴリズム 4.6** のようになります．ガウス・ウィシャート

分布の近似事後分布の計算などは多少面倒ではありますが，基本的にはすべてポアソン混合モデルで登場してきた計算と同じ流れになっていますね．

アルゴリズム 4.6　ガウス混合モデルのための変分推論

$q(\boldsymbol{\mu}, \boldsymbol{\Lambda}), q(\boldsymbol{\pi})$ を初期化
for $i = 1, \ldots, \text{MAXITER}$ **do**
　for $n = 1, \ldots, N$ **do**
　　式 (4.108) を用いて $q(\mathbf{s}_n)$ を更新
　end for
　for $k = 1, \ldots, K$ **do**
　　式 (4.113) および式 (4.117) を用いて $q(\boldsymbol{\mu}_k, \boldsymbol{\Lambda}_k)$ を更新
　end for
　式 (4.57) を用いて $q(\boldsymbol{\pi})$ を更新
end for

4.4.4　崩壊型ギブスサンプリング

ここでは，ガウス混合モデルに対する崩壊型ギブスサンプリングのアルゴリズムを導出してみます．ここでも，ガウス混合モデルからすべてのパラメータ $\boldsymbol{\mu}$, $\boldsymbol{\Lambda}$ および $\boldsymbol{\pi}$ を周辺化除去したモデルを考えることにします．

$$p(\mathbf{X}, \mathbf{S}) = \iiint p(\mathbf{X}, \mathbf{S}, \boldsymbol{\mu}, \boldsymbol{\Lambda}, \boldsymbol{\pi}) \mathrm{d}\boldsymbol{\mu} \mathrm{d}\boldsymbol{\Lambda} \mathrm{d}\boldsymbol{\pi} \qquad (4.123)$$

ポアソン混合モデルにおける崩壊型ギブスサンプリングと同様に，$\mathbf{S}_{\backslash n}$ がすでにサンプルされたものと仮定して $\mathbf{s}_n$ を新たにサンプルするための手続きを計算します．$\mathbf{s}_n$ に関する事後分布は，次のような 2 つの項に分けて書くことができます．

$$p(\mathbf{s}_n | \mathbf{X}, \mathbf{S}_{\backslash n}) \propto p(\mathbf{x}_n | \mathbf{X}_{\backslash n}, \mathbf{s}_n, \mathbf{S}_{\backslash n}) p(\mathbf{s}_n | \mathbf{S}_{\backslash n}) \qquad (4.124)$$

$p(\mathbf{s}_n | \mathbf{S}_{\backslash n})$ に関してはポアソン混合モデルで得られた式 (4.74) の結果を再度使えば問題なさそうです．ポアソン混合モデルにおける崩壊型ギブスサンプリングの場合と違っている箇所は尤度の項 $p(\mathbf{x}_n | \mathbf{X}_{\backslash n}, \mathbf{s}_n, \mathbf{S}_{\backslash n})$ だけですので，ここだけもう一度丁寧に計算し直す必要があります．この項は，次のような周辺化によって書き直すことができます．

154   **Chapter 4**　混合モデルと近似推論

$$p(\mathbf{x}_n|\mathbf{X}_{\backslash n}, \mathbf{s}_n, \mathbf{S}_{\backslash n}) = \iint p(\mathbf{x}_n|\mathbf{s}_n, \boldsymbol{\mu}, \boldsymbol{\Lambda})p(\boldsymbol{\mu}, \boldsymbol{\Lambda}|\mathbf{X}_{\backslash n}, \mathbf{S}_{\backslash n})\mathrm{d}\boldsymbol{\mu}\mathrm{d}\boldsymbol{\Lambda} \quad (4.125)$$

右辺の $p(\boldsymbol{\mu}, \boldsymbol{\Lambda}|\mathbf{X}_{\backslash n}, \mathbf{S}_{\backslash n})$ はちょうどデータ $\mathbf{X}_{\backslash n}$ と，すでにサンプルされている $\mathbf{S}_{\backslash n}$ が与えられたときの $\boldsymbol{\mu}, \boldsymbol{\Lambda}$ の事後分布になっており，次のように計算できます．

$$p(\boldsymbol{\mu}, \boldsymbol{\Lambda}|\mathbf{X}_{\backslash n}, \mathbf{S}_{\backslash n}) \propto p(\mathbf{X}_{\backslash n}|\mathbf{S}_{\backslash n}, \boldsymbol{\mu}, \boldsymbol{\Lambda})p(\boldsymbol{\mu}, \boldsymbol{\Lambda}) \quad (4.126)$$

再び，この事後分布の計算を行うのは面倒なので，今回は少しサボって，すでに得られているギブスサンプリングの式（4.98）および式（4.102）を流用しましょう．これらの式における $\mathbf{X}, \mathbf{S}$ をそれぞれ $\mathbf{X}_{\backslash n}, \mathbf{S}_{\backslash n}$ に単純に置き換えてしまえば，次のようなガウス・ウィシャート分布が事後分布として得られることになります．

$$p(\boldsymbol{\mu}, \boldsymbol{\Lambda}|\mathbf{X}_{\backslash n}, \mathbf{S}_{\backslash n}) = \prod_{k=1}^{K} \mathcal{N}(\boldsymbol{\mu}_k|\hat{\mathbf{m}}_{\backslash n,k}, (\hat{\beta}_{\backslash n,k}\boldsymbol{\Lambda}_k)^{-1})\mathcal{W}(\boldsymbol{\Lambda}_k|\hat{\nu}_{\backslash n,k}, \hat{\mathbf{W}}_{\backslash n,k})$$

$$(4.127)$$

$$\begin{aligned} \text{ただし} \quad \hat{\beta}_{\backslash n,k} &= \sum_{n' \neq n} s_{n',k} + \beta \\ \hat{\mathbf{m}}_{\backslash n,k} &= \frac{\sum_{n' \neq n} s_{n',k}\mathbf{x}_{n'} + \beta\mathbf{m}}{\hat{\beta}_{\backslash n,k}} \\ \hat{\mathbf{W}}_{\backslash n,k}^{-1} &= \sum_{n' \neq n} s_{n',k}\mathbf{x}_{n'}\mathbf{x}_{n'}^{\top} + \beta\mathbf{m}\mathbf{m}^{\top} - \hat{\beta}_{\backslash n,k}\hat{\mathbf{m}}_{\backslash n,k}\hat{\mathbf{m}}_{\backslash n,k}^{\top} + \mathbf{W}^{-1} \\ \hat{\nu}_{\backslash n,k} &= \sum_{n' \neq n} s_{n',k} + \nu \end{aligned}$$

$$(4.128)$$

次に式（4.125）の周辺化ですが，これもある k に対して $s_{n,k} = 1$ である特別な場合を考え，3.4.3 節で行った予測分布の計算結果の式（3.139）を利用してしまえば，式（3.121）で定義される次のような多次元スチューデントの t 分布による表現が得られます．

$$\begin{aligned} &p(\mathbf{x}_n|\mathbf{X}_{\backslash n}, s_{n,k} = 1, \mathbf{S}_{\backslash n}) \\ &= \iint p(\mathbf{x}_n|\boldsymbol{\mu}_k, \boldsymbol{\Lambda}_k)p(\boldsymbol{\mu}_k, \boldsymbol{\Lambda}_k|\mathbf{X}_{\backslash n}, \mathbf{S}_{\backslash n})\mathrm{d}\boldsymbol{\mu}_k\mathrm{d}\boldsymbol{\Lambda}_k \\ &= \mathrm{St}(\mathbf{x}_n|\hat{\mathbf{m}}_{\backslash n,k}, \frac{(1-D+\hat{\nu}_{\backslash n,k})\hat{\beta}_{\backslash n,k}}{1+\hat{\beta}_{\backslash n,k}}\hat{\mathbf{W}}_{\backslash n,k}, 1-D+\hat{\nu}_{\backslash n,k}) \quad (4.129) \end{aligned}$$

これで主要な計算は完了です．あとは式（4.124）を式（4.74）および式（4.129）を使ってそれぞれの $\mathbf{s}_n$ のとりうる値に対して評価し，得られた値を正規化すれば $\mathbf{s}_n$ をサンプルするためのカテゴリ分布が得られます．

また，ここでも実装上では式（4.74）および式（4.129）を毎回の $\mathbf{s}_n$ のサンプルに関して $N-1$ 個データを使って計算し直す必要はありません．$\mathbf{s}_i$ をサンプルしたのちに $\mathbf{s}_j$ をサンプルするような状況を考えると，ガウス・ウィシャート分布のパラメータに関する更新式は次のように書き直すことができます．

$$\hat{\beta}_{\backslash j,k} = \hat{\beta}_{\backslash i,k} + s_{i,k} - s_{j,k}$$

$$\hat{\mathbf{m}}_{\backslash j,k} = \frac{\hat{\beta}_{\backslash i,k}\hat{\mathbf{m}}_{\backslash i,k} + s_{i,k}\mathbf{x}_i - s_{j,k}\mathbf{x}_j}{\hat{\beta}_{\backslash j,k}}$$

$$\hat{\mathbf{W}}_{\backslash j,k}^{-1} = \hat{\mathbf{W}}_{\backslash i,k}^{-1} + \frac{s_{i,k}(\mathbf{x}_i - \mathbf{m})(\mathbf{x}_i - \mathbf{m})^\top}{\hat{\beta}_{\backslash i,k}} - \frac{s_{j,k}(\mathbf{x}_j - \mathbf{m})(\mathbf{x}_j - \mathbf{m})^\top}{\hat{\beta}_{\backslash j,k}}$$

$$\hat{\nu}_{\backslash j,k} = \hat{\nu}_{\backslash i,k} + s_{i,k} - s_{j,k}$$

$$(4.130)$$

このようにして必要な量のみを足し引きすれば，メモリや速度面で高効率に計算することができます．

ちなみに，ここではパラメータ $\mathbf{W}_k^{-1}$ を更新するようなアルゴリズムを作りましたが，途中で必要な尤度計算を行うためには $\mathbf{W}_k$ が必要になります．次元 D が大きい場合はこの逆行列の計算に非常に時間がかかることがあり，その場合には付録 A.1 のランク 1 更新の式（A.9）を応用することにより，効率良く $\mathbf{W}_k$ を逐次更新することができます．ガウス混合モデルに対する崩壊型ギブスサンプリングアルゴリズムをまとめると，**アルゴリズム 4.7** のようになります．

156　**Chapter 4**　混合モデルと近似推論

アルゴリズム 4.7　*ガウス混合モデルのための崩壊型ギブスサンプリング*

潜在変数のサンプル $\mathbf{s}_1, \ldots, \mathbf{s}_N$ に初期値を設定
$\hat{\beta}$, $\hat{\mathbf{m}}$, $\hat{\mathbf{W}}$, $\hat{\nu}$ を計算
for $i = 1, \ldots, \text{MAXITER}$ **do**
　for $n = 1, \ldots, N$ **do**
　　式 (4.82) および式 (4.130) を用いて $\mathbf{x}_n$ に関する統計量を除去
　　for $k = 1, \ldots, K$ **do**
　　　式 (4.129) を用いて $p(\mathbf{x}_n | \mathbf{X}_{\backslash n}, s_{n,k} = 1, \mathbf{S}_{\backslash n})$ を計算
　　end for
　　式 (4.74) および $p(\mathbf{x}_n | \mathbf{X}_{\backslash n}, \mathbf{s}_n, \mathbf{S}_{\backslash n})$ を用いて $\mathbf{s}_n$ をサンプル
　　式 (4.82) および式 (4.130) を用いて $\mathbf{x}_n$ に関する統計量を追加
　end for
end for

4.4.5　簡易実験

　図 4.11 は，$N = 200$ 個の 2 次元の観測データを $K = 3$ としたガウス混合モデルとしてクラスタリングした結果を示しています．推論には変分推論を用いており，潜在変数の期待値 $\langle s_{n,k} \rangle$ の値に応じてデータを色付け（赤，緑，青）しています．ポアソン分布を使った例では観測データに非負性を仮定できるという特徴があった一方で，ガウス分布の場合はデータの次元間における相関関係を精度行列によって捉えることが可能になっています．

　また，一般的には混合モデルはクラスタリングを行うためだけの確率モデルではなく，例えば多次元ガウス混合モデルを使って K クラスの分類を行うことも可能です[*10]．これは図 4.12 に示すグラフィカルモデルのように，事前に各データ点のクラスの割り当てが $\mathbf{S}$ としてすでにラベル付けされているような状況を想定しています[*11]．ここでの目標は，新規入力データ $\mathbf{x}_*$ に対応する未知のクラス割り当て $\mathbf{s}_*$ の分布を調べることであり，崩壊型ギブ

[*10]　分類の場合は，クラスタではなく**クラス**（**class**）と呼ぶことが多いようです．
[*11]　ちなみに，$\mathbf{S}$ の一部しか観測されていない場合は分類の**半教師あり学習**（**semi-supervised learning**）と呼ばれ，このような場合でも各種近似アルゴリズムで推論を行うことができます．

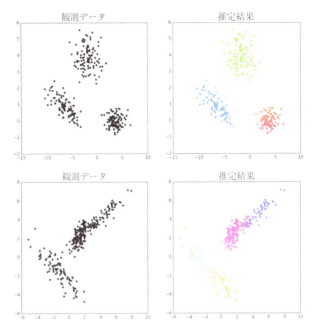

図 4.11 ガウス混合モデルによるクラスタリング.

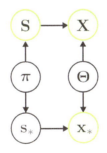

図 4.12 新規データを含むクラス予測モデル.

スサンプリングで行った計算と同じ要領で次のように $\mathbf{x}_*$ のクラス割り当ての確率が得られます.

$$p(\mathbf{s}_*|\mathbf{x}_*, \mathbf{X}, \mathbf{S}) \propto p(\mathbf{x}_*|\mathbf{s}_*, \mathbf{X}, \mathbf{S})p(\mathbf{s}_*|\mathbf{S}) \tag{4.131}$$

より複雑なモデルではデータの予測分布 $p(\mathbf{x}_*|\mathbf{s}_*, \mathbf{X}, \mathbf{S})$ が解析的に計算できない(パラメータが積分除去できない)ことがありますが,その場合はさらなるサンプリングや解析的な積分近似などを部分的に適用する場合もありま

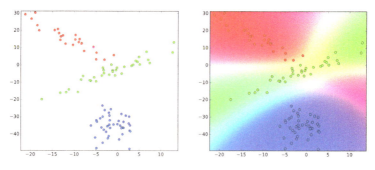

図 4.13　ガウス混合モデルによるクラス予測.

す．この分類の例では，共役事前分布を使っているためパラメータは解析的に周辺化でき，潜在変数 $\mathbf{S}$ もラベルデータとして与えられている前提なので，近似アルゴリズムを一切使わずに解析的に $\mathbf{s}_*$ が予測できます．図 4.13 は実際にクラス数 $K = 3$ とした場合の予測を図示しています．左図は各データに対して与えられた $\mathbf{S}$ のラベルを色付けして表し，右図は式（4.131）で計算される所属確率をもとに，新規のデータ点 $\mathbf{x}_*$ が得られた場合のクラス所属の予測平均 $\langle \mathbf{s}_* \rangle$ を色で表現したものになります．右図で興味深いのは，図中の右端の領域には赤のデータ点が存在しないにもかかわらず，赤のクラスに分類される確率が高くなっていることです．これは単純にデータ点が近い緑や青のクラスよりも，斜め方向に分散の大きい赤のクラスのほうが確率が高く予測されていることを示しています．

　このようにベイズ推論による機械学習のアプローチでは，クラスタリングや分類などの個々のタスク設定はモデル上の変数の条件の付け方の違いにすぎません．また，今回は比較的シンプルな多次元ガウス分布を使ってそれぞれのクラスに所属するデータをモデリングしていますが，より複雑な構造をもつようなデータをクラスタリングしたり分類したりする場合には，それに見合った細かい表現能力をもつ生成モデルを各クラスに対してデザインする必要があります．したがって，手元にあるデータをよりよく表現できるようなモデルを探求することと，それに応じた効率的な推論アルゴリズムを適用することがベイズ学習の本質的な作業になります．

　5 章では，発展的なモデルとして自然言語処理におけるトピックモデルや，時系列データを扱うための隠れマルコフモデルなどを紹介していきますが，これらのモデルも基本的には本章で紹介した混合モデルのアイデアを用いており，近似推論に関してもここで紹介した各手法が適用可能です．

4.4 ガウス混合モデルにおける推論 159

参考 4.1 ビッグデータとベイズ学習

ビッグデータという言葉に代表されるように，ネットワークやコンピュータの爆発的な普及により，サーバー上には日々大量のデータが蓄積されてきています．またその一方で，データ数 N が非常に大きい場合においては，最尤推定によるパラメータの推定結果と，ベイズ学習におけるパラメータの事後分布が漸近的に一致してくるという理論的な結論があります．では，大量のデータを解析するビッグデータの時代においては，ベイズ的な確率推論を利用する価値はなくなってしまうのでしょうか．

その問いに直接答える前に，まず最初に 1 次元ガウス分布のパラメータの学習を例として，最尤推定とベイズ推論による学習結果を比較してみることにします．モデルとしては式 (3.47) のように，精度パラメータ λ を固定したうえで，平均パラメータ μ を N 個の観測データ $\mathbf{X}$ から学習することを考えます．最尤推定は参考 3.3 で説明したように，尤度関数を最大化するパラメータを求めます．式 (3.47) を μ に関して対数微分してみれば，

$$\frac{\partial \ln p(\mathbf{X}|\mu)}{\partial \mu} = -\sum_{n=1}^{N} \lambda(x_n - \mu) \tag{4.132}$$

となるため，この式を 0 とおいて解けば，最大値をとるためのパラメータは，

$$\mu_{\mathrm{ML}} = \frac{1}{N} \sum_{n=1}^{N} x_n \tag{4.133}$$

と求めることができます．一方で，同じ課題を事前分布を導入したベイズ推論で解けば，式 (3.51) のような事後分布が得られますが，この分布において N を大きくしていけば，式 (3.53) で表される精度は無限に大きくなっていき，式 (3.54) で表される平均値は漸近的に最尤推定の結果の式 (4.133) に近づいていくことになります．この例のように，確かに N が非常に大きい場合では両者の学習結果は一致することがわかります．

しかし，実はそもそも「データ数 N が十分に大きい」という仮定自体が現実問題にアプローチするうえでは適切ではありません．例えば，全国民を対象とした内閣支持率の世論調査を考えることにしましょう．実際は国民全員の集計結果が得られなくても，無作為に選ん

だ数万人の回答結果が得られれば，かなり正確な内閣支持率の推定値を得ることが期待できそうです．しかし本当に興味深い洞察が得られるのは，例えばアンケートに答えたのが女性だった場合の支持率であるとか，地方に住む 20 代前半の若者の支持率といったような，より詳細な分析結果ではないでしょうか．つまりは，「データ数 N が十分に大きい」というような状況はそもそも解析する必要性が薄く，むしろ十分であると思うのであれば解析対象をもっと詳細にするべきです．データ解析を使って何らかの有用な知見が得られるのは，常にデータが不足しているような状況であるといってもよいかもしれません．

　もう 1 つの例として，機械学習の重要な応用分野である商品の推薦アルゴリズムを挙げてみます．EC サイトを利用し始めたばかりの顧客に対しては，購買の履歴がまだほとんどないため，いつでも「スモールデータ」における分析を行って，その顧客の好みを予測しなければなりません．参考 1.1 でも触れましたが，機械学習における重要なアプローチは「利用可能な情報を統合すること」であり，この場合だと例えば，ユーザーのプロファイル情報やほかの多くの利用者の購買履歴など，軸の異なるデータからの推察を組み合わせるのが建設的な解決策になります．ベイズ学習においては，確率分布を組み合わせてモデルを構築することによって，多様な情報の統合を実現しています．一方で，このようなパラメータの多い複雑なモデルに対しては最尤推定による学習は適しておらず，図 1.20 の例で見たような著しい過剰適合を引き起こす結果となります．

　まとめると，ベイズ学習はデータ数 N の大きさというよりは，利用可能なデータの次元数（種類数）D の増加に関して強みを発揮するため，まさに多種多様の情報ソースを組み合わせて活用していくようなビッグデータの時代に適した方法論であるといえます．

Chapter 5

応用モデルの構築と推論

4章では，混合モデルを題材にして実践的な各種近似推論手法（ギブスサンプリング，変分推論）の導出を解説しました．本章では実用上有用な確率モデルとして，各種の次元削減の手法や，時系列データのための隠れマルコフモデル，自然言語処理におけるトピックモデルなどを紹介し，それらに対しても同じ流れで近似推論アルゴリズムを導出してみます．

本章は，後半になるほどアルゴリズムの導出が複雑なモデルが登場する傾向がありますが，基本的には興味のある箇所を自由に選んで読んでいただいてかまいません．また，ここでは平均場近似による変分推論を多用しますが，その理由としては，平均場近似による変分推論を一度導くことができれば，その結果から容易にギブスサンプリングも導けることが多いためです．さらに，本章の後半では，ロジスティック回帰やニューラルネットワークなどの非線形関数を含んだモデルに対する効率的なベイズ学習の手法に関しても解説します．

5.1 線形次元削減

1章で簡単に概要だけ触れたように，**線形次元削減**（**linear dimensionality reduction**）は多次元のデータを低次元の空間に写像することにより，データ量の削減や特徴パターンの抽出，データの要約・可視化などを行う基本的な技術です．実際，多くの実データにおいて，観測データの次元数 D よりもはるかに小さい次元数 M の空間でデータの主要な傾向を十分表現できることが経験的に知られているため，機械学習の分野に限らず次元削

減のアイデアはさまざまな応用領域で発展・活用されてきました．これから紹介する方法は**確率的主成分分析**（probabilistic principal component analysis）や**因子分析**（factor analysis），あるいは**確率的行列分解**（probabilistic matrix factorization）と呼ばれる技術と深く関連しますが，ここでは一般的に使われる手法よりももっと単純化した簡素なモデルを題材にすることにします．また，ここでは具体的な応用として，線形次元削減モデルを利用した画像データの圧縮や欠損値の補間処理などの簡易実験も行います．次元削減や欠損値補間の考え方は，あとで紹介する非負値行列因子分解やテンソル分解といったモデルにも共通しているので，まず本節を一読されることをお勧めします．

5.1.1 モデル

線形次元削減では，観測されたデータ $\mathbf{Y} = \{\mathbf{y}_1, \ldots, \mathbf{y}_N\}$ を低次元の潜在変数 $\mathbf{X} = \{\mathbf{x}_1, \ldots, \mathbf{x}_N\}$ で表現することを目標とします[*1]．$\mathbf{y}_n \in \mathbb{R}^D$ と $\mathbf{x}_n \in \mathbb{R}^M$ との間には線形な関係を仮定し，行列パラメータ $\mathbf{W} \in \mathbb{R}^{M \times D}$ およびバイアスパラメータ $\boldsymbol{\mu} \in \mathbb{R}^D$ を使って，$\mathbf{y}_n$ に関して次のような確率分布を考えます[*2]．

$$p(\mathbf{y}_n|\mathbf{x}_n, \mathbf{W}, \boldsymbol{\mu}) = \mathcal{N}(\mathbf{y}_n|\mathbf{W}^\top \mathbf{x}_n + \boldsymbol{\mu}, \sigma_y^2 \mathbf{I}_D) \tag{5.1}$$

ここで $\sigma_y^2 \in \mathbb{R}^+$ はすべての次元で共通の分散パラメータであり，平均 $\mathbf{W}^\top \mathbf{x}_n + \boldsymbol{\mu}$ で表現できない $\mathbf{y}_n$ との間のずれを許容するような役割をもっています．ここでは簡単のためこの値は固定値であると仮定しますが，データから学習したい場合はガンマ事前分布やウィシャート事前分布を使うことによって推論することも可能です．

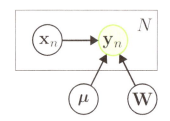

図 5.1　線形次元削減のグラフィカルモデル．

[*1] 多くの場合では $M < D$ と仮定しますが，ベイズ学習においては潜在空間が観測データ空間より小さくなければならないという決まりはありません．

[*2] $\mathbf{x}_n$ のある 1 つの次元 d に対して常に $x_{n,d} = 1$ となるようなモデルを構築すれば，バイアスパラメータを用いない同等のモデル表現を得ることができます．

同様に $\mathbf{W}$, $\boldsymbol{\mu}$, $\mathbf{X}$ に関しても，次のような平均がゼロベクトルであるようなガウス分布に従うと仮定します．

$$p(\mathbf{W}) = \prod_{d=1}^{D} \mathcal{N}(\mathbf{W}_d | \mathbf{0}, \boldsymbol{\Sigma}_w) \tag{5.2}$$

$$p(\boldsymbol{\mu}) = \mathcal{N}(\boldsymbol{\mu} | \mathbf{0}, \boldsymbol{\Sigma}_{\boldsymbol{\mu}}) \tag{5.3}$$

$$p(\mathbf{x}_n) = \mathcal{N}(\mathbf{x}_n | \mathbf{0}, \mathbf{I}_M) \tag{5.4}$$

ここで共分散行列 $\boldsymbol{\Sigma}_w$ および $\boldsymbol{\Sigma}_{\boldsymbol{\mu}}$ は固定された超パラメータです．$\mathbf{W}$ や $\boldsymbol{\mu}$ はデータ全体に対して影響を与えるパラメータである一方で，$\mathbf{x}_n$ は各データ点 $\mathbf{y}_n$ に対応する潜在変数であることに注意してください．また，$\mathbf{W}_d \in \mathbb{R}^M$ は行列 $\mathbf{W}$ の d 番目の列ベクトルであるとします．これらをすべてまとめると，N 個の観測データを含めた全体の同時分布は次のようになります．

$$p(\mathbf{Y}, \mathbf{X}, \mathbf{W}, \boldsymbol{\mu}) = p(\mathbf{W})p(\boldsymbol{\mu}) \prod_{n=1}^{N} p(\mathbf{y}_n | \mathbf{x}_n, \mathbf{W}, \boldsymbol{\mu}) p(\mathbf{x}_n) \tag{5.5}$$

また，対応するグラフィカルモデルを図 5.1 に示します．

5.1.2 変分推論

観測データ $\mathbf{Y}$ が与えられたあとの事後分布は

$$p(\mathbf{X}, \mathbf{W}, \boldsymbol{\mu} | \mathbf{Y}) = \frac{p(\mathbf{Y}, \mathbf{X}, \mathbf{W}, \boldsymbol{\mu})}{p(\mathbf{Y})} \tag{5.6}$$

と書くことができますが，分母の計算に必要な重積分

$$p(\mathbf{Y}) = \iiint p(\mathbf{Y}, \mathbf{X}, \mathbf{W}, \boldsymbol{\mu}) \mathrm{d}\mathbf{X}\mathrm{d}\mathbf{W}\mathrm{d}\boldsymbol{\mu} \tag{5.7}$$

が線形次元削減のモデルでは解析的に計算できません．したがって，ここでは変分推論を用いて，真の事後分布を次の分解された形で近似することにします．

$$p(\mathbf{X}, \mathbf{W}, \boldsymbol{\mu} | \mathbf{Y}) \approx q(\mathbf{X})q(\mathbf{W})q(\boldsymbol{\mu}) \tag{5.8}$$

この仮定のもとで，変分推論の公式（4.25）を使用してみると，次のような3つの更新式を計算すればよいことになります[*3]．

$$\ln q(\boldsymbol{\mu}) = \sum_{n=1}^{N} \langle \ln p(\mathbf{y}_n | \mathbf{x}_n, \mathbf{W}, \boldsymbol{\mu}) \rangle_{q(\mathbf{x}_n)q(\mathbf{W})} + \ln p(\boldsymbol{\mu}) + \mathrm{const.} \tag{5.9}$$

---

*3 $\mathbf{W}$ と $\boldsymbol{\mu}$ を分解せずに更新式を求めることも可能です．

164　Chapter 5　応用モデルの構築と推論

$$\ln q(\mathbf{W}) = \sum_{n=1}^{N} \langle \ln p(\mathbf{y}_n|\mathbf{x}_n, \mathbf{W}, \boldsymbol{\mu}) \rangle_{q(\mathbf{x}_n)q(\boldsymbol{\mu})} + \sum_{d=1}^{D} \ln p(\mathbf{W}_d) + \text{const.}$$
(5.10)

$$\ln q(\mathbf{X}) = \sum_{n=1}^{N} \{ \langle \ln p(\mathbf{y}_n|\mathbf{x}_n, \mathbf{W}, \boldsymbol{\mu}) \rangle_{q(\mathbf{W})q(\boldsymbol{\mu})} + \ln p(\mathbf{x}_n) \} + \text{const.} \quad (5.11)$$

あとはそれぞれの式において具体的な期待値計算を行えば，変分推論の更新アルゴリズムが得られます．

$\boldsymbol{\mu}$ の更新式がもっとも簡単ですのでまず先に導出しましょう．式 (5.9) の右辺の最初の項を $\boldsymbol{\mu}$ に関して整理すると，

$$\sum_{n=1}^{N} \langle \ln p(\mathbf{y}_n|\mathbf{x}_n, \mathbf{W}, \boldsymbol{\mu}) \rangle_{q(\mathbf{x}_n)q(\mathbf{W})}$$

$$= -\frac{1}{2} \{ \boldsymbol{\mu}^\top N\sigma_y^{-2}\boldsymbol{\mu} - 2\boldsymbol{\mu}^\top \sigma_y^{-2} \sum_{n=1}^{N} (\mathbf{y}_n - \langle \mathbf{W}^\top \rangle \langle \mathbf{x}_n \rangle) \} + \text{const.} \quad (5.12)$$

となります．式 (5.9) の事前分布の部分も $\boldsymbol{\mu}$ に関して整理すれば，

$$\ln p(\boldsymbol{\mu}) = -\frac{1}{2} \boldsymbol{\mu}^\top \boldsymbol{\Sigma}_{\boldsymbol{\mu}}^{-1} \boldsymbol{\mu} + \text{const.} \quad (5.13)$$

となります．これらの $\boldsymbol{\mu}$ に関する 2 次の項を足し合わせると，

$$\ln q(\boldsymbol{\mu}) = -\frac{1}{2} \{ \boldsymbol{\mu}^\top (N\sigma_y^{-2}\mathbf{I}_D + \boldsymbol{\Sigma}_{\boldsymbol{\mu}}^{-1}) \boldsymbol{\mu}$$

$$- 2\boldsymbol{\mu}^\top \sigma_y^{-2} \sum_{n=1}^{N} (\mathbf{y}_n - \langle \mathbf{W}^\top \rangle \langle \mathbf{x}_n \rangle) \} + \text{const.} \quad (5.14)$$

となり，これは $\boldsymbol{\mu}$ に関する次のようなガウス分布としてまとめることができます．

$$q(\boldsymbol{\mu}) = \mathcal{N}(\boldsymbol{\mu}|\hat{\mathbf{m}}_{\boldsymbol{\mu}}, \hat{\boldsymbol{\Sigma}}_{\boldsymbol{\mu}}) \quad (5.15)$$

$$\text{ただし} \quad \hat{\boldsymbol{\Sigma}}_{\boldsymbol{\mu}}^{-1} = N\sigma_y^{-2}\mathbf{I}_D + \boldsymbol{\Sigma}_{\boldsymbol{\mu}}^{-1}$$

$$\hat{\mathbf{m}}_{\boldsymbol{\mu}} = \sigma_y^{-2}\hat{\boldsymbol{\Sigma}}_{\boldsymbol{\mu}} \sum_{n=1}^{N} (\mathbf{y}_n - \langle \mathbf{W}^\top \rangle \langle \mathbf{x}_n \rangle) \quad (5.16)$$

次に，式 (5.10) から $\mathbf{W}$ の近似分布を計算しましょう．最初の期待値の項は $\mathbf{W}$ に注目すれば，

$$
\begin{aligned}
&\langle \ln p(\mathbf{y}_n|\mathbf{x}_n,\mathbf{W},\boldsymbol{\mu})\rangle_{q(\mathbf{x}_n)q(\boldsymbol{\mu})} \\
&= -\frac{1}{2}\{\sigma_y^{-2}\langle \mathbf{x}_n^\top \mathbf{W}\mathbf{W}^\top \mathbf{x}_n\rangle - 2\sigma_y^{-2}(\mathbf{y}_n - \langle \boldsymbol{\mu}\rangle)^\top \mathbf{W}^\top \langle \mathbf{x}_n\rangle\} + \mathrm{const.} \\
&= -\frac{1}{2}\sum_{d=1}^{D}\{\mathbf{W}_d^\top \sigma_y^{-2}\langle \mathbf{x}_n \mathbf{x}_n^\top\rangle \mathbf{W}_d - 2\mathbf{W}_d^\top \sigma_y^{-2}(y_{n,d} - \langle \mu_d\rangle)\langle \mathbf{x}_n\rangle\} \\
&\quad + \mathrm{const.}
\end{aligned}
\tag{5.17}
$$

のように D 個の独立な項に分解して書き下せます．また，ここでは計算の途中で，次のように $\mathbf{W}$ を列ベクトルに分解したことに注意してください．

$$
\mathbf{x}_n^\top \mathbf{W}\mathbf{W}^\top \mathbf{x}_n = \sum_{d=1}^{D} \mathbf{x}_n^\top \mathbf{W}_d \mathbf{W}_d^\top \mathbf{x}_n = \sum_{d=1}^{D} \mathbf{W}_d^\top \mathbf{x}_n \mathbf{x}_n^\top \mathbf{W}_d
\tag{5.18}
$$

$$
(\mathbf{y}_n - \langle \boldsymbol{\mu}\rangle)^\top \mathbf{W}^\top \langle \mathbf{x}_n\rangle = \sum_{d=1}^{D} \mathbf{W}_d^\top (y_{n,d} - \langle \mu_d\rangle)\langle \mathbf{x}_n\rangle
\tag{5.19}
$$

一方で，式（5.10）における $\mathbf{W}$ の事前分布の項は

$$
\ln p(\mathbf{W}) = -\frac{1}{2}\sum_{d=1}^{D} \mathbf{W}_d^\top \boldsymbol{\Sigma}_w^{-1} \mathbf{W}_d + \mathrm{const.}
\tag{5.20}
$$

となるため，こちらも同様に D 個の項の和で表せます（そうなるように事前分布を設計しています）．結局，式（5.17）と式（5.20）の結果をまとめれば，$\mathbf{W}$ の近似事後分布として次のような D 個の独立な分布が得られます．

$$
q(\mathbf{W}) = \prod_{d=1}^{D} \mathcal{N}(\mathbf{W}_d|\hat{\mathbf{m}}_{w_d}, \hat{\boldsymbol{\Sigma}}_w)
\tag{5.21}
$$

$$
\text{ただし}\quad \hat{\boldsymbol{\Sigma}}_w^{-1} = \sigma_y^{-2}\sum_{n=1}^{N}\langle \mathbf{x}_n \mathbf{x}_n^\top\rangle + \boldsymbol{\Sigma}_w^{-1}
$$

$$
\hat{\mathbf{m}}_{w_d} = \sigma_y^{-2}\hat{\boldsymbol{\Sigma}}_w \sum_{n=1}^{N}(y_{n,d} - \langle \mu_d\rangle)\langle \mathbf{x}_n\rangle
\tag{5.22}
$$

最後に，式（5.11）から潜在変数 $\mathbf{X}$ の近似事後分布を計算します．式（5.11）は単純な N 個の和で表されているので，ある n 番目の潜在変数 $\mathbf{x}_n$ に関して分布の形式を求めれば十分です．最初の期待値の項は，

$$
\begin{aligned}
&\langle \ln p(\mathbf{y}_n|\mathbf{x}_n,\mathbf{W},\boldsymbol{\mu})\rangle_{q(\mathbf{W})q(\boldsymbol{\mu})} \\
&= -\frac{1}{2}\{\mathbf{x}_n^\top \sigma_y^{-2}\langle \mathbf{W}\mathbf{W}^\top\rangle \mathbf{x}_n - 2\mathbf{x}_n^\top \sigma_y^{-2}\langle \mathbf{W}\rangle (\mathbf{y}_n - \langle \boldsymbol{\mu}\rangle)\} + \mathrm{const.}
\end{aligned}
\tag{5.23}
$$

166   Chapter 5   応用モデルの構築と推論

となります．一方で，$\mathbf{x}_n$ の事前分布の項は，$\mathbf{x}_n$ に関する項にのみ注目すれば，

$$\ln p(\mathbf{x}_n) = -\frac{1}{2}\mathbf{x}_n^\top \mathbf{x}_n + \text{const.} \tag{5.24}$$

となるため，これらの結果を足し合わせると次が得られます．

$$\ln q(\mathbf{x}_n) = -\frac{1}{2}\{\mathbf{x}_n^\top (\sigma_y^{-2} \sum_{d=1}^{D} \langle \mathbf{W}_d \mathbf{W}_d^\top \rangle + \mathbf{I}_M)\mathbf{x}_n$$
$$- 2\mathbf{x}_n^\top \sigma_y^{-2} \langle \mathbf{W} \rangle (\mathbf{y}_n - \langle \boldsymbol{\mu} \rangle)\} + \text{const.} \tag{5.25}$$

したがって，$\mathbf{X}$ の近似事後分布は，

$$q(\mathbf{X}) = \prod_{n=1}^{N} \mathcal{N}(\mathbf{x}_n | \hat{\boldsymbol{\mu}}_{\mathbf{x}_n}, \hat{\boldsymbol{\Sigma}}_x) \tag{5.26}$$

$$\text{ただし} \quad \hat{\boldsymbol{\Sigma}}_x^{-1} = \sigma_y^{-2} \sum_{d=1}^{D} \langle \mathbf{W}_d \mathbf{W}_d^\top \rangle + \mathbf{I}_M$$
$$\hat{\boldsymbol{\mu}}_{\mathbf{x}_n} = \sigma_y^{-2} \hat{\boldsymbol{\Sigma}}_x \langle \mathbf{W} \rangle (\mathbf{y}_n - \langle \boldsymbol{\mu} \rangle) \tag{5.27}$$

となります．

さて，それぞれの近似分布が変分推論の交互更新の中でどのような確率分布として扱われるかが判明したので，計算に必要な各期待値は次のように解析的に書けます．

$$\langle \boldsymbol{\mu} \rangle = \hat{\mathbf{m}}_{\boldsymbol{\mu}} \tag{5.28}$$

$$\langle \mathbf{W}_d \rangle = \hat{\mathbf{m}}_{w_d} \tag{5.29}$$

$$\langle \mathbf{W}_d \mathbf{W}_d^\top \rangle = \hat{\mathbf{m}}_{w_d} \hat{\mathbf{m}}_{w_d}^\top + \hat{\boldsymbol{\Sigma}}_w \tag{5.30}$$

$$\langle \mathbf{x}_n \rangle = \hat{\boldsymbol{\mu}}_{\mathbf{x}_n} \tag{5.31}$$

$$\langle \mathbf{x}_n \mathbf{x}_n^\top \rangle = \hat{\boldsymbol{\mu}}_{\mathbf{x}_n} \hat{\boldsymbol{\mu}}_{\mathbf{x}_n}^\top + \hat{\boldsymbol{\Sigma}}_x \tag{5.32}$$

線形次元削減モデルのギブスサンプリングを導出したい場合は，単純に上記の期待値をサンプルされた値に置き換えることによって得ることができます．

5.1.3　データの非可逆圧縮

線形次元削減アルゴリズムを使って，Olivetti face データセット [*4] の

---

*4　http://www.cl.cam.ac.uk/research/dtg/attarchive/facedatabase.html

顔画像データの圧縮を試してみましょう．オリジナルの各顔画像は $D = 32 \times 32 = 1024$ 次元で，図 5.2 ではそれぞれ $M = 32$, $M = 4$ で次元圧縮を行い，十分にアルゴリズムが収束したあとで得られる各種の期待値を使って，次のように復元画像 $\bar{\mathbf{y}}_n$ を計算しました．

$$\bar{\mathbf{y}}_n = \langle \mathbf{W}^\top \rangle \langle \mathbf{x}_n \rangle + \langle \boldsymbol{\mu} \rangle \tag{5.33}$$

$M = 32$ とした場合，データサイズはおよそ 3% まで圧縮することができますが，図 5.2 の結果では復元画像は若干ぼやけているように見えます．この傾向を逆に利用することによって，データの不要なノイズを除去してデータを滑らかにする用途も線形次元削減の応用として考えられます．さらに，$M = 4$ に設定するとデータはおおよそ 0.4% にまで圧縮することができますが，個別の画像の多くの詳細な部分は失われ，すべての顔画像はほとんど同じような復元結果になってしまっています．どのような次元数 M の設定がよいかは，3.5.3 節で簡単に説明したモデル選択の考え方で決定することも可能ではありますが，実用上は次元圧縮のそもそもの目的や要求される計算コスト・メモリコストも総合的に考慮して選択するべきでしょう．

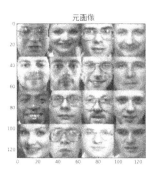

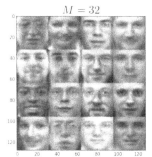
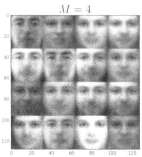

図 5.2 顔画像の圧縮．

5.1.4 欠損値の補間

ここではもう 1 つ応用として，線形次元削減を使った欠損値補間のアルゴリズムを導いてみます．実世界の問題では，データを取得・保存するためのセンサーや通信，サーバーなどの一時的な不具合によりデータの一部が欠損することはよく起こります．また，複数のセンサーを統合して何かしらの処理を行いたい場合，いくつかのセンサーが故障していたり，コストの面などで搭載されていなかったりする場合もあるため，その時々に応じてモデルを別々に用意したり学習し直したりするのは非常に手間がかかります．ほかにも，ユーザーのアンケートやプロファイル情報などのデータには多くの未記入の項目があるのが普通です．このように欠損値の補間は機械学習を使ったシステムにとって一般的なタスクであり，欠損値をもっている観測データをそのままごっそり捨ててしまうのは非常にもったいないことです．またその一方で，前処理として単純に欠損している値にデータ全体の平均値を割り当てたり，近くのデータをとってきて線形補間を行うなどして，後段の別の機械学習アルゴリズムに処理結果を渡すような処置がなされることもあります．しかしこのようなことを行ってしまうと，後段のアルゴリズムは補間された値と本物の観測値の区別がつかなくなってしまうため，正しい情報を扱った予測推定が行えなくなってしまいます．理想としては，こういった前処理的な方法を用いるよりも，我々がデータに対して仮定している構造（モデル）に基づいて欠損値を補間するほうが一貫的であり，より多くの情報や知識を利活用した解析ができるようになります．

　さて，ベイズ学習における欠損値の補間には特別な方法は必要なく，ひとたびモデルを定義してしまえば，ほかのパラメータや潜在変数とまったく同じような取り扱いで推論できます．つまり，欠損している値を条件付けされていない未観測の変数として扱い，（近似）事後分布を求めることによって予測を行います．いま，ある n 番目のデータ $\mathbf{y}_n$ の部分的な要素が欠損しているとします．

$$\mathbf{y}_n = \begin{bmatrix} \mathbf{y}_{n,\tilde{D}} \\ \mathbf{y}_{n,\backslash \tilde{D}} \end{bmatrix} \tag{5.34}$$

ここで縦ベクトル $\mathbf{y}_n$ の要素を欠損値のある部分と観測されている部分に分割し，$\mathbf{y}_{n,\tilde{D}} \in \mathbb{R}^{\tilde{D}}$ をデータが欠損している部分，$\mathbf{y}_{n,\backslash \tilde{D}} \in \mathbb{R}^{D-\tilde{D}}$ を観測されている部分であるとします．式（5.34）では欠損部分と観測部分が $\mathbf{y}_n$ の中で順番に並んでいるような定義になっていますが，バラバラな位置に欠損値が混ざっている場合でも議論は同じになります．

ここでの目標は，欠損部分 $\mathbf{y}_{n,\tilde{D}}$ に対する事後分布を求めることです．ここで $\mathbf{Y}_{\backslash n}$ をデータ全体の集合 $\mathbf{Y}$ から $\mathbf{y}_n$ のみを除いた部分集合であるとすれば，理想としては観測されている変数以外すべてを周辺化した分布 $p(\mathbf{y}_{n,\tilde{D}}|\mathbf{y}_{n,\backslash\tilde{D}},\mathbf{Y}_{\backslash n})$ を求める必要があります．しかしこれは，線形次元削減モデルにおいて周辺尤度 $p(\mathbf{Y})$ が計算できなかったことと同じ理由で，解析的に分布を得ることはできません．そこで，もっとも単純な解決方法としては，再び変分推論の枠組みを使って，次のように事後分布全体を分解して近似することが考えられます．

$$p(\mathbf{y}_{n,\tilde{D}},\mathbf{X},\mathbf{W},\boldsymbol{\mu}|\mathbf{y}_{n,\backslash\tilde{D}},\mathbf{Y}_{\backslash n}) \approx q(\mathbf{y}_{n,\tilde{D}})q(\mathbf{X})q(\mathbf{W})q(\boldsymbol{\mu}) \tag{5.35}$$

あとはいままで通り，欠損値に対する近似分布もほかのパラメータや潜在変数に対するものと同じ扱いで，変分推論の最適化のループの中で更新していきます．変分推論の公式（4.25）を使って，$q(\mathbf{y}_{n,\tilde{D}})$ の更新式を導いてみましょう．

$$\begin{aligned}
&\ln q(\mathbf{y}_{n,\tilde{D}}) \\
&= -\frac{1}{2}\{\mathbf{y}_{n,\tilde{D}}^{\top}\sigma_y^{-2}\mathbf{y}_{n,\tilde{D}} - 2\mathbf{y}_{n,\tilde{D}}^{\top}\sigma_y^{-2}(\langle\mathbf{W}_{\tilde{D}}^{\top}\rangle\langle\mathbf{x}_n\rangle + \langle\boldsymbol{\mu}_{\tilde{D}}\rangle)\} + \text{const.}
\end{aligned} \tag{5.36}$$

ここで，$\mathbf{W}_{\tilde{D}}$ は行列 $\mathbf{W}$ から最初の $\tilde{D}$ 個までの列をとったもので，$\boldsymbol{\mu}_{\tilde{D}}$ も同様に $\boldsymbol{\mu}$ のはじめの $\tilde{D}$ 個の要素のみを取り出したベクトルを表しています．この結果から，欠損値の近似分布は次のような $\tilde{D}$ 次元ガウス分布として求められます．

$$q(\mathbf{y}_{n,\tilde{D}}) = \mathcal{N}(\mathbf{y}_{n,\tilde{D}}|\langle\mathbf{W}_{\tilde{D}}^{\top}\rangle\langle\mathbf{x}_n\rangle + \langle\boldsymbol{\mu}_{\tilde{D}}\rangle, \sigma_y^2\mathbf{I}_{\tilde{D}}) \tag{5.37}$$

結果を見ると，単純に繰り返し最適化の過程で計算済みのほかの確率変数の期待値 $\langle\mathbf{x}_n\rangle$，$\langle\mathbf{W}\rangle$，$\langle\boldsymbol{\mu}\rangle$ を用いて，欠損値 $\mathbf{y}_{n,\tilde{D}}$ の平均を表現するような分布になっていることがわかります．また，$\mathbf{y}_{n,\tilde{D}}$ 以外の近似分布に関しても更新式の再導出が必要になり，そこでは $\mathbf{y}_{n,\tilde{D}}$ の期待値の計算が出てきますが，これは簡単に式（5.37）の結果から

$$\langle\mathbf{y}_{n,\tilde{D}}\rangle = \langle\mathbf{W}_{\tilde{D}}^{\top}\rangle\langle\mathbf{x}_n\rangle + \langle\boldsymbol{\mu}_{\tilde{D}}\rangle \tag{5.38}$$

として計算すれば済みます．欠損値を式（5.38）で求められる推定値で補間しながら，同時にパラメータや潜在変数も学習していくイメージですね．

図 5.3 は，ここで導出した欠損値補間版の線形次元削減を使って顔画像の欠けたピクセル値を補間した結果です．観測画像のピクセルは 50% の確率

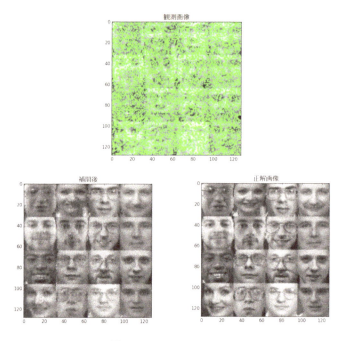

図 5.3 顔画像の欠損値補間.

で一様に欠損させてあります．上から順番に欠損値のある観測データ，補間推定された画像，オリジナルの正解データの順番に並んでいます．処理前は顔の判別が難しいほど欠損していたデータですが，詳細な部分を除いては大まかに正解の画像が復元できていることが確認できます．

5.2 非負値行列因子分解

非負値行列因子分解（nonnegative matrix factorization, NMF）は線形次元削減と同様，データを低次元部分空間に写像する手法です．名前が示す通り，このモデルでは観測データとその他の未観測変数すべてに関して非負性を仮定します．一般的な非負値行列因子分解は負の値をもたない行列データに適用が可能で，線形次元削減で行ったような画像データの圧縮や補間も同様に実現できます．また，音声データを高速フーリエ変換して周波数領域で取り扱う場合は，このような非負性を仮定できるモデルを使ったほうがよい表現が得られることが多いようです．そのほかにも，推薦アルゴリズムや自然言語処理に関しても負の値をもたないと仮定できるデータが多いた

め，幅広い応用が試みられています．非負値行列因子分解にはさまざまな確率モデルによる表現が提案されていますが，ここではポアソン分布とガンマ分布を使った非負整数データを扱うモデルを構築します．

5.2.1 モデル

非負値行列因子分解では，次のように各要素が非負値をもつ行列 $\mathbf{X} \in \mathbb{N}^{D \times N}$ を，正の値をもつ 2 つの行列 $\mathbf{W} \in \mathbb{R}^{+D \times M}$ と $\mathbf{H} \in \mathbb{R}^{+M \times N}$ に近似分解します．

$$\mathbf{X} \approx \mathbf{WH} \tag{5.39}$$

$\mathbf{X}$ の要素ごとに書くと次のようになります．

$$
\begin{aligned}
X_{d,n} &= \sum_{m=1}^{M} S_{d,m,n} \\
&\approx \sum_{m=1}^{M} W_{d,m} H_{m,n}
\end{aligned}
\tag{5.40}
$$

ここでは次のように新たに補助変数 $\mathbf{S} \in \mathbb{N}^{D \times M \times N}$ をおきました．

$$S_{d,m,n} \approx W_{d,m} H_{m,n} \tag{5.41}$$

式 (5.39) で表されるような行列分解という観点においては，中間的な変数 $\mathbf{S}$ は必要ないのですが，非負値行列因子分解では，このような潜在変数を新たに導入することによって，効率的な変分推論やギブスサンプリングのアルゴリズムが導かれることが知られています．一般的に，効率のよい推論アルゴリズムがモデルから直接導けない場合は，このような補助的な潜在変数をモデルに導入することによりうまく更新式が導けるようになる場合がたびたびあります．ここでは，補助変数 $\mathbf{S}$ は次のようなポアソン分布に従って発生するようにモデル化します．

$$
\begin{aligned}
p(\mathbf{S}|\mathbf{W}, \mathbf{H}) &= \prod_{d=1}^{D} \prod_{m=1}^{M} \prod_{n=1}^{N} p(S_{d,m,n}|W_{d,m}, H_{m,n}) \\
&= \prod_{d=1}^{D} \prod_{m=1}^{M} \prod_{n=1}^{N} \mathrm{Poi}(S_{d,m,n}|W_{d,m} H_{m,n})
\end{aligned}
\tag{5.42}
$$

観測データはデルタ分布（**delta distribution**）を用いて次のように表現します．

$$p(\mathbf{X}|\mathbf{S}) = \prod_{d=1}^{D} \prod_{n=1}^{N} p(X_{d,n}|\mathbf{S}_{d,:,n})$$

$$= \prod_{d=1}^{D} \prod_{n=1}^{N} \mathrm{Del}(X_{d,n}| \sum_{m=1}^{M} S_{d,m,n}) \tag{5.43}$$

ただし，デルタ分布は次のような離散値に対する確率分布です．

$$\mathrm{Del}(x|z) = \begin{cases} 1 & \text{if } x = z \\ 0 & \text{otherwise} \end{cases} \tag{5.44}$$

生成的な観点からいえば，$\sum_{m=1}^{M} S_{d,m,n}$ として得られた値がそのまま $X_{d,n}$ の値として扱われると考えてください．また，$\mathbf{W}$ や $\mathbf{H}$ の事前分布は，ポアソン分布の共役事前分布であるガンマ分布を設定することにします．

$$p(\mathbf{W}) = \prod_{d=1}^{D} \prod_{m=1}^{M} p(W_{d,m})$$

$$= \prod_{d=1}^{D} \prod_{m=1}^{M} \mathrm{Gam}(W_{d,m}|a_W, b_W) \tag{5.45}$$

$$p(\mathbf{H}) = \prod_{m=1}^{M} \prod_{n=1}^{N} p(H_{m,n})$$

$$= \prod_{m=1}^{M} \prod_{n=1}^{N} \mathrm{Gam}(H_{m,n}|a_H, b_H) \tag{5.46}$$

ここで，$a_W \in \mathbb{R}^+$，$b_W \in \mathbb{R}^+$，$a_H \in \mathbb{R}^+$ および $b_H \in \mathbb{R}^+$ はガンマ分布の超パラメータです．

改めて，これらの確率変数の関係性をまとめて，同時分布として書き出してみると次のようになります．

$$p(\mathbf{X}, \mathbf{S}, \mathbf{W}, \mathbf{H}) = p(\mathbf{X}|\mathbf{S})p(\mathbf{S}|\mathbf{W}, \mathbf{H})p(\mathbf{W})p(\mathbf{H}) \tag{5.47}$$

行列の要素レベルでグラフィカルモデルを描くと，**図 5.4** のようになります．

図 5.5 は音声データに対して，これから解説する変分推論を使って行列分解を行った結果です．中央の図はオルガンの演奏データのスペクトログラム $\mathbf{X}$ であり，横軸は時間，縦軸は周波数，色はエネルギーの強さを表しています．左図の 2 列のグラフは $M = 2$ としたときのそれぞれの $\mathbf{W}_{:,1}$ および $\mathbf{W}_{:,2}$ の推定結果で，それぞれがオルガンの高周波のパターンおよび低周波のパターンを表現していることがわかります．また，上図の 2 行のグラフは $\mathbf{H}$

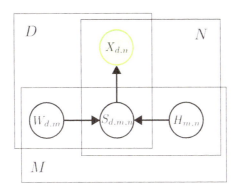

図 5.4 非負値行列因子分解のグラフィカルモデル．

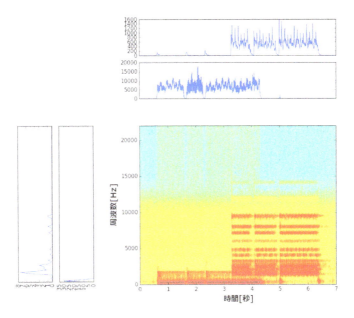

図 5.5 スペクトログラムの分解．

の推定結果です．これは，それぞれの **W** のパターンの時系列上での「使われ方」を表しており，まずはじめの 0.6 秒あたりで低音部を表すパターンが使われ，途中の 3.3 秒あたりから高音部を表すパターンが使われ始めていることがわかります．このように，非負値行列因子分解はスペクトログラムを低次元空間に写像して特徴的なパターンを抽出することに使われるほか，欠損値補間のアイデアを利用することによるデータ中の高周波成分の復元（超

174 **Chapter 5** 応用モデルの構築と推論

解像）などにも応用されています．

5.2.2 変分推論

さて，先ほど構築したモデルから，観測されていない変数 $\mathbf{W}$，$\mathbf{H}$ および $\mathbf{S}$ の事後分布を推論するためのアルゴリズムを導出してみます．ここでは例によって変分推論を用いることにし，次のように事後分布が変数の種類ごとに分解できることを仮定することにします．

$$p(\mathbf{S}, \mathbf{W}, \mathbf{H}|\mathbf{X}) \approx q(\mathbf{S})q(\mathbf{W})q(\mathbf{H}) \tag{5.48}$$

この分解の仮定をもとにして変分推論の公式（4.25）を使い，式（5.47）で表されるモデルの同時分布を当てはめてみると，それぞれの近似分布の更新式は次のように書き下せます．

$$
\begin{aligned}
\ln q(\mathbf{W}) &= \langle \ln p(\mathbf{S}|\mathbf{W}, \mathbf{H}) \rangle_{q(\mathbf{S})q(\mathbf{H})} + \ln p(\mathbf{W}) + \text{const.} \\
&= \sum_{d=1}^{D}\sum_{m=1}^{M}\Big\{\sum_{n=1}^{N}\langle \ln p(S_{d,m,n}|W_{d,m}, H_{m,n})\rangle_{q(\mathbf{S})q(\mathbf{H})} \\
&\qquad\qquad + \ln p(W_{d,m})\Big\} + \text{const.}
\end{aligned}
\tag{5.49}
$$

$$
\begin{aligned}
\ln q(\mathbf{H}) &= \langle \ln p(\mathbf{S}|\mathbf{W}, \mathbf{H}) \rangle_{q(\mathbf{S})q(\mathbf{W})} + \ln p(\mathbf{H}) + \text{const.} \\
&= \sum_{m=1}^{M}\sum_{n=1}^{N}\Big\{\sum_{d=1}^{D}\langle \ln p(S_{d,m,n}|W_{d,m}, H_{m,n})\rangle_{q(\mathbf{S})q(\mathbf{W})} \\
&\qquad\qquad + \ln p(H_{m,n})\Big\} + \text{const.}
\end{aligned}
\tag{5.50}
$$

$$
\begin{aligned}
\ln q(\mathbf{S}) &= \ln p(\mathbf{X}|\mathbf{S}) + \langle \ln p(\mathbf{S}|\mathbf{W}, \mathbf{H}) \rangle_{q(\mathbf{W})q(\mathbf{H})} + \text{const.} \\
&= \sum_{d=1}^{D}\sum_{n=1}^{N}\Big\{\ln p(X_{d,n}|\sum_{m=1}^{M}S_{d,m,n}) \\
&\qquad + \sum_{m=1}^{M}\langle \ln p(S_{d,m,n}|W_{d,m}, H_{m,n})\rangle_{q(\mathbf{W})q(\mathbf{H})}\Big\} + \text{const.}
\end{aligned}
\tag{5.51}
$$

はじめに簡単な $\mathbf{W}$ の近似事後分布から求めてみましょう．式（5.49）を見てみると，近似事後分布の対数は d と m に関する和に分解されており，近似分布は $D \times M$ 個の独立な分布からなることがわかります．つまり要素 $W_{d,m}$ に関する近似分布を求めれば導出としては十分になります．ポアソン分布の対数の期待値の部分は，$W_{d,m}$ に無関係な項を無視して計算をすれば，

$$\langle \ln p(S_{d,m,n}|W_{d,m}, H_{m,n})\rangle_{q(\mathbf{S})q(\mathbf{H})}$$
$$= \langle S_{d,m,n}\rangle \ln W_{d,m} - \langle H_{m,n}\rangle W_{d,m} + \text{const.} \quad (5.52)$$

となります. また, ガンマ事前分布の対数の項は,

$$\ln p(W_{d,m}|a_W, b_W) = (a_W - 1)\ln W_{d,m} - b_W W_{d,m} + \text{const.} \quad (5.53)$$

であり, n に関する足し算も忘れないように注意すれば, これらの結果から

$$\ln q(W_{d,m}) = \left(\sum_{n=1}^{N}\langle S_{d,m,n}\rangle + a_W - 1\right)\ln W_{d,m} \quad (5.54)$$

$$- \left(\sum_{n=1}^{N}\langle H_{m,n}\rangle + b_W\right)W_{d,m} + \text{const.} \quad (5.55)$$

のように, 事前分布と同じようにガンマ分布に対数をとったものとして結果を整理することができます. したがって, $W_{d,m}$ の近似事後分布は新たに $\hat{a}_W$ と $\hat{b}_W$ を表記のために導入すれば, ガンマ分布として

$$q(W_{d,m}) = \text{Gam}(W_{d,m}|\hat{a}_W^{(d,m)}, \hat{b}_W^{(m)}) \quad (5.56)$$

$$\text{ただし} \quad \hat{a}_W^{(d,m)} = \sum_{n=1}^{N}\langle S_{d,m,n}\rangle + a_W$$
$$\hat{b}_W^{(m)} = \sum_{n=1}^{N}\langle H_{m,n}\rangle + b_W \quad (5.57)$$

と表現することができます. $\mathbf{S}$ や $\mathbf{H}$ に関する期待値はあとで考えることにしましょう.

次に $\mathbf{H}$ の近似事後分布の計算も式 (5.50) から行えますが, モデルの定義からわかるように, $\mathbf{W}$ と $\mathbf{H}$ はちょうど対称の関係になっているので, ここでの導出過程は $\mathbf{W}$ の場合と一緒になります. したがって, 結果としては次のようなガンマ分布として近似分布が得られることになります.

$$q(H_{m,n}) = \text{Gam}(H_{m,n}|\hat{a}_H^{(m,n)}, \hat{b}_H^{(m)}) \quad (5.58)$$

$$\text{ただし} \quad \hat{a}_H^{(m,n)} = \sum_{d=1}^{D}\langle S_{d,m,n}\rangle + a_H$$
$$\hat{b}_H^{(m)} = \sum_{d=1}^{D}\langle W_{d,m}\rangle + b_H \quad (5.59)$$

最後に, 潜在変数 $\mathbf{S}$ に関する更新式を求めてみましょう. 式 (5.51) を見

ると，$\mathbf{S}$ の近似分布の対数は d と n に関する和で分解できることがわかります．はじめに式（5.51）のポアソン分布の対数の期待値の項を $\mathbf{S}$ に注目して整理してみると，

$$\sum_{m=1}^{M} \langle \ln p(S_{d,m,n}|W_{d,m}, H_{m,n}) \rangle_{q(\mathbf{W})q(\mathbf{H})}$$

$$= -\sum_{m=1}^{M} \ln S_{d,m,n}! + \sum_{m=1}^{M} S_{d,m,n}(\langle \ln W_{d,m} \rangle + \langle \ln H_{m,n} \rangle) + \text{const.}$$
$$(5.60)$$

となります．この結果は，式（2.34）で定義される多項分布に対して対数をとったものと同じ関数形式になっていることがわかります．また，式（5.51）におけるデルタ分布の部分が $S_{d,m,n}$ に対して $\sum_{m=1}^{M} S_{d,m,n} = X_{d,n}$ を満たすことを要請していることにも注意すれば，近似分布 $q(\mathbf{S})$ は次のような試行数を $X_{d,n}$ とした M 項分布として表現できることがわかります．

$$q(\mathbf{S}_{d,:,n}) = \text{Mult}(\mathbf{S}_{d,:,n}|\hat{\pi}_{d,n}, X_{d,n}) \qquad (5.61)$$

$$\text{ただし} \quad \hat{\pi}_{d,n}^{(m)} \propto \exp(\langle \ln W_{d,m} \rangle + \langle \ln H_{m,n} \rangle)$$
$$\left(\text{s.t.} \sum_{m=1}^{M} \hat{\pi}_{d,n}^{(m)} = 1 \right) \qquad (5.62)$$

ただし，ここでは 3 次元配列 $\mathbf{S}$ の d と n で指定される部分を $\mathbf{S}_{d,:,n} \in \mathbb{N}^M$ と書きました．

さて，これで式（5.48）の分解を仮定したうえでのすべての近似事後分布の形式が明らかになりました．各近似分布の更新で必要になる期待値は次のように解析的に計算できます．

$$\langle S_{d,m,n} \rangle = X_{d,n} \hat{\pi}_{d,n}^{(m)} \qquad (5.63)$$

$$\langle W_{d,m} \rangle = \frac{\hat{a}_W^{(d,m)}}{\hat{b}_W^{(m)}} \qquad (5.64)$$

$$\langle H_{m,n} \rangle = \frac{\hat{a}_H^{(m,n)}}{\hat{b}_H^{(m)}} \qquad (5.65)$$

$$\langle \ln W_{d,m} \rangle = \psi(\hat{a}_W^{(d,m)}) - \ln \hat{b}_W^{(m)} \qquad (5.66)$$

$$\langle \ln H_{m,n} \rangle = \psi(\hat{a}_H^{(m,n)}) - \ln \hat{b}_H^{(m)} \qquad (5.67)$$

ちなみに，式（5.56）および式（5.58）の計算に必要な $\mathbf{S}$ の期待値は，式

(5.61) の結果を代入することによって更新アルゴリズムから除去できます．結果として得られる更新式は，$\mathbf{W}$ および $\mathbf{H}$ の 1 つ前の繰り返しの更新値に依存したアルゴリズムになり，こちらのほうが大規模な 3 次元配列 $\mathbf{S}$ を直接取り扱わなくて済む分だけメモリや計算効率の面で優れたものになります．詳しくは文献 [5] を参照してください．

5.3　隠れマルコフモデル

ここでは，時系列データに対するモデリングとして広く利用されている**隠れマルコフモデル**（hidden Markov model，**HMM**）を紹介します．隠れマルコフモデルは伝統的な音声信号や文字列データだけではなく，塩基配列や金融取引のデータなどにも実応用が進んでいる非常に重要なモデルです．これまでに紹介したモデルでは，次の式で示されるようにパラメータ θ が与えられたあとの各データ $\mathbf{X} = \{x_1, \ldots, x_N\}$ の分布に対して条件付き独立性が成り立っていました．

$$p(\mathbf{X}|\theta) = \prod_{n=1}^{N} p(x_n|\theta) \tag{5.68}$$

しかし，センサーで継続的に取得したデータやネットワーク上で蓄積させるログなどに代表されるように，現実世界の多くのデータが時系列的な順序関係をもって保存されていることを考えれば，このような単純な仮説で現象を説明しきることは難しいことがわかるでしょう．

例えば，図 5.6 の一番上の段は，データ数 $N = 500$ の非負整数値の系列データを表しています．データ自体は説明のため人工的に作ったものですが，このような系列データは例えば，オフィスに設置した温度センサーや，

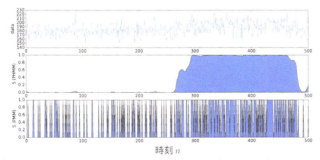

図 5.6　系列データに対するポアソン隠れマルコフモデル（PHMM）とポアソン混合モデル（PMM）の推論結果．

178   **Chapter 5**   応用モデルの構築と推論

ある施設における単位時間あたりの入場者のカウントデータなど，何か想像のしやすいものと考えてください．データ全体をよく観察してみると，時系列の前半と後半とで異なる傾向を示しており，特に時刻 300 を超えたあたりからは前半より若干高い数値を示す頻度が高くなっているように見えます．

　混合モデルを使って各データの潜在的なクラスタ所属を推論したときと同様に，このような時系列データに対して隠れマルコフモデルを使えば，直接観測できない潜在的な状態系列を抽出することができます．図5.6の2段目は，ポアソン観測モデルを使った隠れマルコフモデルに変分推論を適用し，潜在変数 $\mathbf{S} = \{\mathbf{s}_1, \ldots, \mathbf{s}_N\}$ の事後分布を近似推論した結果が示されています．詳細に関してはあとで説明しますが，グラフは潜在変数の近似事後分布の期待値 $\langle \mathbf{s}_1 \rangle, \ldots, \langle \mathbf{s}_N \rangle$ をそれぞれの時刻ごとに描画したものになっています．ここでは各潜在変数 $\mathbf{s}_n$ は $K = 2$ 次元としており，今回の例では前半と後半とで異なる2つの傾向を抽出することができています．また，3段目では参考のため，4章で紹介したポアソン混合モデルを使って同じく潜在変数を推論した結果も示しています．時間的な傾向をモデル化していない混合モデルでは，各時刻に瞬時的に与えられる観測データの値の大小しか情報として取り扱えないため，2段目の結果と比較して細かいスイッチングの多い推論結果になってしまい，データの特徴がうまく捉えられていないことがわかります．

　このように隠れマルコフモデルは，データに関して離散的な時系列の状態が存在していることをモデルに仮定することにより，例えば時系列データの変化点を検知したり，次の時刻に現れるデータ点を予測したりするなど，混合モデルでは実現の難しい応用に対しても解法を与えることができます．

5.3.1　モデル

　隠れマルコフモデルは，クラスタ数 K の混合モデルの潜在変数に時間依存を加えるだけで実現できます．混合モデルでは，潜在変数 $\mathbf{S} = \{\mathbf{s}_1, \ldots, \mathbf{s}_N\}$ の発生過程に関して次のような独立性を仮定していました．

$$p(\mathbf{S}|\boldsymbol{\pi}) = \prod_{n=1}^{N} p(\mathbf{s}_n|\boldsymbol{\pi}) \tag{5.69}$$

今回の隠れマルコフモデルでは，次のように隣り合った潜在変数 $\mathbf{s}_n, \mathbf{s}_{n-1}$ の間に依存性をもたせます．

$$p(\mathbf{S}|\boldsymbol{\pi}, \mathbf{A}) = p(\mathbf{s}_1|\boldsymbol{\pi}) \prod_{n=2}^{N} p(\mathbf{s}_n|\mathbf{s}_{n-1}, \mathbf{A}) \tag{5.70}$$

潜在変数 $\mathbf{S}$ は，隠れマルコフモデルの場合では特別に**状態系列**（**state sequence**）と呼ぶことにします．式 (5.70) では，状態間の遷移を支配するパラメータとして $K \times K$ のサイズの**遷移確率行列**（**transition probability matrix**）$\mathbf{A}$ が新しく導入されています．また，$\boldsymbol{\pi}$ は混合モデルではデータ全体の潜在変数の比率を支配するパラメータでしたが，隠れマルコフモデルでは先頭の状態 $\mathbf{s}_1$ を決めるだけになっています．そのため，隠れマルコフモデルにおいてはパラメータ $\boldsymbol{\pi}$ を**初期確率**（**initial probability**）と呼ぶことにします．

ところで，式 (5.70) で表されるモデルでは，1 つ隣の状態のみに依存するので**1 次マルコフ連鎖**（**first order Markov chain**）と呼ばれます．$\mathbf{s}_{n-1}$ だけではなく $\mathbf{s}_{n-2}$ や $\mathbf{s}_{n-3}$ まで依存関係をもたせることも可能であり，この場合はそれぞれ 2 次マルコフ連鎖や 3 次マルコフ連鎖ということになります．基本的に次数が増えれば増えるほど複雑な時間依存関係を学習することのできるモデルになりますが，推論には計算コストの増加などを伴うことになります．ここでは 1 次マルコフ連鎖によるモデルのみを考えることにしますが，あとで紹介する推論に関する基本的なアイデアは任意の M 次マルコフ連鎖に拡張することができます．

さて，状態系列 $\mathbf{S}$ を支配する初期確率パラメータ $\boldsymbol{\pi}$ と遷移確率行列パラメータ $\mathbf{A}$ に関してもう少し詳しく説明しておきましょう．状態数を K と固定すると，パラメータを $\boldsymbol{\pi}$ としたカテゴリ分布によって初期状態 $\mathbf{s}_1$ は決定されます．

$$p(\mathbf{s}_1|\boldsymbol{\pi}) = \mathrm{Cat}(\mathbf{s}_1|\boldsymbol{\pi}) \tag{5.71}$$

$\boldsymbol{\pi}$ の事前分布としては，カテゴリ分布の共役事前分布であるディリクレ分布を導入することにします．

$$p(\boldsymbol{\pi}) = \mathrm{Dir}(\boldsymbol{\pi}|\boldsymbol{\alpha}) \tag{5.72}$$

ここでは，$\boldsymbol{\alpha}$ はディリクレ分布の超パラメータです．

一方で，遷移確率行列 $\mathbf{A}$ は 1 次マルコフ連鎖のモデルでは $K \times K$ の行列として表現され，状態 i から状態 j に遷移する確率値を要素 $A_{j,i}$ によって表します[*5]．例えば $\mathbf{A}$ を 3×3 の行列で次のように設定したとします．

[*5] 解説書によっては i と j が逆になっている場合があります．本書では計算や実装上の都合，$\mathbf{A}_{:,i}$ が状態 i からの遷移確率を表している列ベクトルであると考えたほうがシンプルになる場合が多いので，本文中のような定義の仕方を採用しています．

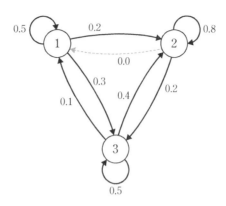

図 5.7 式 (5.73) の状態遷移図.

$$\mathbf{A} = \begin{bmatrix} 0.5 & 0.0 & 0.1 \\ 0.2 & 0.8 & 0.4 \\ 0.3 & 0.2 & 0.5 \end{bmatrix} \quad (5.73)$$

ここで $A_{2,3} = 0.4$ となっており，これはある $n-1$ 番目の状態が $s_{n-1,3} = 1$ であった場合，次の n 番目の状態が $s_{n,2} = 1$ となる確率が 0.4 であることを表現しています．$K = 3$ 個のいずれかの状態に必ず遷移する必要があるので，遷移行列の任意の列の和は必ず 1 になる必要があります（$\sum_{j=1}^{K} A_{j,i} = 1$）．また $A_{1,2} = 0.0$ のように，状態の遷移に関して強い制約を与えることもよく行われ，この場合は状態 2 から状態 1 への遷移はすべての隣り合う潜在変数の間では起こらないことを意味しています．また，式 (5.73) の遷移確率行列を，図 5.7 のような**状態遷移図（state transition diagram）**を使って視覚的に表現することもしばしば行われます．

遷移確率行列 $\mathbf{A}$ を使って $\mathbf{s}_{n-1}$ から $\mathbf{s}_n$ へ遷移する確率を具体的に式で表現してみると次のように書けます．

$$p(\mathbf{s}_n | \mathbf{s}_{n-1}, \mathbf{A}) = \prod_{i=1}^{K} \mathrm{Cat}(\mathbf{s}_n | \mathbf{A}_{:,i})^{s_{n-1,i}}$$
$$= \prod_{i=1}^{K} \prod_{j=1}^{K} A_{j,i}^{s_{n,j} s_{n-1,i}} \quad (5.74)$$

ここでの式の表現は混合モデルのときに導入した分布を混合させる仕組みと同じです．1 つ前の変数 $\mathbf{s}_{n-1}$ が，次の行先を決める確率 $\mathbf{A}_{:,i}$ を選択するわけですね．また，$\mathbf{A}$ の各列はただ単にカテゴリ分布なので，対応する事前分

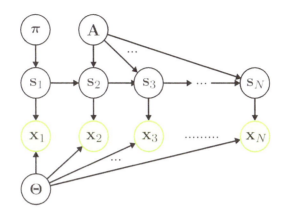

図 5.8 隠れマルコフモデルのグラフィカルモデル.

布として K 次元のディリクレ分布が使えます.

$$p(\mathbf{A}_{:,i}) = \mathrm{Dir}(\mathbf{A}_{:,i}|\boldsymbol{\beta}_{:,i}) \tag{5.75}$$

K 次元ベクトル $\boldsymbol{\beta}_{:,i}$ は遷移確率行列のための超パラメータです. この値をそれぞれの要素 $\beta_{j,i}$ ごとに設定することによって行列 $\mathbf{A}$ に関してさまざまな遷移構造を事前に仮定することもできます.

さて, 遷移確率行列の説明が終わればあとは混合モデルと同じで, 与えられた潜在変数 $\mathbf{s}_n$ に従って観測データ $\mathbf{x}_n$ を生成する分布が切り替わるようにモデル化をします. データ $\mathbf{X} = \{\mathbf{x}_1, \ldots, \mathbf{x}_N\}$ に対する観測モデルを $p(\mathbf{X}|\mathbf{S}, \boldsymbol{\Theta})$ とおけば, 同時分布は次のようになります.

$$\begin{aligned} & p(\mathbf{X}, \mathbf{S}, \boldsymbol{\Theta}, \boldsymbol{\pi}, \mathbf{A}) \\ & = p(\mathbf{X}|\mathbf{S}, \boldsymbol{\Theta}) p(\mathbf{S}|\boldsymbol{\pi}, \mathbf{A}) p(\boldsymbol{\Theta}) p(\boldsymbol{\pi}) p(\mathbf{A}) \\ & = p(\boldsymbol{\Theta}) p(\boldsymbol{\pi}) p(\mathbf{A}) p(\mathbf{x}_1|\mathbf{s}_1, \boldsymbol{\Theta}) p(\mathbf{s}_1|\boldsymbol{\pi}) \prod_{n=2}^{N} p(\mathbf{x}_n|\mathbf{s}_n, \boldsymbol{\Theta}) p(\mathbf{s}_n|\mathbf{s}_{n-1}, \mathbf{A}) \end{aligned} \tag{5.76}$$

また, このモデルに対応するグラフィカルモデルを図 5.8 に示しています. $\mathbf{s}_1$ から順番に状態系列が生成され, 各々の状態から観測値 $\mathbf{x}_n$ が生成されるイメージができるかと思います.

隠れマルコフモデルにおける観測データ $\mathbf{X}$ に対する分布は自由に選ぶことができ, 4 章の混合モデルで導入したポアソン分布やガウス分布はもちろん, DNA や RNA などの塩基配列を解析する際には塩基の種類をカテゴリ

182　**Chapter 5**　応用モデルの構築と推論

分布を使って表すこともできます．ここでは，図 5.6 のような各観測データ x_n を 1 次元の非負の整数値として扱いたいので，観測モデルとして次のようにパラメータを $\boldsymbol{\Theta} = \boldsymbol{\lambda} = \{\lambda_1, \ldots, \lambda_K\}$ としたポアソン分布を仮定します．

$$p(x_n|\mathbf{s}_n, \boldsymbol{\lambda}) = \prod_{k=1}^{K} \mathrm{Poi}(x_n|\lambda_k)^{s_{n,k}} \tag{5.77}$$

また，各パラメータ λ_k の共役事前分布として，ガンマ事前分布を導入することにします．

$$p(\lambda_k) = \mathrm{Gam}(\lambda_k|a, b) \tag{5.78}$$

a, b は事前に固定値を与えられた超パラメータです．

5.3.2　完全分解変分推論

先ほど構築したポアソン観測モデルによる隠れマルコフモデルに対して，変分推論による事後分布の近似アルゴリズムを求めてみましょう．隠れマルコフモデルはシンプルに混合モデルの潜在変数に関わる部分に時間依存を入れただけなので，同じ発想でパラメータと潜在変数に関して分解して近似推論するのがよさそうです．しかし，今回のモデルでは状態系列の取り扱いが複雑なので，簡単のため，次のようにさらに時間方向もバラバラに分解して推論してみることにします．

$$p(\mathbf{S}, \boldsymbol{\lambda}, \mathbf{A}, \boldsymbol{\pi}|\mathbf{X}) \approx \big\{ \prod_{n=1}^{N} q(\mathbf{s}_n) \big\} q(\boldsymbol{\lambda}, \mathbf{A}, \boldsymbol{\pi}) \tag{5.79}$$

ここで $q(\mathbf{S})$ に対してこのような時系列方向の分解を仮定した近似を**完全分解変分推論**（**completely factorized variational inference**）と呼ぶことにします．のちほどこのような $q(\mathbf{S})$ に対する分解を仮定しない推論方法も紹介します．

さて，式 (5.79) による分解を仮定したので，すぐさま変分推論の公式 (4.25) が適用でき，アルゴリズムの導出に必要な式は以下のようになります．

$$\ln q(\boldsymbol{\lambda}, \boldsymbol{\pi}, \mathbf{A}) = \sum_{n=1}^{N} \langle \ln p(x_n|\mathbf{s}_n, \boldsymbol{\lambda}) \rangle_{q(\mathbf{s}_n)} + \langle \ln p(\mathbf{S}|\boldsymbol{\pi}, \mathbf{A}) \rangle_{q(\mathbf{S})}$$
$$+ \ln p(\boldsymbol{\lambda}) + \ln p(\boldsymbol{\pi}) + \ln p(\mathbf{A}) + \mathrm{const.} \tag{5.80}$$

$$\ln q(\mathbf{s}_1) = \langle \ln p(x_1|\mathbf{s}_1, \boldsymbol{\lambda}) \rangle_{q(\boldsymbol{\lambda})} + \langle \ln p(\mathbf{s}_1|\boldsymbol{\pi}) \rangle_{q(\boldsymbol{\pi})}$$
$$+ \langle \ln p(\mathbf{s}_2|\mathbf{s}_1, \mathbf{A}) \rangle_{q(\mathbf{A})q(\mathbf{s}_2)} + \mathrm{const.} \tag{5.81}$$

$$\ln q(\mathbf{s}_n) = \langle \ln p(x_n|\mathbf{s}_n, \boldsymbol{\lambda})\rangle_{q(\boldsymbol{\lambda})} + \langle \ln p(\mathbf{s}_{n+1}|\mathbf{s}_n, \mathbf{A})\rangle_{q(\mathbf{A})q(\mathbf{s}_{n+1})}$$
$$+ \langle \ln p(\mathbf{s}_n|\mathbf{s}_{n-1}, \mathbf{A})\rangle_{q(\mathbf{A})q(\mathbf{s}_{n-1})} + \text{const.} \tag{5.82}$$

$$\ln q(\mathbf{s}_N) = \langle \ln p(x_N|\mathbf{s}_N, \boldsymbol{\lambda})\rangle_{q(\boldsymbol{\lambda})}$$
$$+ \langle \ln p(\mathbf{s}_N|\mathbf{s}_{N-1}, \mathbf{A})\rangle_{q(\mathbf{A})q(\mathbf{s}_{N-1})} + \text{const.} \tag{5.83}$$

$\mathbf{S}$ の近似分布に関しては,モデルが隣の潜在変数との依存関係 $p(\mathbf{s}_n|\mathbf{s}_{n-1}, \mathbf{A})$ を仮定しているので,このように $n=1$, $2 \leq n \leq N-1$, $n=N$ の 3 つの場合で分けて計算する必要があることに注意してください.

はじめにパラメータの近似分布から計算してみましょう.式(5.80)を見てみると,観測モデルに関するパラメータ $\boldsymbol{\lambda}$ はその他のパラメータ $\boldsymbol{\pi}$, $\mathbf{A}$ とは独立に計算できることがわかります.$\boldsymbol{\lambda}$ に関係する項のみを取り出せば,

$$\ln q(\boldsymbol{\lambda}) = \sum_{n=1}^{N} \langle \ln p(x_n|\mathbf{s}_n, \boldsymbol{\lambda})\rangle_{q(\mathbf{s}_n)} + \ln p(\boldsymbol{\lambda}) + \text{const.} \tag{5.84}$$

となります.これは,4 章で扱ったポアソン混合モデルの変分推論におけるパラメータ $\boldsymbol{\lambda}$ の近似事後分布とまったく同じ流れで計算でき,ここで改めて近似事後分布を書いてみると,

$$q(\lambda_k) = \text{Gam}(\lambda_k|\hat{a}_k, \hat{b}_k) \tag{5.85}$$

$$\text{ただし} \quad \hat{a}_k = \sum_{n=1}^{N} \langle s_{n,k}\rangle x_n + a$$
$$\hat{b}_k = \sum_{n=1}^{N} \langle s_{n,k}\rangle + b \tag{5.86}$$

となります.

一方で,$\boldsymbol{\pi}$ と $\mathbf{A}$ はどうでしょうか.これらのパラメータも式(5.80)から計算をしますが,式(5.70)に従って詳細に計算してみると,次のように $\boldsymbol{\pi}$ と $\mathbf{A}$ をさらに分けて計算することができます.

$$\ln q(\boldsymbol{\pi}, \mathbf{A}) = \langle \ln p(\mathbf{s}_1|\boldsymbol{\pi})\rangle_{q(\mathbf{s}_1)} + \ln p(\boldsymbol{\pi})$$
$$+ \sum_{n=2}^{N} \langle \ln p(\mathbf{s}_n|\mathbf{s}_{n-1}, \mathbf{A})\rangle_{q(\mathbf{s}_n, \mathbf{s}_{n-1})} + \ln p(\mathbf{A}) + \text{const.} \tag{5.87}$$

まず簡単な $\boldsymbol{\pi}$ から計算してみましょう.カテゴリ分布とディリクレ分布の定義式を使って対数計算を行えば,

$$\ln q(\boldsymbol{\pi}) = \sum_{i=1}^{K} \langle s_{1,i} \rangle \ln \pi_i + \sum_{i=1}^{K} \alpha_i \ln \pi_i + \mathrm{const.} \tag{5.88}$$

となるため，$\sum_{i=1}^{K} \pi_i = 1$ の制約に注意すれば，近似事後分布は次のような
ディリクレ分布として求められます．

$$q(\boldsymbol{\pi}) = \mathrm{Dir}(\boldsymbol{\pi}|\hat{\boldsymbol{\alpha}}) \tag{5.89}$$

$$ただし \quad \hat{\alpha}_i = \langle s_{1,i} \rangle + \alpha_i \tag{5.90}$$

この更新式を見ると，先頭の状態 $\mathbf{s}_1$ の期待値を事前分布の超パラメータに
足しただけになっていますね．

　最後に，新しく登場した $\mathbf{A}$ に関する近似事後分布を計算してみましょう．
遷移確率行列には各列に関して $\sum_{j=1}^{K} A_{j,i} = 1$ の制約があったことに注意
し，式（5.80）を $\mathbf{A}$ に関わる項によって整理すると，

$$\ln q(\mathbf{A}) = \sum_{n=2}^{N} \sum_{i=1}^{K} \sum_{j=1}^{K} \langle s_{n-1,i} s_{n,j} \rangle \ln A_{j,i} + \sum_{i=1}^{K} \sum_{j=1}^{K} \beta_{j,i} \ln A_{j,i} + \mathrm{const.}$$

$$= \sum_{i=1}^{K} \sum_{j=1}^{K} \Big\{ \sum_{n=2}^{N} \langle s_{n-1,i} s_{n,j} \rangle + \beta_{j,i} \Big\} \ln A_{j,i} + \mathrm{const.} \tag{5.91}$$

となり，結果として近似事後分布は K 個の独立なディリクレ分布として表
せることがわかります．

$$q(\mathbf{A}) = \prod_{i=1}^{K} \mathrm{Dir}(\mathbf{A}_{:,i}|\hat{\boldsymbol{\beta}}_{:,i}) \tag{5.92}$$

$$ただし \quad \hat{\beta}_{j,i} = \sum_{n=2}^{N} \langle s_{n-1,i} s_{n,j} \rangle + \beta_{j,i} \tag{5.93}$$

これは遷移行列パラメータに関する分布が，状態 i から状態 j への遷移の期
待値を全状態にわたってカウントすることにより計算されることを意味して
います．また，ここでは期待値を $\langle s_{n-1,i} s_{n,j} \rangle$ と表記していますが，実は今
回用いた式（5.79）による分解の仮定では，

$$\langle s_{n-1,i} s_{n,j} \rangle_{q(\mathbf{s}_{n-1},\mathbf{s}_n)} = \langle s_{n-1,i} \rangle_{q(\mathbf{s}_{n-1})} \langle s_{n,j} \rangle_{q(\mathbf{s}_n)} \tag{5.94}$$

と単純に分けて計算することが可能です．

　状態系列 $\mathbf{S}$ の近似分布の計算は式（5.81），式（5.82）および式（5.83）か
ら行いますが，$\ln p(x_n|\mathbf{s}_n, \boldsymbol{\lambda})$ の期待値の項はこれらの式すべてに共通に登

場するので，先にまず展開してみます．これは，観測モデルの式 (5.77) を
代入して $\mathbf{s}_n$ に関する項で整理すれば，

$$
\begin{aligned}
\langle \ln p(x_n|\mathbf{s}_n, \boldsymbol{\lambda}) \rangle_{q(\boldsymbol{\lambda})} &= \sum_{i=1}^{K} s_{n,i} \langle \ln p(x_n|\lambda_i) \rangle + \mathrm{const.} \\
&= \sum_{i=1}^{K} s_{n,i} (x_n \langle \ln \lambda_i \rangle - \langle \lambda_i \rangle) + \mathrm{const.} \quad (5.95)
\end{aligned}
$$

と書き下すことができます.

まず，$\mathbf{s}_1$ の近似事後分布を求めるために，残りの近似事後分布 $q(\boldsymbol{\lambda})q(\boldsymbol{\pi})q(\mathbf{A})$
および $q(\mathbf{S}_{\backslash 1}) = q(\mathbf{s}_2) \cdots q(\mathbf{s}_N)$ を固定したうえで，$\mathbf{s}_1$ に関して式 (5.81) を
整理すると，次のようになります.

$$
\begin{aligned}
\ln q(\mathbf{s}_1) = \sum_{i=1}^{K} s_{1,i} \{ \langle \ln p(x_1|\lambda_i) \rangle_{q(\lambda_i)} + \langle \ln \pi_i \rangle + \sum_{j=1}^{K} \langle s_{2,j} \rangle \langle \ln A_{j,i} \rangle \} \\
+ \mathrm{const.} \quad (5.96)
\end{aligned}
$$

したがって $\mathbf{s}_1$ の事後分布は，$\boldsymbol{\eta}_1$ を近似分布のパラメータとおけば，次のよ
うなカテゴリ分布として表現できます.

$$
q(\mathbf{s}_1) = \mathrm{Cat}(\mathbf{s}_1|\boldsymbol{\eta}_1) \quad (5.97)
$$

ただし　$\eta_{1,i} \propto \exp\{ \langle \ln p(x_1|\lambda_i) \rangle_{q(\lambda_i)}$

$$
\begin{aligned}
+ \langle \ln \pi_i \rangle + \sum_{j=1}^{K} \langle s_{2,j} \rangle \langle \ln A_{j,i} \rangle \} \\
\left(\mathrm{s.t.} \quad \sum_{i=1}^{K} \eta_{1,i} = 1 \right)
\end{aligned}
\quad (5.98)
$$

同様に，$2 \le n \le N-1$ の場合は，式 (5.82) を展開することによって，

$$
q(\mathbf{s}_n) = \mathrm{Cat}(\mathbf{s}_n|\boldsymbol{\eta}_n) \quad (5.99)
$$

ただし　$\eta_{n,i} \propto \exp\{ \langle \ln p(x_n|\lambda_i) \rangle_{q(\lambda_i)}$

$$
+ \sum_{j=1}^{K} \langle s_{n-1,j} \rangle \langle \ln A_{i,j} \rangle + \sum_{j=1}^{K} \langle s_{n+1,j} \rangle \langle \ln A_{j,i} \rangle \}
$$

$$
\left(\mathrm{s.t.} \quad \sum_{i=1}^{K} \eta_{n,i} = 1 \right)
$$

$$
(5.100)
$$

となります．最後に，$n = N$ に関しても，式（5.83）を展開すれば，

$$q(\mathbf{s}_N) = \mathrm{Cat}(\mathbf{s}_N | \boldsymbol{\eta}_N) \tag{5.101}$$

ただし

$$\eta_{N,i} \propto \exp\{\langle \ln p(x_N | \lambda_i) \rangle_{q(\lambda_i)} + \sum_{j=1}^{K} \langle s_{N-1,j} \rangle \langle \ln A_{i,j} \rangle\} \tag{5.102}$$

$$\left(\mathrm{s.t.} \quad \sum_{i=1}^{K} \eta_{N,i} = 1 \right)$$

となります．

これですべての更新式の導出は以上です．各更新式に登場してきた期待値は次のような解析解として得られます．

$$\langle s_{n,i} \rangle = \eta_{n,i} \tag{5.103}$$

$$\langle s_{n-1,i} s_{n,j} \rangle = \langle s_{n-1,i} \rangle \langle s_{n,j} \rangle \tag{5.104}$$

$$\langle \lambda_i \rangle = \frac{\hat{a}_i}{\hat{b}_i} \tag{5.105}$$

$$\langle \ln \lambda_i \rangle = \psi(\hat{a}_i) - \ln \hat{b}_i \tag{5.106}$$

$$\langle \ln \pi_i \rangle = \psi(\hat{\alpha}_i) - \psi(\sum_{i'=1}^{K} \hat{\alpha}_{i'}) \tag{5.107}$$

$$\langle \ln A_{j,i} \rangle = \psi(\hat{\beta}_{j,i}) - \psi(\sum_{j'=1}^{K} \hat{\beta}_{j',i}) \tag{5.108}$$

5.3.3　構造化変分推論

先ほどは式（5.79）による時間方向に関する完全な分解を仮定することによって，比較的容易に隠れマルコフモデルのための変分推論アルゴリズムを導出しました．実のところ，状態系列の推論ではこのような時間方向の分解は仮定する必要がなく，混合モデルの場合と同様に，次のようなパラメータと潜在変数の分解のみを仮定するだけで効率のよいアルゴリズムが導けることが知られています．

$$p(\mathbf{S}, \boldsymbol{\lambda}, \boldsymbol{\pi}, \mathbf{A} | \mathbf{X}) \approx q(\mathbf{S}) q(\boldsymbol{\lambda}, \boldsymbol{\pi}, \mathbf{A}) \tag{5.109}$$

式（5.79）による完全分解変分推論に対して，式（5.109）で導かれる手法は**構造化変分推論（structured variational inference）**と呼ばれることもあります．一般的には，このように仮定される分解の数が少ないほど，真の事後分布に含まれる相関情報をより多く捉えることが可能になるため，事後分

布の近似性能はよくなります．分解の式 (5.109) に基づいて変分推論の公式を適用してみると，$q(\mathbf{S})$ に対する近似分布の計算式は次のように書けます．

$$\ln q(\mathbf{S}) = \sum_{n=1}^{N} \langle \ln p(x_n|\mathbf{s}_n, \boldsymbol{\lambda}) \rangle_{q(\boldsymbol{\lambda})} + \langle \ln p(\mathbf{S}|\boldsymbol{\pi}, \mathbf{A}) \rangle_{q(\boldsymbol{\pi})q(\mathbf{A})} + \mathrm{const.}$$

(5.110)

完全分解変分推論では $q(\mathbf{s}_n)$ ごとにバラバラに計算することができ，結果として N 個の独立なカテゴリ分布が得られましたが，今回の導出では分解を仮定せずに $\mathbf{S}$ 全体の同時分布を考えているため，そのような独立の分布に分けられないことに注意してください．

　ここでやりたいことは，いままでのように $q(\mathbf{S})$ のパラメトリックな確率分布を求めるのではなく，$\boldsymbol{\lambda}$ や $\boldsymbol{\pi}$，$\mathbf{A}$ などのパラメータの近似分布の計算に最低限必要な $\langle s_{n,i} \rangle$ や $\langle s_{n-1,i}s_{n,j} \rangle$ といった期待値を式 (5.110) から計算することです．したがって，式 (5.110) で与えられる $q(\mathbf{S})$ に対して，次の2つの周辺分布を効率的に計算することが，ここでの目標になります．

$$q(\mathbf{s}_n) = \sum_{\mathbf{S}_{\setminus n}} q(\mathbf{S}) \tag{5.111}$$

$$q(\mathbf{s}_{n-1}, \mathbf{s}_n) = \sum_{\mathbf{S}_{\setminus \{n-1, n\}}} q(\mathbf{S}) \tag{5.112}$$

ここで $\mathbf{S}_{\setminus n}$ は $\mathbf{S}$ から $\mathbf{s}_n$ を除いた部分集合で，$\mathbf{S}_{\setminus \{n-1,n\}}$ は $\mathbf{S}$ から $\mathbf{s}_{n-1}$ および $\mathbf{s}_n$ を除いた部分集合です．式 (5.111) の周辺化に必要な和の計算だけを考えてみても，単純なやり方であれば全部で K^{N-1} 通りの組み合わせを計算しなければならないので，現実的ではありません．このような周辺分布を効率よく計算するために，ここではフォワードバックワードアルゴリズム（forward backward algorithm）という手法を紹介します．これはより汎用的なグラフィカルモデル上の厳密推論アルゴリズムであるメッセージパッシング（message passing）の一例であることが知られています．

　はじめに式 (5.111) から見ていきましょう．$q(\mathbf{S})$ は式 (5.110) から次のように4つの項の積に分解して書くことができます．

$$
\begin{aligned}
q(\mathbf{S}) \propto \exp\{ & \langle \ln p(\mathbf{X}_{1:n-1}, \mathbf{S}_{1:n-1}|\boldsymbol{\lambda}, \boldsymbol{\pi}, \mathbf{A}) \rangle \\
& + \langle \ln p(\mathbf{s}_n|\mathbf{s}_{n-1}, \mathbf{A}) \rangle \\
& + \langle \ln p(x_n|\mathbf{s}_n, \boldsymbol{\lambda}) \rangle \\
& + \langle \ln p(\mathbf{X}_{n+1:N}, \mathbf{S}_{n+1:N}|\mathbf{s}_n, \boldsymbol{\lambda}, \mathbf{A}) \rangle \} \\
= & \tilde{p}(\mathbf{X}_{1:n-1}, \mathbf{S}_{1:n-1}) \tilde{p}(\mathbf{s}_n|\mathbf{s}_{n-1}) \tilde{p}(x_n|\mathbf{s}_n) \tilde{p}(\mathbf{X}_{n+1:N}, \mathbf{S}_{n+1:N}|\mathbf{s}_n)
\end{aligned}
$$
$$(5.113)$$

ここで，$\mathbf{X}_{a:b}$ などの表記は $\mathbf{X}_{a:b} = \{x_a, x_{a+1}, \ldots, x_{b-1}, x_b\}$ のように連続する $b - a + 1$ 個の要素の集合を表しています．また，ここでは簡単のためそれぞれの期待値に指数をとったものを次のようにおきました．

$$
\tilde{p}(\mathbf{X}_{1:n-1}, \mathbf{S}_{1:n-1}) = \exp\{\langle \ln p(\mathbf{X}_{1:n-1}, \mathbf{S}_{1:n-1}|\boldsymbol{\lambda}, \boldsymbol{\pi}, \mathbf{A}) \rangle\} \quad (5.114)
$$

$$
\tilde{p}(\mathbf{s}_n|\mathbf{s}_{n-1}) = \exp\{\langle \ln p(\mathbf{s}_n|\mathbf{s}_{n-1}, \mathbf{A}) \rangle\} \quad (5.115)
$$

$$
\tilde{p}(x_n|\mathbf{s}_n) = \exp\{\langle \ln p(x_n|\mathbf{s}_n, \boldsymbol{\lambda}) \rangle\} \quad (5.116)
$$

$$
\tilde{p}(\mathbf{X}_{n+1:N}, \mathbf{S}_{n+1:N}|\mathbf{s}_n) = \exp\{\langle \ln p(\mathbf{X}_{n+1:N}, \mathbf{S}_{n+1:N}|\mathbf{s}_n, \boldsymbol{\lambda}, \mathbf{A}) \rangle\} \quad (5.117)
$$

これらの表記を式 (5.111) に用いると，周辺分布 $q(\mathbf{s}_n)$ は次のように書けます．

$$
\begin{aligned}
q(\mathbf{s}_n) \propto & \tilde{p}(x_n|\mathbf{s}_n) \sum_{\mathbf{S}_{1:n-1}} \tilde{p}(\mathbf{s}_n|\mathbf{s}_{n-1}) \tilde{p}(\mathbf{X}_{1:n-1}, \mathbf{S}_{1:n-1}) \\
& \times \sum_{\mathbf{S}_{n+1:N}} \tilde{p}(\mathbf{X}_{n+1:N}, \mathbf{S}_{n+1:N}|\mathbf{s}_n) \\
= & \mathbf{f}(\mathbf{s}_n)\mathbf{b}(\mathbf{s}_n)
\end{aligned}
$$
$$(5.118)$$

ここで，さらに次のように $\mathbf{f}(\mathbf{s}_n)$ および $\mathbf{b}(\mathbf{s}_n)$ を導入しました．

$$
\mathbf{f}(\mathbf{s}_n) = \tilde{p}(x_n|\mathbf{s}_n) \sum_{\mathbf{S}_{1:n-1}} \tilde{p}(\mathbf{s}_n|\mathbf{s}_{n-1}) \tilde{p}(\mathbf{X}_{1:n-1}, \mathbf{S}_{1:n-1}) \quad (5.119)
$$

$$
\mathbf{b}(\mathbf{s}_n) = \sum_{\mathbf{S}_{n+1:N}} \tilde{p}(\mathbf{X}_{n+1:N}, \mathbf{S}_{n+1:N}|\mathbf{s}_n) \quad (5.120)
$$

色々新しい記号を導入してしまいましたが，ここでのポイントは周辺分布 $q(\mathbf{s}_n)$ を求めるための計算を $\mathbf{s}_n$ を中心に2つに分けて書いたことです．仮に $\mathbf{f}(\mathbf{s}_n)$ および $\mathbf{b}(\mathbf{s}_n)$ が計算済みであるとすれば，$\mathbf{s}_n$ の K 個の各実現値に関して式 (5.118) を計算し，和が1になるように正規化することにより $q(\mathbf{s}_n)$ が求められます．同じようにして，$q(\mathbf{s}_{n-1}, \mathbf{s}_n)$ も式 (5.112) から，

$$q(\mathbf{s}_{n-1}, \mathbf{s}_n) \propto \tilde{p}(x_n|\mathbf{s}_n)\tilde{p}(\mathbf{s}_n|\mathbf{s}_{n-1})\mathbf{f}(\mathbf{s}_{n-1})\mathbf{b}(\mathbf{s}_n) \tag{5.121}$$

と表すことができます．こちらに関しても，$\mathbf{f}(\mathbf{s}_{n-1})$ および $\mathbf{b}(\mathbf{s}_n)$ が一度求まれば，右辺において $\mathbf{s}_{n-1}$ と $\mathbf{s}_n$ の $K \times K$ 通りある組み合わせの計算を行ったあとに正規化をすれば，$q(\mathbf{s}_{n-1}, \mathbf{s}_n)$ が求められることがわかります．

さて，式 (5.119) から $\mathbf{f}(\mathbf{s}_n)$ をもう少し詳しく分解してみると，次のような再帰式が得られることがわかります．

$$\begin{aligned}
\mathbf{f}(\mathbf{s}_n) &= \tilde{p}(x_n|\mathbf{s}_n) \sum_{\mathbf{s}_{n-1}} \tilde{p}(\mathbf{s}_n|\mathbf{s}_{n-1})\tilde{p}(x_{n-1}|\mathbf{s}_{n-1}) \\
&\quad \times \sum_{\mathbf{S}_{1:n-2}} \tilde{p}(\mathbf{s}_{n-1}|\mathbf{s}_{n-2})\tilde{p}(\mathbf{X}_{1:n-2}, \mathbf{S}_{1:n-2}) \\
&= \tilde{p}(x_n|\mathbf{s}_n) \sum_{\mathbf{s}_{n-1}} \tilde{p}(\mathbf{s}_n|\mathbf{s}_{n-1})\mathbf{f}(\mathbf{s}_{n-1}) \tag{5.122}
\end{aligned}$$

したがって，最初に $\mathbf{f}(\mathbf{s}_1) = \tilde{p}(x_1|\mathbf{s}_1)\tilde{p}(\mathbf{s}_1)$ を計算したあと，順番に式 (5.122) を $N-1$ 回適用すれば，すべての n に対する $\mathbf{f}(\mathbf{s}_n)$ が求まることになります．同じ手順で，式 (5.120) から $\mathbf{b}(\mathbf{s}_n)$ も展開してみると，

$$\begin{aligned}
\mathbf{b}(\mathbf{s}_n) &= \sum_{\mathbf{s}_{n+1}} \tilde{p}(x_{n+1}|\mathbf{s}_{n+1})\tilde{p}(\mathbf{s}_{n+1}|\mathbf{s}_n) \sum_{\mathbf{S}_{n+2:N}} \tilde{p}(\mathbf{X}_{n+2:N}, \mathbf{S}_{n+2:N}|\mathbf{s}_{n+1}) \\
&= \sum_{\mathbf{s}_{n+1}} \tilde{p}(x_{n+1}|\mathbf{s}_{n+1})\tilde{p}(\mathbf{s}_{n+1}|\mathbf{s}_n)\mathbf{b}(\mathbf{s}_{n+1}) \tag{5.123}
\end{aligned}$$

となります．こちらは先ほどとは逆向きで，$\mathbf{b}(\mathbf{s}_N) = 1$ から順に適用していけばすべての $\mathbf{b}(\mathbf{s}_n)$ が求まります．

なお，式 (5.122) および式 (5.123) を実際に計算機で計算すると，非常に小さな数の和をとってから掛け算を実行することを繰り返すので，N がある程度の大きさになってくるとアンダーフローを起こす可能性があります．これを防ぐためには，毎回式 (5.122) および式 (5.123) を再帰計算する際に，K 個の要素に関する和が 1 になるように $\mathbf{f}(\mathbf{s}_n)$ および $\mathbf{b}(\mathbf{s}_n)$ を正規化するようにしてください．

構造化変分推論を使った場合の状態の期待値は，次のように式 (5.122) および式 (5.123) で計算される値をそのまま使えば求めることができます．

$$\langle s_{n,i} \rangle = q(s_{n,i} = 1) \tag{5.124}$$

$$\langle s_{n-1,i}s_{n,j} \rangle = q(s_{n-1,i} = 1, s_{n,j} = 1) \tag{5.125}$$

構造化変分推論は，完全分解変分推論では捉えることのできない状態間の相関情報を取り扱うことができるため，事後分布の近似推論能力は理論的に

はよくなります．一方で，完全分解変分推論は近似分布 $q(\mathbf{S}) = \prod_{n=1}^{N} q(\mathbf{s}_n)$ を点ごとに計算することができるため，比較的容易に並列化が実現できるほか，新しいデータ点 x_{n+1} が入った際に過去のデータ系列をすべて参照し直さなくても推論およびパラメータの更新を行うことができます（追加学習）．また両者の折衷案的なアイデアで，系列をいくつかのミニバッチ（**mini-batch**）$\mathbf{S}_1, \ldots, \mathbf{S}_B$ に分割して推論することも考えられます．

$$q(\mathbf{S}) = \prod_{i=1}^{B} q(\mathbf{S}_i) \tag{5.126}$$

ここで $B \leq N$ はミニバッチの総数で，$\mathbf{S}_i$ は i 番目のミニバッチに所属する状態系列を表します．この分解を考えれば，各ミニバッチ内の時系列の依存関係を保持しつつ，ミニバッチごとに独立した推論計算を実行させることができます．また，「あるミニバッチを訪問した直後にパラメータに関する近似分布を更新し，また別のミニバッチを更新する」といったような更新順序の工夫をすることもでき，データ系列が長い場合などは，こちらのほうが構造化変分推論より短い時間で効率良く収束する場合もあります．

参考 5.1 いかにしてアルゴリズムを評価するか？

応用分野における機械学習アルゴリズムの性能評価は非常に難しいテーマであり，さまざまな要因を考慮して個々の手法の優劣を決める必要があります．

多くの応用においてもっとも気になる点は，推測したい値に対する**予測性能**でしょう．一般的には，データ全体を学習用と検証用に分け，検証用データに対する予測精度を最終的なアルゴリズムの定量評価として用いることが多いです．予測精度に関しては，連続値の推定であれば二乗誤差，分類問題であれば正解率などの数値指標がよく使われていますが，基本的には達成したいタスクやドメイン知識をベースに妥当だと思われる指標が提案されることが多いです．

次に重要な観点は**計算コスト**でしょう．機械学習アルゴリズムの多くは最適化やサンプリングなどの数値計算を含んでいるため，単純に計算時間を長くとったり，分散処理や大容量メモリを使うことによって性能が上がります．そのため，コストを考えずに予測精度のみを評価対象にすることは多くの場合で無意味になります．また，隠れマルコフモデルの例で見たように，一般的には同じモデルで複数の異なるアルゴリズムを導くことができるので，計算コストや要求精度に応じ

て柔軟に手法を調整できるようにしておくことも重要になります.

さらに，アルゴリズムを実サービスに適用するためには，保守・運用の観点も必要になってくるでしょう．一般的に，機械学習アルゴリズムは完成してしまえばそれでおしまいということはあまりなく，環境の変化に合わせて絶えず更新を続けていく必要があります．したがって，**拡張性**は機械学習アルゴリズムのもつべき重要な性質であり，新しい性能向上のアイデアや追加のデータ，要望の変化に柔軟に対応できるように手法を構築しておくのが望ましいでしょう.

注意するべき点は，けっして予測精度の追求だけに囚われないことです．結局，数値指標というのは結果をわかりやすく要約するための手段にすぎず，たとえ数値上インパクトのある性能改善が得られたとしても，サービスを使うユーザー側の体験としてはほとんど変化がわからない場合も多いためです．設定した数値目標が，実現したいサービスや解きたい課題にまっすぐアプローチできるようになっているか，常に気を配っておくべきでしょう.

5.4　トピックモデル

トピックモデル（**topic model**）は主に自然言語で書かれた文書を解析するための生成モデルの総称であり，ここではそのもっともシンプルな例として **latent Dirichlet allocation**（**LDA**）を紹介します．LDA では，単語の羅列である文書に対して潜在的なトピック（政治，スポーツ，音楽など）が背後に存在していると考え，そのトピックに基づいて文書中の各単語が生成されていると仮定します．大量の文書データを使って学習されたトピックを利用することにより，ニュース記事の分類や推薦を行ったり，与えられた単語のクエリから意味的に関連の深い文書を検索することなどができるようになります．また，近年では LDA を自然言語処理だけではなく画像や遺伝子データに適用するような事例もあります.

5.4.1　モデル

LDA では，文書を単語の順序を無視した出現頻度のみのデータとして取り扱います（**bag of words**）．また，各文書中には複数の**潜在トピック**（**latent topic**）が存在していると仮定します．例えば，メジャーリーグで活躍している野球選手に関するニュース記事を文書とした場合，スポーツや海外

といったトピックが背後に存在していると考えることができます．ここで，各トピックは**語彙**（**vocabulary**）（単語の種類）に関する出現頻度の分布です．例えばスポーツというトピックであれば，「試合」「得点」「野球」「サッカー」「勝敗」などの単語の出現頻度が高くなってくるかもしれませんし，海外というトピックであれば，「国際」「貿易」「首脳」「イギリス」「日米」のような単語がよく出てきそうです．ただし，各トピックはLDAの推論によって大量の文書データから学習される語彙の頻度分布であるため，スポーツや海外といった具体的な名称を各トピックに対して与える必要はないことに注意してください．

ここでは bag of words で表現された文書データの生成過程に関する仮説を確率モデルによって構築することを考えてみます．はじめに言葉の整理から始めます．

語彙の総数を V としたとき，各単語はあらかじめ $v = 1, \ldots, V$ としてインデックス付けされているとします．さらに，$\mathbf{w}_{d,n} \in \{0,1\}^V (\sum_{v=1}^V w_{d,n,v} = 1)$ は文書 d 中の n 番目の単語を示しています．したがって，ある文書 d は，単語の集合 $\mathbf{W}_d = \{\mathbf{w}_{d,1}, \ldots, \mathbf{w}_{d,N}\}$ として表現することができ，さらにそれらを D 個まとめた集合 $\mathbf{W} = \{\mathbf{W}_1, \ldots, \mathbf{W}_D\}$ を**文書集合**（**document collection**）と呼ぶことにします[*6]．この文書集合 $\mathbf{W}$ が LDA における観測データになります．

トピックの総数を K と固定したとき，k 番目のトピック $\boldsymbol{\phi}_k \in (0,1)^V (\sum_{v=1}^V \phi_{k,v} = 1)$ は各単語の種類 $v = 1, \ldots, V$ の出現比率を表しています．例えば，$\phi_{k,v} = 0.01$ とした場合は，トピック k（例：スポーツ）には単語 v（例：試合）が 1% の割合で含まれているといった意味になります．さらに，各文書 d には**トピック比率**（**topic proportion**）$\boldsymbol{\theta}_d \in (0,1)^K (\sum_{k=1}^K \theta_{d,k} = 1)$ と呼ばれる変数が対応付けられており，これは文書 d がどのようなトピックの分配で構成されているかを示すものです．また，$\mathbf{z}_{d,n} \in \{0,1\}^K (\sum_{k=1}^K z_{d,n,k} = 1)$ は文書 d 中の n 番目の単語に対する**トピック割り当て**（**topic assignment**）であり，単語 $\mathbf{w}_{d,n}$ が K 個のトピックのうちどれから生成されたかを示す潜在変数です．

さて，これらの変数を生成するための確率分布を考えましょう．まず，単語 $\mathbf{w}_{d,n}$ およびトピック割り当て $\mathbf{z}_{d,n}$ は次のようにカテゴリ分布によって生成されます．

[*6] ここでは各文書がもつ語数 N を共通にしていますが，文書ごとに違う語数 N_d を考えた場合でも議論の本筋は変わりません．

5.4 トピックモデル

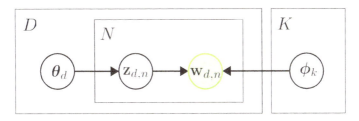

図 5.9 LDA のグラフィカルモデル．

$$p(\mathbf{w}_{d,n}|\mathbf{z}_{d,n}, \boldsymbol{\Phi}) = \prod_{k=1}^{K} \mathrm{Cat}(\mathbf{w}_{d,n}|\boldsymbol{\phi}_k)^{z_{d,n,k}} \tag{5.127}$$

$$p(\mathbf{z}_{d,n}|\boldsymbol{\theta}_d) = \mathrm{Cat}(\mathbf{z}_{d,n}|\boldsymbol{\theta}_d) \tag{5.128}$$

ここで，$\boldsymbol{\Phi} = \{\boldsymbol{\phi}_1, \ldots, \boldsymbol{\phi}_K\}$ と表記しました．単語 $\mathbf{w}_{d,n}$ は，トピック割り当て $\mathbf{z}_{d,n}$ で指定された k 番目のトピック $\boldsymbol{\phi}_k$ から生成されます．$\boldsymbol{\phi}_k$ によって表される語彙の頻度分布に応じて，具体的な単語が生成されているわけですね．また，潜在変数 $\mathbf{z}_{d,n}$ は，文書 d がもっているトピック比率 $\boldsymbol{\theta}_d$ に従って生成されます．$\theta_{d,k}$ の値が大きいトピック k ほど，文書 d 中で $z_{d,n,k}=1$ となる確率が高くなります．

さらに，それぞれのカテゴリ分布のパラメータは，共役性から次のようなディリクレ事前分布から生成されると考えることにします．

$$p(\boldsymbol{\theta}_d) = \mathrm{Dir}(\boldsymbol{\theta}_d|\boldsymbol{\alpha}) \tag{5.129}$$

$$p(\boldsymbol{\phi}_k) = \mathrm{Dir}(\boldsymbol{\phi}_k|\boldsymbol{\beta}) \tag{5.130}$$

ここで $\boldsymbol{\alpha}$ および $\boldsymbol{\beta}$ はそれぞれのディリクレ分布の超パラメータであり，あらかじめ何らかの固定値が与えられているものとします．

以上の生成過程をグラフィカルモデルで表現したのが図 5.9 になります．また，各変数 $\mathbf{w}_{d,n}$，$\mathbf{z}_{d,n}$，$\boldsymbol{\phi}_k$ および $\boldsymbol{\theta}_d$ の対応する集合表現をそれぞれ $\mathbf{W}$，$\mathbf{Z}$，$\boldsymbol{\Phi}$ および $\boldsymbol{\Theta}$ のように表記すれば，全体の同時分布は次のように大きくまとめることができます．

$$p(\mathbf{W}, \mathbf{Z}, \boldsymbol{\Phi}, \boldsymbol{\Theta}) = p(\mathbf{W}|\mathbf{Z}, \boldsymbol{\Phi})p(\mathbf{Z}|\boldsymbol{\Theta})p(\boldsymbol{\Phi})p(\boldsymbol{\Theta}) \tag{5.131}$$

ただし，各分布は次のようになります．

$$p(\mathbf{W}|\mathbf{Z}, \boldsymbol{\Phi}) = \prod_{d=1}^{D}\prod_{n=1}^{N} p(\mathbf{w}_{d,n}|\mathbf{z}_{d,n}, \boldsymbol{\Phi}) \tag{5.132}$$

194 **Chapter 5** 応用モデルの構築と推論

"Arts"	"Budgets"	"Children"	"Education"
NEW	MILLION	CHILDREN	SCHOOL
FILM	TAX	WOMEN	STUDENTS
SHOW	PROGRAM	PEOPLE	SCHOOLS
MUSIC	BUDGET	CHILD	EDUCATION
MOVIE	BILLION	YEARS	TEACHERS
PLAY	FEDERAL	FAMILIES	HIGH
MUSICAL	YEAR	WORK	PUBLIC
BEST	SPENDING	PARENTS	TEACHER
ACTOR	NEW	SAYS	BENNETT
FIRST	STATE	FAMILY	MANIGAT
YORK	PLAN	WELFARE	NAMPHY
OPERA	MONEY	MEN	STATE
THEATER	PROGRAMS	PERCENT	PRESIDENT
ACTRESS	GOVERNMENT	CARE	ELEMENTARY
LOVE	CONGRESS	LIFE	HAITI

The William Randolph Hearst Foundation will give $1.25 million to Lincoln Center, Metropolitan Opera Co., New York Philharmonic and Juilliard School. "Our board felt that we had a real opportunity to make a mark on the future of the performing arts with these grants an act every bit as important as our traditional areas of support in health, medical research, education and the social services," Hearst Foundation President Randolph A. Hearst said Monday in announcing the grants. Lincoln Center's share will be $200,000 for its new building, which will house young artists and provide new public facilities. The Metropolitan Opera Co. and New York Philharmonic will receive $400,000 each. The Juilliard School, where music and the performing arts are taught, will get $250,000. The Hearst Foundation, a leading supporter of the Lincoln Center Consolidated Corporate Fund, will make its usual annual $100,000 donation, too.

図 5.10 抽出されたトピックと潜在変数（文献 [3] より抜粋）.

$$p(\mathbf{Z}|\boldsymbol{\Theta}) = \prod_{d=1}^{D} \prod_{n=1}^{N} p(\mathbf{z}_{d,n}|\boldsymbol{\theta}_d) \tag{5.133}$$

$$p(\boldsymbol{\Phi}) = \prod_{k=1}^{K} p(\boldsymbol{\phi}_k) \tag{5.134}$$

$$p(\boldsymbol{\Theta}) = \prod_{d=1}^{D} p(\boldsymbol{\theta}_d) \tag{5.135}$$

図 5.10 は実際の文書データに LDA を適用してトピック $\boldsymbol{\Phi}$ および潜在変数 $\mathbf{Z}$ の事後分布を近似推定した結果です．上図は抽出されたトピックごとの頻出単語がリストアップされており，例えば一番左の列を見てみると「FILM」「MUSIC」「PLAY」といった単語が並んでいるため，このトピックは抽象的に Arts（芸術）であることが推察されます．トピックは単語集合をハードにクラスタリングしているわけではないので，「NEW」や「STATE」といった単語が複数のトピックにまたがって存在していることにも注意してください．つまり，文書によっては「NEW」は Arts トピックから生成されたと推定される場合もあれば，Budgets トピックから生成されたと推定され

る場合もあり，LDA はこのようにして 1 つの単語に対しても文書ごとに異なる文脈で解釈を与えることができます．また下図は，ある文書 d をピックアップし，各単語に対応する潜在変数の期待値 $\langle \mathbf{z}_{d,n} \rangle$ の値が特に高くなっているようなトピックに対して色を割り当てたものです．1 つの文書がさまざまなトピックの混合として生成されていることが理解できます．

5.4.2 変分推論

LDA における推論の目標は，次のように文書集合 $\mathbf{W}$ が与えられたときの残りの変数の事後分布を計算することです．

$$p(\mathbf{Z}, \boldsymbol{\Theta}, \boldsymbol{\Phi} | \mathbf{W}) = \frac{p(\mathbf{W}, \mathbf{Z}, \boldsymbol{\Theta}, \boldsymbol{\Phi})}{p(\mathbf{W})} \tag{5.136}$$

この分布を解析的に得るためには，分母に現れる周辺尤度 $p(\mathbf{W})$ を計算する必要がありますが，これには文書集合のすべての単語に関して可能なトピック割り当て $\mathbf{Z}$ の組み合わせを評価する必要があり，現実的な計算量にはなりません．そこで，ほかのモデルと同様，変分推論を適用することによって式 (5.136) の事後分布を近似的に表現することを目指します．

LDA における変分推論では，真の事後分布に対して次のような潜在変数 $\mathbf{Z}$ とその他の確率変数に関する分解を仮定すれば，解析的な更新則が導出できることが知られています．

$$p(\mathbf{Z}, \boldsymbol{\Theta}, \boldsymbol{\Phi} | \mathbf{W}) \approx q(\mathbf{Z}) q(\boldsymbol{\Theta}, \boldsymbol{\Phi}) \tag{5.137}$$

この仮定に基づいて変分推論の公式 (4.25) を適用すれば，次の 2 つの式が得られます．

$$\begin{aligned}
\ln q(\mathbf{Z}) =& \langle \ln p(\mathbf{W} | \mathbf{Z}, \boldsymbol{\Phi}) \rangle_{q(\boldsymbol{\Phi})} + \langle \ln p(\mathbf{Z} | \boldsymbol{\Theta}) \rangle_{q(\boldsymbol{\Theta})} + \mathrm{const.} \\
=& \sum_{d=1}^{D} \sum_{n=1}^{N} \{ \langle \ln p(\mathbf{w}_{d,n} | \mathbf{z}_{d,n}, \boldsymbol{\Phi}) \rangle_{q(\boldsymbol{\Phi})} + \langle \ln p(\mathbf{z}_{d,n} | \boldsymbol{\theta}_d) \rangle_{q(\boldsymbol{\theta}_d)} \} \\
& + \mathrm{const.}
\end{aligned} \tag{5.138}$$

$$
\ln q(\boldsymbol{\Theta}, \boldsymbol{\Phi}) = \langle \ln p(\mathbf{W}|\mathbf{Z}, \boldsymbol{\Phi}) \rangle_{q(\mathbf{Z})} + \ln p(\boldsymbol{\Phi})
$$
$$
+ \langle \ln p(\mathbf{Z}|\boldsymbol{\Theta}) \rangle_{q(\mathbf{Z})} + \ln p(\boldsymbol{\Theta}) + \mathrm{const.}
$$
$$
= \sum_{d=1}^{D} \sum_{n=1}^{N} \langle \ln p(\mathbf{w}_{d,n}|\mathbf{z}_{d,n}, \boldsymbol{\Phi}) \rangle_{q(\mathbf{z}_{d,n})} + \sum_{k=1}^{K} \ln p(\boldsymbol{\phi}_k)
$$
$$
+ \sum_{d=1}^{D} \sum_{n=1}^{N} \langle \ln p(\mathbf{z}_{d,n}|\boldsymbol{\theta}_d) \rangle_{q(\mathbf{z}_{d,n})} + \sum_{d=1}^{D} \ln p(\boldsymbol{\theta}_d) + \mathrm{const.}
$$
$$
\tag{5.139}
$$

これまで通り，ここからそれぞれの更新式の具体的な計算を見てみましょう．

まず潜在変数 $\mathbf{Z}$ の近似事後分布は，式（5.138）より，要素 $\mathbf{z}_{d,n}$ ごとに独立に計算をすれば十分であることがわかります．はじめの項を計算すると，

$$
\langle \ln p(\mathbf{w}_{d,n}|\mathbf{z}_{d,n}, \boldsymbol{\Phi}) \rangle_{q(\boldsymbol{\Phi})} = \sum_{k=1}^{K} z_{d,n,k} \sum_{v=1}^{V} w_{d,n,v} \langle \ln \phi_{k,v} \rangle \tag{5.140}
$$

であり，2 番目の項は

$$
\langle \ln p(\mathbf{z}_{d,n}|\boldsymbol{\theta}_d) \rangle_{q(\boldsymbol{\theta}_d)} = \sum_{k=1}^{K} z_{d,n,k} \langle \ln \theta_{d,k} \rangle \tag{5.141}
$$

となります．これら 2 つの式を足し合わせ，$\sum_{k=1}^{K} z_{d,n,k} = 1$ の制約を考慮すれば，$\mathbf{z}_{d,n}$ の事後分布は次のような K 次元のカテゴリ分布として表現できることがわかります．

$$
q(\mathbf{z}_{d,n}) = \mathrm{Cat}(\mathbf{z}_{d,n}|\boldsymbol{\eta}_{d,n}) \tag{5.142}
$$

ただし $\quad \eta_{d,n,k} \propto \exp\{\sum_{v=1}^{V} w_{d,n,v} \langle \ln \phi_{k,v} \rangle + \langle \ln \theta_{d,k} \rangle\}$
$$
\tag{5.143}
$$
$$
\left(\mathrm{s.t.} \quad \sum_{k=1}^{K} \eta_{d,n,k} = 1 \right)
$$

次にパラメータの近似事後分布を計算してみましょう．式（5.139）からわかるように，$\boldsymbol{\Theta}$ と $\boldsymbol{\Phi}$ の近似分布はそれぞれ独立に計算できます．はじめに $\boldsymbol{\theta}_d$ に関係する項のみを考えれば，

$$
\sum_{n=1}^{N} \langle \ln p(\mathbf{z}_{d,n}|\boldsymbol{\theta}_d) \rangle_{q(\mathbf{z}_{d,n})} = \sum_{k=1}^{K} \sum_{n=1}^{N} \langle z_{d,n,k} \rangle \ln \theta_{d,k} \tag{5.144}
$$

$$\ln p(\boldsymbol{\theta}_d) = \sum_{k=1}^{K} (\alpha_k - 1) \ln \theta_{d,k} + \text{const.} \tag{5.145}$$

が得られます. $\sum_{k=1}^{K} \theta_{d,k} = 1$ の制約を考慮すれば, 次のようなディリクレ分布が近似事後分布として得られることになります.

$$q(\boldsymbol{\Theta}) = \prod_{d=1}^{D} \text{Dir}(\boldsymbol{\theta}_d | \hat{\boldsymbol{\alpha}}_d) \tag{5.146}$$

$$\text{ただし} \quad \hat{\alpha}_{d,k} = \sum_{n=1}^{N} \langle z_{d,n,k} \rangle + \alpha_k \tag{5.147}$$

同じようにして $\boldsymbol{\Phi}$ の近似事後分布も計算してみましょう. 今度は $\boldsymbol{\Phi}$ に関して必要な項を取り出してみると,

$$\sum_{d=1}^{D} \sum_{n=1}^{N} \langle \ln p(\mathbf{w}_{d,n} | \mathbf{z}_{d,n}, \boldsymbol{\Phi}) \rangle_{q(\mathbf{z}_{d,n})}$$
$$= \sum_{k=1}^{K} \sum_{d=1}^{D} \sum_{n=1}^{N} \langle z_{d,n,k} \rangle \sum_{v=1}^{V} w_{d,n,v} \ln \phi_{k,v} \tag{5.148}$$

および

$$\ln p(\boldsymbol{\Phi}) = \sum_{k=1}^{K} \sum_{v=1}^{V} (\beta_v - 1) \ln \phi_{k,v} + \text{const.} \tag{5.149}$$

が得られます. 変数 $\boldsymbol{\Phi}$ に対しては $k = 1, \ldots, K$ にまたがるような制約はないので, それぞれの式は K 個の独立な項に分解することができます. 各 $\boldsymbol{\phi}_k$ に対する $\sum_{v=1}^{V} \phi_{k,v} = 1$ の制約を考えれば, 次のような V 次元のディリクレ分布が近似事後分布として得られることになります.

$$q(\boldsymbol{\phi}_k) = \text{Dir}(\boldsymbol{\phi}_k | \hat{\boldsymbol{\beta}}_k) \tag{5.150}$$

$$\text{ただし} \quad \hat{\beta}_{k,v} = \sum_{d=1}^{D} \sum_{n=1}^{N} \langle z_{d,n,k} \rangle w_{d,n,v} + \beta_v \tag{5.151}$$

さて, すべての近似事後分布が解析的な形で求まったので, 後回しにしていた期待値計算を具体的に書いてみましょう.

$$\langle \ln \phi_{k,v} \rangle = \psi(\hat{\beta}_{k,v}) - \psi(\sum_{v'=1}^{V} \hat{\beta}_{k,v'}) \tag{5.152}$$

$$\langle \ln \theta_{d,k} \rangle = \psi(\hat{\alpha}_{d,k}) - \psi(\sum_{k'-1}^{K} \hat{\alpha}_{d,k'}) \tag{5.153}$$

$$\langle z_{d,n,k} \rangle = \eta_{d,n,k} \tag{5.154}$$

ほかのすべてのモデルにおける変分推論アルゴリズムと同様に，各変分パラメータ $\hat{\beta}_{k,v}$, $\hat{\alpha}_{d,k}$ および $\eta_{d,n,k}$ を初期化し，それぞれの変数に対する分布の更新式を繰り返し適用していくのがアルゴリズム全体の流れになります．

5.4.3 崩壊型ギブスサンプリング

ここでは LDA に対する崩壊型ギブスサンプリングを導いてみましょう．混合モデルでは，確率モデルからパラメータを周辺化した新たなモデルを考え，潜在変数を1つずつサンプリングするという手法をとりました．LDA においてもまったく同様の手続きでアルゴリズムを導くことができます．図5.11 は，LDA においてパラメータ $\boldsymbol{\Theta}$ および $\boldsymbol{\Phi}$ を周辺化除去したグラフィカルモデルを表しています．4章で混合モデルに対する崩壊型ギブスサンプリングを考えた場合と同様，周辺化除去の影響で該当するパラメータの子ノード達は互いに依存関係をもち，完全グラフをなしてしまっています．図5.11 の表記においては，見た目を簡略化する観点から，完全グラフをなしているノード間をすべて線で結ぶ代わりに，楕円の点線で囲むことによってノード同士が完全グラフをなしていることを示しています．このグラフィカルモデルを参照しながら，注意深く潜在変数 $\mathbf{z}_{d,n}$ の条件付き分布を計算することが目標になります．ここでは新たに表記として $\mathbf{Z}_{d,\backslash n}$, $\mathbf{Z}_{\backslash d}$ を導入し，それぞれあるドキュメント d における潜在変数の集合 $\mathbf{Z}_d$ から $\mathbf{z}_{d,n}$ のみを除いた部分集合，潜在変数全体 $\mathbf{Z}$ からドキュメント d の潜在変数の集合 $\mathbf{Z}_d$ を除いた部分集合であると定義します．したがって $\mathbf{Z} = \{\mathbf{z}_{d,n}, \mathbf{Z}_{d,\backslash n}, \mathbf{Z}_{\backslash d}\}$ となります．文書集合に関する部分集合 $\mathbf{W}_{d,\backslash n}$ および $\mathbf{W}_{\backslash d}$ も同様の表記を使うこと

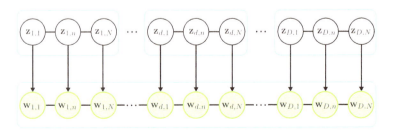

図 5.11　パラメータを周辺化除去したモデル．

にします．この表記を使い，周辺化されたモデルから $\mathbf{z}_{d,n}$ の条件付き分布を調べてみると次のようになります．

$$p(\mathbf{z}_{d,n}|\mathbf{Z}_{d,\backslash n}, \mathbf{Z}_{\backslash d}, \mathbf{W})$$

$$\propto p(\mathbf{w}_{d,n}, \mathbf{W}_{d,\backslash n}, \mathbf{W}_{\backslash d}, \mathbf{z}_{d,n}, \mathbf{Z}_{d,\backslash n}, \mathbf{Z}_{\backslash d}) \tag{5.155}$$

$$= p(\mathbf{w}_{d,n}|\mathbf{W}_{d,\backslash n}, \mathbf{W}_{\backslash d}, \mathbf{z}_{d,n}, \mathbf{Z}_{d,\backslash n}, \mathbf{Z}_{\backslash d}) \tag{5.156}$$

$$\times p(\mathbf{W}_{d,\backslash n}|\mathbf{W}_{\backslash d}, \mathbf{z}_{d,n}, \mathbf{Z}_{d,\backslash n}, \mathbf{Z}_{\backslash d}) \tag{5.157}$$

$$\times p(\mathbf{W}_{\backslash d}|\mathbf{z}_{d,n}, \mathbf{Z}_{d,\backslash n}, \mathbf{Z}_{\backslash d}) \tag{5.158}$$

$$\times p(\mathbf{z}_{d,n}|\mathbf{Z}_{d,\backslash n}, \mathbf{Z}_{\backslash d}) \tag{5.159}$$

$$\times p(\mathbf{Z}_{d,\backslash n}, \mathbf{Z}_{\backslash d}) \tag{5.160}$$

2 行目では条件付き分布の定義を用いて，分母を無視した分子の同時分布のみで式を書き直しました．3 行目から先の複数行は，単純に同時分布を条件付き分布の積で 5 つに細かく分解して書き下してみました．これら 5 つの項は確率変数の独立性を考慮に入れるともっと簡単になります．1 つずつ見ていきましょう．

はじめに式 (5.156) の $\mathbf{w}_{d,n}$ に関する項ですが，これに関してはこれ以上簡単になりません．マルコフブランケットを考えれば，$\mathbf{w}_{d,n}$ は $\mathbf{W}_{d,\backslash n}$ および $\mathbf{W}_{\backslash d}$ とは完全グラフをなしてしまっているので条件から削除できません．同様に，$\mathbf{z}_{d,n}$ は直接の親ノードであるため削除できず，さらに $\mathbf{Z}_{d,\backslash n}$ および $\mathbf{Z}_{\backslash d}$ も共同親であるために削除できません．

次に式 (5.157) における $\mathbf{W}_{d,\backslash n}$ の項ですが，こちらは次のように $\mathbf{z}_{d,n}$ が条件から消えてくれます．

$$p(\mathbf{W}_{d,\backslash n}|\mathbf{W}_{\backslash d}, \mathbf{z}_{d,n}, \mathbf{Z}_{d,\backslash n}, \mathbf{Z}_{\backslash d})$$

$$= p(\mathbf{W}_{d,\backslash n}|\mathbf{W}_{\backslash d}, \mathbf{Z}_{d,\backslash n}, \mathbf{Z}_{\backslash d}) \tag{5.161}$$

これは図 5.11 のグラフィカルモデルから $\mathbf{w}_{d,n}$ を取り除いたものを考えるとわかりやすいです．$\mathbf{z}_{d,n}$ は $\mathbf{w}_{d,n}$ が取り除かれた状態では，$\mathbf{W}_{d,\backslash n}$ 内のいずれのノードに対しても共同親の関係になりません．

同様にして，ノードを削除しながらマルコフブランケットによって独立性を確認していけば，式 (5.158) や式 (5.159) の項も次のように短くなります．

$$p(\mathbf{W}_{\backslash d}|\mathbf{z}_{d,n}, \mathbf{Z}_{d,\backslash n}, \mathbf{Z}_{\backslash d}) = p(\mathbf{W}_{\backslash d}|\mathbf{Z}_{\backslash d}) \tag{5.162}$$

$$p(\mathbf{z}_{d,n}|\mathbf{Z}_{d,\backslash n}, \mathbf{Z}_{\backslash d}) = p(\mathbf{z}_{d,n}|\mathbf{Z}_{d,\backslash n}) \tag{5.163}$$

さて，これらの結果を踏まえて，$\mathbf{z}_{d,n}$ に関係のない項を探してみましょう．

200　**Chapter 5**　応用モデルの構築と推論

はじめに式（5.160）の項ですが，ここはもともと $\mathbf{z}_{d,n}$ がいないのでまるごと削除可能です．同じようにして式（5.157）および式（5.158）も結局 $\mathbf{z}_{d,n}$ が削除されてしまったので，これらの項そのものが不要になります．結果をまとめると，$\mathbf{z}_{d,n}$ の条件付き分布は次のようになります．

$$
\begin{aligned}
&p(\mathbf{z}_{d,n}|\mathbf{Z}_{d,\backslash n}, \mathbf{Z}_{\backslash d}, \mathbf{W})\\
&\quad \propto p(\mathbf{w}_{d,n}|\mathbf{W}_{d,\backslash n}, \mathbf{W}_{\backslash d}, \mathbf{z}_{d,n}, \mathbf{Z}_{d,\backslash n}, \mathbf{Z}_{\backslash d})p(\mathbf{z}_{d,n}|\mathbf{Z}_{d,\backslash n})
\end{aligned} \tag{5.164}
$$

ずいぶん簡略化されましたね．次のステップとしては，この2つの項をそれぞれ調べて，個々の $z_{d,n,k} = 1$ となる場合の値を計算して正規化すれば，$\mathbf{z}_{d,n}$ をサンプルするための離散分布（カテゴリ分布）が得られることになります．

$p(\mathbf{z}_{d,n}|\mathbf{Z}_{d,\backslash n})$ を，パラメータ $\boldsymbol{\theta}_d$ を周辺化した形で書くと，

$$
p(\mathbf{z}_{d,n}|\mathbf{Z}_{d,\backslash n}) = \int p(\mathbf{z}_{d,n}|\boldsymbol{\theta}_d)p(\boldsymbol{\theta}_d|\mathbf{Z}_{d,\backslash n})\mathrm{d}\boldsymbol{\theta}_d \tag{5.165}
$$

となります．これは n 個目の潜在変数 $\mathbf{z}_{d,n}$ のみを除いたディリクレ事後分布 $p(\boldsymbol{\theta}_d|\mathbf{Z}_{d,\backslash n})$ によって計算される予測分布になります．したがって，

$$
p(\mathbf{z}_{d,n}|\mathbf{Z}_{d,\backslash n}) = \mathrm{Cat}(\mathbf{z}_{d,n}|\hat{\boldsymbol{\alpha}}_{d,\backslash n}) \tag{5.166}
$$

$$
\begin{gathered}
\text{ただし}\quad \hat{\alpha}_{d,\backslash n,k} \propto \sum_{n'\neq n} z_{d,n',k} + \alpha_k\\
\left(\text{s.t.}\quad \sum_{k=1}^{K}\hat{\alpha}_{d,\backslash n,k} = 1\right)
\end{gathered} \tag{5.167}
$$

となります．

$p(\mathbf{w}_{d,n}|\mathbf{W}_{d,\backslash n}, \mathbf{W}_{\backslash d}, \mathbf{z}_{d,n}, \mathbf{Z}_{d,\backslash n}, \mathbf{Z}_{\backslash d})$ も見た目は複雑ですが，計算は同様です．簡単のため，k 番目の潜在変数が選択されている（$z_{d,n,k} = 1$）とした場合の計算をします．この式も $\mathbf{w}_{d,n}$ に関する予測分布であると捉えれば，

$$
\begin{aligned}
&p(\mathbf{w}_{d,n}|\mathbf{W}_{d,\backslash n}, \mathbf{W}_{\backslash d}, z_{d,n,k} = 1, \mathbf{Z}_{d,\backslash n}, \mathbf{Z}_{\backslash d})\\
&= \int p(\mathbf{w}_{d,n}|z_{d,n,k} = 1, \boldsymbol{\phi}_k)p(\boldsymbol{\phi}_k|\mathbf{W}_{d,\backslash n}, \mathbf{W}_{\backslash d}, \mathbf{Z}_{d,\backslash n}, \mathbf{Z}_{\backslash d})\mathrm{d}\boldsymbol{\phi}_k
\end{aligned} \tag{5.168}
$$

となるので，ここでも $\mathbf{w}_{d,n}$ および $\mathbf{z}_{d,n}$ 以外のすべての変数を「観測した」場合のディリクレ事後分布 $p(\boldsymbol{\phi}_k|\mathbf{W}_{d,\backslash n}, \mathbf{W}_{\backslash d}, \mathbf{Z}_{d,\backslash n}, \mathbf{Z}_{\backslash d})$ による予測分布の計算になります．したがって $z_{d,n,k} = 1$ の場合は，

$$
p(\mathbf{w}_{d,n}|\mathbf{W}_{d,\backslash n}, \mathbf{W}_{\backslash d}, z_{d,n,k} = 1, \mathbf{Z}_{d,\backslash n}, \mathbf{Z}_{\backslash d}) = \mathrm{Cat}(\mathbf{w}_{d,n}|\hat{\boldsymbol{\beta}}_{d,\backslash n}^{(k)}) \tag{5.169}
$$

$$\text{ただし} \quad \hat{\beta}_{d,\backslash n,v}^{(k)} \propto \sum_{(d',n')\neq(d,n)} \langle z_{d',n',k}\rangle w_{d',n',v} + \beta_v$$

$$\left(\text{s.t.} \quad \sum_{v=1}^{V} \hat{\beta}_{d,\backslash n,v}^{(k)} = 1 \right) \tag{5.170}$$

となります．実際は $\mathbf{w}_{d,n}$ はデータとして与えられているので，ある v に対して $w_{d,n,v} = 1$ となっている場合のみを考慮すればよく，式（5.166）および式（5.169）の結果を合わせることによって，

$$p(z_{d,n,k} = 1|\mathbf{Z}_{d,\backslash n}, \mathbf{Z}_{\backslash d}, w_{d,n,v} = 1, \mathbf{W}_{d,\backslash n}, \mathbf{W}_{\backslash d}) \propto \hat{\beta}_{d,\backslash n,v}^{(k)} \hat{\alpha}_{d,\backslash n,k} \tag{5.171}$$

となります．これをすべての $k = 1, \dots, K$ の場合に関して計算し，和が 1 になるように正規化すれば $\mathbf{z}_{d,n}$ をサンプルするための K 次元カテゴリ分布が得られます．

5.4.4 LDA の応用と拡張

　LDA の文書データに対する応用としては，トピック比率 $\boldsymbol{\Theta}$ を使った文書のクラスタリングや分類，推薦などがあります．また，ある単語クエリ $\mathbf{w}$ が与えられたときに $\mathbf{w}$ が出現する確率のもっとも高い文書を検索するような使い方もあります．ここで LDA が有用なのは，単語 $\mathbf{w}$ がある文書から生成される確率はトピック $\boldsymbol{\Phi}$ とその比率 $\boldsymbol{\Theta}$ を介して決められるので，たとえ $\mathbf{w}$ が一度も出現していないような文書でも意味の内容から検索の対象にすることができる点です．

　LDA にはさまざまなモデルの拡張が提案されており，ベイズ推論による機械学習のアプローチの柔軟性を確認するうえで非常に有益なヒントが多く含まれています．モデルの表現能力を拡張する方法としては，例えば単語間にマルコフ性を導入する例があります．これによって，bag of words の表現では無視されていた，単語間の関係性（熟語など）を考慮した推論を行うことができます．また，時系列順に並んでいる文書集合に対して，トピックに時間的な依存関係をもたせることにより，トピックのもつ単語の分布の変遷をモデル化するような拡張もあります．さらに，**中華料理店過程（Chinese restaurant process）**と呼ばれる確率過程を用いることにより，トピック数 K をデータから自動推論したり，トピックの階層的な構造を推論するような手法も提案されています．

　また，単語の羅列だけを情報として取り扱うのではなく，さまざまな追加データをモデルに組み込むような拡張モデルも提案されています．例えば，

論文のメタデータ（著者情報など）をトピック比率と関連付けることにより，複数の著者間の類似性を分析する応用などがあります．

さらに，LDA は文書データ以外への応用も数多く行われています．コンピュータビジョンの分野では，画像データとそれに付随するキャプションをモデル化し，入力された画像に対して自動的にキャプションを付与するような応用があるほか，visual word と呼ばれる画像中の部分的なパッチを使って画像の構成を解析するアプローチもあります．また，生命情報学の分野においては，遺伝情報のデータを LDA とほぼ同じモデルを使ってパターン解析するような応用例もあります．詳しくは文献 [26] や [32] を参照してください．

5.5 テンソル分解

ここでは，主にアイテム（本や映画，レストランなど）の**推薦システム**（**recommender system**）などの応用でよく使われる**テンソル分解**（**tensor factorization**）を紹介します．機械学習の分野では，テンソルは単純に $R_{n,m,k}$ のような多次元配列のことを指す場合が多く，2 次元配列である行列の拡張版として扱われます．ここでははじめに，行列分解を使った場合の**協調フィルタリング**（**collaborative filtering**）のアイデアを紹介し，さらにそれをテンソルの場合に拡張し，推論アルゴリズムを導出してみます．本節で紹介するアイデアは線形次元削減のモデルとも関連が深いので，先にそちらを一読されることをお勧めします．

5.5.1 協調フィルタリング

協調フィルタリングと呼ばれる推薦技術の枠組みでは，ユーザーのアイテムの購買記録やレーティング（ユーザーの商品に対する評価値）データを利用し，次にユーザーがどのようなアイテムに興味をもつかを予測します．一般的には，協調フィルタリングはメモリベースの手法とモデルベースの手法に分けることができます．メモリベースは，異なるユーザー i と j の間の類似度 $\mathrm{Sim}(i,j)$ を何らかの方法を使って計算することによって，ユーザーが興味をもちそうなアイテムを推薦する手法です．一方で，これから紹介するテンソル分解や，これまでに紹介した線形次元削減や非負値行列因子分解などはモデルベースの推薦手法として認識されています．

例として，**図 5.12** の上図のような架空のユーザーとアイテムに対応付けられたレーティングデータを考えてみることにしましょう．ユーザー n のア

	Item1	Item2	Item3	Item4	Item5	Item6	Item7	Item8
User1	1			1			5	
User2	1	3				4	4	4
User3	4		5	2	3			2
User4	4				4	5		2
User5	3		3	1		3		1

	Item1	Item2	Item3	Item4	Item5	Item6	Item7	Item8
User1	1	1	2	1	4	5	5	5
User2	1	3	2	1	3	4	4	4
User3	4	3	5	2	3	4	2	2
User4	4	3	5	2	4	5	3	2
User5	3	2	3	1	2	3	2	1

図 5.12 行列分解による推薦.

イテム m に対するレーティング値を $R_{n,m} \in \mathbb{R}$ とし，例えば次のような生成過程によって決定されていると仮定しましょう.

$$R_{n,m} = \sum_{d=1}^{D} U_{d,n} V_{d,m} + \epsilon_{n,m} \tag{5.172}$$

ここで $\mathbf{U}_{:,n} \in \mathbb{R}^D$ および $\mathbf{V}_{:,m} \in \mathbb{R}^D$ は，それぞれユーザー n およびアイテム m の特徴ベクトルです．直観的には，$\mathbf{U}_{:,n}$ はユーザー n のもつ嗜好を表し，$\mathbf{V}_{:,m}$ はアイテムのもつ特徴を表しています．これら2つのベクトルの方向性がマッチしており，かつ各ベクトルの大きさが大きいほど，レーティング結果 $R_{n,m}$ が高くなるようなモデルになっています．ただし，ある程度の例外を許すためにノイズ項 $\epsilon_{n,m}$ も追加しています．また，行列の表現を用いれば，式 (5.172) を行列 $\mathbf{R} \in \mathbb{R}^{N \times M}$，$\mathbf{U} \in \mathbb{R}^{D \times N}$ および $\mathbf{V} \in \mathbb{R}^{D \times M}$ として，

$$\mathbf{R} \approx \mathbf{U}^\top \mathbf{V} \tag{5.173}$$

と書き直すこともできます．観測されているレーティング $\mathbf{R}$ が与えられたもとでユーザーの嗜好 $\mathbf{U}$ およびアイテムの特徴 $\mathbf{V}$ を求めることができれば，その情報を使って未観測のレーティングを予測補間することができそう

204 **Chapter 5** 応用モデルの構築と推論

です．また，行列 $\mathbf{R}$ から $\mathbf{U}$ および $\mathbf{V}$ の事後分布を推論する問題は，線形次元削減や非負値行列因子分解で行った方法と本質的には同じ構造であることがわかります．

図5.12の例では，上図から何となくUser1とUser2の間や，User3とUser4との間に似たようなレーティングの傾向が見られます．また，User5は多くの商品に対して厳しい評価を下している傾向があるようです．実際に5.1節で紹介したモデルと欠損値補間のアイデアを用いて，レーティングの予測を行ってみた結果が図5.12の下図になります[*7]．ここでは，部分空間は $D = 2$ 次元と設定しています．Item7の補間結果を見てみると，User1とUser2が高い評価をしているにもかかわらず，User3，User4およびUser5の補間結果は比較的低い予測値を出しています．これは，行列分解がユーザーごとの異なる好みの傾向を低次元空間で抽出しているためです．また，User5に関してはレーティングの履歴の傾向が強く反映されており，未レーティングの予測値は比較的低く予測されているように見えます．

このような行列分解（あるいは次元削減）をベースとしたモデルで推論を行うことにより，潜在的なアイテムの特徴とそれらに対するユーザーの嗜好を抽出することができます．個々のアイテムの内容やユーザーのプロファイル情報を直接参照するのではなく，あくまで購買履歴やレーティングのデータのみから推薦が行えることが，この方法のポイントです．

さて，ここまでが行列分解を使った場合の協調フィルタリングの確率モデルによる解釈です．ここからはこのアイデアを3次元配列に拡張してみることにします．多くの場合では，ユーザーとアイテムに関するレーティング結果だけではなく，そのレーティングや商品の購買がいつなされたのかに関するタイムスタンプも利用可能なデータとして含まれています．そのような時系列的な追加情報をうまくモデルに取り込むことができれば，アイテムの時期的なトレンドなども考慮に入れた，より精緻な推薦が行えることが期待できます．したがって，これから紹介するテンソル分解による協調フィルタリングでは，**図5.13**で表されるように，時間方向のインデックス $k = 1, \ldots, K$ も加えることによりレーティングのデータを3次元配列 $\mathbf{R} \in \mathbb{R}^{N \times M \times K}$ で表現します．さらに，次のように $\mathbf{R}$ を3つの行列によって分解近似することを考えます．

$$R_{n,m,k} = \sum_{d=1}^{D} U_{d,n} V_{d,m} S_{d,k} + \epsilon_{n,m,k} \tag{5.174}$$

[*7]　ただし補間値は実数になるため，ここでは予測の期待値を整数に丸めて表示しています．

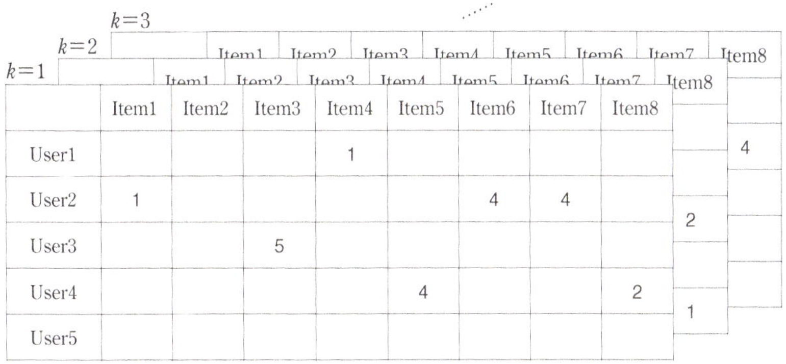

図 5.13　テンソルによるレーティングの表現.

ここで $\mathbf{U}$ や $\mathbf{V}$ は先ほどと同じで，それぞれ潜在的な特徴 d に対するユーザーの嗜好とアイテムの特徴を表し，新しく加わった $S_{d,k} \in \mathbb{R}$ は時刻 k における特徴 d の流行度のようなものを表します．テンソル分解では，観測データ $\mathbf{R}$ から潜在的な行列 $\mathbf{U}$，$\mathbf{V}$ および $\mathbf{S}$ を抽出することが目標になります．

5.5.2　モデル

ここでは，文献 [29] で紹介されている，時間方向のトレンドの遷移を考慮した協調フィルタリングのモデルを使うことにします．先ほど説明した時系列情報を付加したデータ表現のアイデアを，1 次元ガウス分布を用いることにすれば，次のようにモデル化できます．

$$p(R_{n,m,k}|\mathbf{U}_{:,n}, \mathbf{V}_{:,m}, \mathbf{S}_{:,k}, \lambda) = \mathcal{N}(R_{n,m,k}| \sum_{d=1}^{D} U_{d,n}V_{d,m}S_{d,k}, \lambda^{-1})$$

(5.175)

ここで，$\lambda \in \mathbb{R}^+$ はガウス分布の精度パラメータです．また，ユーザーの特徴ベクトル $\mathbf{U}_{:,n} \in \mathbb{R}^D$ およびアイテムの特徴ベクトル $\mathbf{V}_{:,m} \in \mathbb{R}^D$ は，次のような多次元ガウス分布に従うと仮定します．

$$p(\mathbf{U}_{:,n}|\boldsymbol{\mu}_U, \boldsymbol{\Lambda}_U) = \mathcal{N}(\mathbf{U}_{:,n}|\boldsymbol{\mu}_U, \boldsymbol{\Lambda}_U^{-1})$$

(5.176)

$$p(\mathbf{V}_{:,m}|\boldsymbol{\mu}_V, \boldsymbol{\Lambda}_V) = \mathcal{N}(\mathbf{V}_{:,m}|\boldsymbol{\mu}_V, \boldsymbol{\Lambda}_V^{-1})$$

(5.177)

ここで，$\boldsymbol{\mu}_U \in \mathbb{R}^D$ および $\boldsymbol{\Lambda}_U \in \mathbb{R}^{D \times D}$ はユーザーの特徴ベクトルに対する平均および精度パラメータであり，$\mathbf{V}_{:,m}$ に対しても同様のモデル化を行っています．また，$\mathbf{S} \in \mathbb{R}^{D \times K}$ に関しては時間方向のトレンドを抽出してもら

いたいので，次のようなマルコフ性を仮定したガウス分布を考えます．

$$p(\mathbf{S}|\boldsymbol{\mu}_S, \boldsymbol{\Lambda}_S) = \mathcal{N}(\mathbf{S}_{:,1}|\boldsymbol{\mu}_S, \boldsymbol{\Lambda}_S^{-1}) \prod_{k=2}^{K} \mathcal{N}(\mathbf{S}_{:,k}|\mathbf{S}_{:,k-1}, \boldsymbol{\Lambda}_S^{-1}) \qquad (5.178)$$

このような時系列のモデリングは5.4節でも紹介した1次マルコフ連鎖のアイデアと同様です．ただし，今回はカテゴリ分布ではなく，ガウス分布を使うことによって隣り合う変数の間に依存関係をもたせています．

このまま上記の分布のパラメータに適当な値を固定してしまっても，いちおう推薦システムは作れますが，観測データに合わせた柔軟な学習を行うために，ここではそれぞれのパラメータもデータから推論できるようにしましょう．つまり，式 (5.175) の λ に対してはガンマ事前分布を，それ以外の $\mathbf{U}$，$\mathbf{V}$ および $\mathbf{S}$ のパラメータに対してはガウス・ウィシャート事前分布を設定します．

$$p(\lambda) = \text{Gam}(\lambda|a,b) \qquad (5.179)$$

$$p(\boldsymbol{\mu}_U, \boldsymbol{\Lambda}_U) = \mathcal{N}(\boldsymbol{\mu}_U|\mathbf{m}_U, (\beta_U \boldsymbol{\Lambda}_U)^{-1})\mathcal{W}(\boldsymbol{\Lambda}_U|\nu_U, \mathbf{W}_U) \qquad (5.180)$$

$$p(\boldsymbol{\mu}_V, \boldsymbol{\Lambda}_V) = \mathcal{N}(\boldsymbol{\mu}_V|\mathbf{m}_V, (\beta_V \boldsymbol{\Lambda}_V)^{-1})\mathcal{W}(\boldsymbol{\Lambda}_V|\nu_V, \mathbf{W}_V) \qquad (5.181)$$

$$p(\boldsymbol{\mu}_S, \boldsymbol{\Lambda}_S) = \mathcal{N}(\boldsymbol{\mu}_S|\mathbf{m}_S, (\beta_S \boldsymbol{\Lambda}_S)^{-1})\mathcal{W}(\boldsymbol{\Lambda}_S|\nu_S, \mathbf{W}_S) \qquad (5.182)$$

以降の近似推論を計算しやすくするために，これらは分布の共役性に基づいて選ばれています．

さて，以上すべての変数を含んだ同時分布は，

$$\begin{aligned}
p(&\mathbf{R}, \mathbf{U}, \mathbf{V}, \mathbf{S}, \lambda, \boldsymbol{\mu}_U, \boldsymbol{\mu}_V, \boldsymbol{\mu}_S, \boldsymbol{\Lambda}_U, \boldsymbol{\Lambda}_V, \boldsymbol{\Lambda}_S) \\
&= p(\mathbf{R}|\mathbf{U}, \mathbf{V}, \mathbf{S}, \lambda)p(\mathbf{U}|\boldsymbol{\mu}_U, \boldsymbol{\Lambda}_U)p(\mathbf{V}|\boldsymbol{\mu}_V, \boldsymbol{\Lambda}_V)p(\mathbf{S}|\boldsymbol{\mu}_S, \boldsymbol{\Lambda}_S) \\
&\quad \times p(\lambda)p(\boldsymbol{\mu}_U, \boldsymbol{\Lambda}_U)p(\boldsymbol{\mu}_V, \boldsymbol{\Lambda}_V)p(\boldsymbol{\mu}_S, \boldsymbol{\Lambda}_S)
\end{aligned} \qquad (5.183)$$

となります．図 5.14 には詳細なインデックスも考慮に入れたグラフィカルモデルを示しています．

5.5.3 変分推論

ここでは，観測データ $\mathbf{R}$ が与えられたあとの残りの変数の事後分布を得ることが目標になります．すべてのパラメータを $\boldsymbol{\Theta} = \{\lambda, \boldsymbol{\mu}_U, \boldsymbol{\mu}_V, \boldsymbol{\mu}_S, \boldsymbol{\Lambda}_U, \boldsymbol{\Lambda}_V, \boldsymbol{\Lambda}_S\}$ としてまとめてしまうと，事後分布は

$$p(\mathbf{U}, \mathbf{V}, \mathbf{S}, \boldsymbol{\Theta}|\mathbf{R}) = \frac{p(\mathbf{R}, \mathbf{U}, \mathbf{V}, \mathbf{S}, \boldsymbol{\Theta})}{p(\mathbf{R})} \qquad (5.184)$$

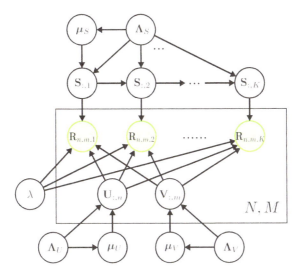

図 5.14 時系列テンソル分解のグラフィカルモデル．

となります．しかし，線形次元削減の事後分布の計算と同様，式 (5.184) の分母に現れる周辺尤度 $p(\mathbf{R})$ は厳密に計算することができません．したがって，ここでも変分推論の枠組みによって，事後分布を次のように分解された形で近似することにします．

$$
\begin{aligned}
p(\mathbf{U}, \mathbf{V}, \mathbf{S}, \boldsymbol{\Theta} | \mathbf{R}) &\approx q(\mathbf{U}) q(\mathbf{V}) q(\mathbf{S}) q(\boldsymbol{\Theta}) \\
&= q(\mathbf{U}) q(\mathbf{V}) \Big\{ \prod_{k=1}^{K} q(\mathbf{S}_{:,k}) \Big\} q(\boldsymbol{\Theta})
\end{aligned}
\tag{5.185}
$$

$\mathbf{S}$ に関しては時間依存があるため，ここでも隠れマルコフモデルにおける完全分解変分推論での議論と同様に，簡単化のため追加の分解 $q(\mathbf{S}) = \prod_{k=1}^{K} q(\mathbf{S}_{:,k})$ を仮定しています．式 (5.185) で表される分解の仮定に基づいて平均場近似の公式 (4.25) を使えば，それぞれの近似事後分布は次のように書き下すことができます．

$$
\begin{aligned}
\ln q(\mathbf{U}) = &\sum_{n=1}^{N} \sum_{m=1}^{M} \sum_{k=1}^{K} \langle \ln p(R_{n,m,k} | \mathbf{U}_{:,n}, \mathbf{V}_{:,m}, \mathbf{S}_{:,k}, \lambda) \rangle_{q(\mathbf{V}, \mathbf{S}, \lambda)} \\
&+ \sum_{n=1}^{N} \langle \ln p(\mathbf{U}_{:,n} | \boldsymbol{\mu}_U, \boldsymbol{\Lambda}_U) \rangle_{q(\boldsymbol{\mu}_U, \boldsymbol{\Lambda}_U)} + \text{const.}
\end{aligned}
\tag{5.186}
$$

$$\ln q(\mathbf{V}) = \sum_{n=1}^{N}\sum_{m=1}^{M}\sum_{k=1}^{K}\langle \ln p(R_{n,m,k}|\mathbf{U}_{:,n},\mathbf{V}_{:,m},\mathbf{S}_{:,k},\lambda)\rangle_{q(\mathbf{U},\mathbf{S},\lambda)}$$
$$+ \sum_{m=1}^{M}\langle \ln p(\mathbf{V}_{:,m}|\boldsymbol{\mu}_V,\boldsymbol{\Lambda}_V)\rangle_{q(\boldsymbol{\mu}_V,\boldsymbol{\Lambda}_V)} + \mathrm{const.} \tag{5.187}$$

$$\ln q(\mathbf{S}_{:,1}) = \sum_{n=1}^{N}\sum_{m=1}^{M}\langle \ln p(R_{n,m,1}|\mathbf{U}_{:,n},\mathbf{V}_{:,m},\mathbf{S}_{:,1},\lambda)\rangle_{q(\mathbf{U},\mathbf{V},\lambda)}$$
$$+ \langle \ln p(\mathbf{S}_{:,1}|\boldsymbol{\mu}_S,\boldsymbol{\Lambda}_S)\rangle_{q(\boldsymbol{\mu}_S,\boldsymbol{\Lambda}_S)}$$
$$+ \langle \ln p(\mathbf{S}_{:,2}|\mathbf{S}_{:,1},\boldsymbol{\Lambda}_S)\rangle_{q(\mathbf{S}_{:,2},\boldsymbol{\Lambda}_S)} + \mathrm{const.} \tag{5.188}$$

$$\ln q(\mathbf{S}_{:,k}) = \sum_{n=1}^{N}\sum_{m=1}^{M}\langle \ln p(R_{n,m,k}|\mathbf{U}_{:,n},\mathbf{V}_{:,m},\mathbf{S}_{:,k},\lambda)\rangle_{q(\mathbf{U},\mathbf{V},\lambda)}$$
$$+ \langle \ln p(\mathbf{S}_{:,k}|\mathbf{S}_{:,k-1},\boldsymbol{\Lambda}_S)\rangle_{q(\mathbf{S}_{:,k-1},\boldsymbol{\Lambda}_S)}$$
$$+ \langle \ln p(\mathbf{S}_{:,k+1}|\mathbf{S}_{:,k},\boldsymbol{\Lambda}_S)\rangle_{q(\mathbf{S}_{:,k+1},\boldsymbol{\Lambda}_S)} + \mathrm{const.} \tag{5.189}$$

$$\ln q(\mathbf{S}_{:,K}) = \sum_{n=1}^{N}\sum_{m=1}^{M}\langle \ln p(R_{n,m,k}|\mathbf{U}_{:,n},\mathbf{V}_{:,m},\mathbf{S}_{:,k},\lambda)\rangle_{q(\mathbf{U},\mathbf{V},\lambda)}$$
$$+ \langle \ln p(\mathbf{S}_{:,K}|\mathbf{S}_{:,K-1},\boldsymbol{\Lambda}_S)\rangle_{q(\mathbf{S}_{:,K-1},\boldsymbol{\Lambda}_S)} + \mathrm{const.} \tag{5.190}$$

$$\ln q(\boldsymbol{\Theta}) = \sum_{n=1}^{N}\sum_{m=1}^{M}\sum_{k=1}^{K}\langle \ln p(R_{n,m,K}|\mathbf{U}_{:,n},\mathbf{V}_{:,m},\mathbf{S}_{:,K},\lambda)\rangle_{q(\mathbf{U},\mathbf{V},\mathbf{S})}$$
$$+ \ln p(\lambda)$$
$$+ \sum_{n=1}^{N}\langle \ln p(\mathbf{U}_{:,n}|\boldsymbol{\mu}_U,\boldsymbol{\Lambda}_U)\rangle_{q(\mathbf{U})} + \ln p(\boldsymbol{\mu}_U,\boldsymbol{\Lambda}_U)$$
$$+ \sum_{m=1}^{M}\langle \ln p(\mathbf{V}_{:,m}|\boldsymbol{\mu}_V,\boldsymbol{\Lambda}_V)\rangle_{q(\mathbf{V})} + \ln p(\boldsymbol{\mu}_V,\boldsymbol{\Lambda}_V)$$
$$+ \langle \ln p(\mathbf{S}_{:,1}|\boldsymbol{\mu}_S,\boldsymbol{\Lambda}_S)\rangle_{q(\mathbf{S})} + \sum_{k=2}^{K}\langle \ln p(\mathbf{S}_{:,k}|\mathbf{S}_{:,k-1},\boldsymbol{\Lambda}_S)\rangle_{q(\mathbf{S})}$$
$$+ \ln p(\boldsymbol{\mu}_S,\boldsymbol{\Lambda}_S) + \mathrm{const.} \tag{5.191}$$

ただしここでは，$\mathbf{S}$ の分解は $k=1$，$2 \leq k \leq K-1$ および $k=K$ の場合に応じて書き分けました．

はじめに式（5.186）から $\mathbf{U}_{:,n}$ に関する項を整理することを考えると，

$$\sum_{m=1}^{M}\sum_{k=1}^{K}\langle\ln\mathcal{N}(R_{n,m,k}|\sum_{d=1}^{D}U_{d,n}V_{d,m}S_{d,k},\lambda^{-1})\rangle_{q(V_{:,m},S_{:,k},\lambda)}$$

$$= -\frac{1}{2}\{\sum_{d=1}^{D}\sum_{d'=1}^{D}U_{d,n}U_{d',n}\langle\lambda\rangle\sum_{m=1}^{M}\sum_{k=1}^{K}\langle V_{d,m}V_{d',m}\rangle\langle S_{d,k}S_{d',k}\rangle$$

$$- 2\sum_{d=1}^{D}U_{d,n}\langle\lambda\rangle\sum_{m=1}^{M}\sum_{k=1}^{K}R_{n,m,k}\langle V_{d,m}\rangle\langle S_{d,k}\rangle\} + \mathrm{const.} \quad (5.192)$$

および

$$\langle\ln\mathcal{N}(\mathbf{U}_{:,n}|\boldsymbol{\mu}_U,\boldsymbol{\Lambda}_U^{-1})\rangle_{q(\boldsymbol{\mu}_U,\boldsymbol{\Lambda}_U)}$$

$$= -\frac{1}{2}\{\mathbf{U}_{:,n}^{\top}\langle\boldsymbol{\Lambda}_U\rangle\mathbf{U}_{:,n} - 2\mathbf{U}_{:,n}^{\top}\langle\boldsymbol{\Lambda}_U\boldsymbol{\mu}_U\rangle\} + \mathrm{const.} \quad (5.193)$$

であるため，$q(\mathbf{U}_{:,n})$ は次のような D 次元のガウス分布としてまとめること
ができます．

$$q(\mathbf{U}_{:,n}) = \mathcal{N}(\mathbf{U}_{:,n}|\hat{\boldsymbol{\mu}}_{U_n},\hat{\boldsymbol{\Lambda}}_U^{-1}) \quad (5.194)$$

ただし $\quad \hat{\boldsymbol{\Lambda}}_U = \langle\lambda\rangle\sum_{m=1}^{M}\sum_{k=1}^{K}\langle\mathbf{V}_{:,m}\mathbf{V}_{:,m}^{\top}\rangle\circ\langle\mathbf{S}_{:,k}\mathbf{S}_{:,k}^{\top}\rangle + \langle\boldsymbol{\Lambda}_U\rangle$

$$\hat{\boldsymbol{\mu}}_{U_n} = \hat{\boldsymbol{\Lambda}}_U^{-1}\{\langle\lambda\rangle\sum_{m=1}^{M}\sum_{k=1}^{K}R_{n,m,k}\langle\mathbf{V}_{:,m}\rangle\circ\langle\mathbf{S}_{:,k}\rangle + \langle\boldsymbol{\Lambda}_U\boldsymbol{\mu}_U\rangle\}$$

$$\quad (5.195)$$

ここで演算 $\circ$ はアダマール積（**Hadamard product**）であり，同じサイズ
の行列やベクトルに対して要素ごとに掛け算を行う演算を意味します．同様
にして $q(\mathbf{V}_{:,m})$ も，式（5.187）から次のような D 次元のガウス分布として
求められます．

$$q(\mathbf{V}_{:,m}) = \mathcal{N}(\mathbf{V}_{:,m}|\hat{\boldsymbol{\mu}}_{V_m},\hat{\boldsymbol{\Lambda}}_V^{-1}) \quad (5.196)$$

ただし $\quad \hat{\boldsymbol{\Lambda}}_V = \langle\lambda\rangle\sum_{n=1}^{N}\sum_{k=1}^{K}\langle\mathbf{U}_{:,n}\mathbf{U}_{:,n}^{\top}\rangle\circ\langle\mathbf{S}_{:,k}\mathbf{S}_{:,k}^{\top}\rangle + \langle\boldsymbol{\Lambda}_V\rangle$

$$\hat{\boldsymbol{\mu}}_{V_m} = \hat{\boldsymbol{\Lambda}}_V^{-1}\{\langle\lambda\rangle\sum_{n=1}^{N}\sum_{k=1}^{K}R_{n,m,k}\langle\mathbf{U}_{:,n}\rangle\circ\langle\mathbf{S}_{:,k}\rangle + \langle\boldsymbol{\Lambda}_V\boldsymbol{\mu}_V\rangle\}$$

$$\quad (5.197)$$

次に時間依存のある $\mathbf{S}$ の近似分布を考えてみましょう．これに関しても式
（5.188），式（5.189）および式（5.190）で表される通り，$k = 1$, $2 \leq k \leq K-1$

210 **Chapter 5** 応用モデルの構築と推論

および $k = K$ のそれぞれの場合を別々に計算すれば，次のような D 次元ガウス分布として表せます．

$$q(\mathbf{S}_{:,k}) = \mathcal{N}(\mathbf{S}_{:,k}|\hat{\boldsymbol{\mu}}_{S_k}, \hat{\mathbf{\Lambda}}_{S_k}^{-1}) \tag{5.198}$$

ただし，$\hat{\boldsymbol{\mu}}_{S_k}$ および $\hat{\mathbf{\Lambda}}_{S_k}$ は，それぞれの k の場合で次のようになります．

（$k = 1$ のとき）

$$\hat{\mathbf{\Lambda}}_{S_1} = \langle\lambda\rangle \sum_{n=1}^{N} \sum_{m=1}^{M} \langle\mathbf{U}_{:,n}\mathbf{U}_{:,n}^{\top}\rangle \circ \langle\mathbf{V}_{:,m}\mathbf{V}_{:,m}^{\top}\rangle + 2\langle\mathbf{\Lambda}_S\rangle$$

$$\hat{\boldsymbol{\mu}}_{S_1} = \hat{\mathbf{\Lambda}}_{S_1}^{-1}\Big\{\langle\lambda\rangle \sum_{n=1}^{N} \sum_{m=1}^{M} R_{n,m,1}\langle\mathbf{U}_{:,n}\rangle \circ \langle\mathbf{V}_{:,m}\rangle \tag{5.199}$$
$$+ \langle\mathbf{\Lambda}_S\boldsymbol{\mu}_S\rangle + \langle\mathbf{\Lambda}_S\rangle\langle\mathbf{S}_{:,2}\rangle\Big\}$$

（$2 \le k \le K - 1$ のとき）

$$\hat{\mathbf{\Lambda}}_{S_k} = \langle\lambda\rangle \sum_{n=1}^{N} \sum_{m=1}^{M} \langle\mathbf{U}_{:,n}\mathbf{U}_{:,n}^{\top}\rangle \circ \langle\mathbf{V}_{:,m}\mathbf{V}_{:,m}^{\top}\rangle + 2\langle\mathbf{\Lambda}_S\rangle$$

$$\hat{\boldsymbol{\mu}}_{S_k} = \hat{\mathbf{\Lambda}}_{S_k}^{-1}\Big\{\langle\lambda\rangle \sum_{n=1}^{N} \sum_{m=1}^{M} R_{n,m,k}\langle\mathbf{U}_{:,n}\rangle \circ \langle\mathbf{V}_{:,m}\rangle \tag{5.200}$$
$$+ \langle\mathbf{\Lambda}_S\rangle(\langle\mathbf{S}_{:,k-1}\rangle + \langle\mathbf{S}_{:,k+1}\rangle)\Big\}$$

（$k = K$ のとき）

$$\hat{\mathbf{\Lambda}}_{S_K} = \langle\lambda\rangle \sum_{n=1}^{N} \sum_{m=1}^{M} \langle\mathbf{U}_{:,n}\mathbf{U}_{:,n}^{\top}\rangle \circ \langle\mathbf{V}_{:,m}\mathbf{V}_{:,m}^{\top}\rangle + \langle\mathbf{\Lambda}_S\rangle$$

$$\hat{\boldsymbol{\mu}}_{S_K} = \hat{\mathbf{\Lambda}}_{S_K}^{-1}\Big\{\langle\lambda\rangle \sum_{n=1}^{N} \sum_{m=1}^{M} R_{n,m,K}\langle\mathbf{U}_{:,n}\rangle \circ \langle\mathbf{V}_{:,m}\rangle \tag{5.201}$$
$$+ \langle\mathbf{\Lambda}_S\rangle\langle\mathbf{S}_{:,K-1}\rangle\Big\}$$

さて，最後にパラメータの近似分布に移りましょう．共役事前分布を選んでいるので，これらの近似分布も機械的に計算ができます．式（5.191）から，$q(\lambda)$，$q(\boldsymbol{\mu}_U, \mathbf{\Lambda}_U)$，$q(\boldsymbol{\mu}_V, \mathbf{\Lambda}_V)$ および $q(\boldsymbol{\mu}_S, \mathbf{\Lambda}_S)$ はそれぞれ独立の分布として計算できることがわかります．$\ln q(\lambda)$ は，

$$\ln q(\lambda) = (\frac{1}{2}NMK + a - 1)\ln\lambda$$

$$- \{\frac{1}{2}\sum_{n=1}^{N}\sum_{m=1}^{M}\sum_{k=1}^{K}\langle(R_{m,n,k} - \sum_{d=1}^{D}U_{d,n}V_{d,m}S_{d,k})^2\rangle + b\}\lambda$$

$$+ \text{const.} \tag{5.202}$$

のように整理ができるので，事後分布は事前分布と同じく次のようなガンマ分布として求められます．

$$q(\lambda) = \text{Gam}(\lambda|\hat{a}, \hat{b}) \tag{5.203}$$

ただし $\quad \hat{a} = \frac{1}{2}NMK + a$

$$\hat{b} = \frac{1}{2}\sum_{n=1}^{N}\sum_{m=1}^{M}\sum_{k=1}^{K}\langle(R_{m,n,k} - \sum_{d=1}^{D}U_{d,n}V_{d,m}S_{d,k})^2\rangle + b \tag{5.204}$$

ここで，式（5.204）における期待値は次のように展開すれば，それぞれの変数個別の期待値計算に落とし込めます．

$$\langle(R_{m,n,k} - \sum_{d=1}^{D}U_{d,n}V_{d,m}S_{d,k})^2\rangle$$

$$= \sum_{d=1}^{D}\sum_{d'=1}^{D}\langle U_{d,n}U_{d',n}\rangle\langle V_{d,m}V_{d',m}\rangle\langle S_{d,k}S_{d',k}\rangle$$

$$- 2R_{n,m,k}\sum_{d=1}^{D}\langle U_{d,n}\rangle\langle V_{d,m}\rangle\langle S_{d,k}\rangle + R_{n,m,k}^2 \tag{5.205}$$

次に，$q(\boldsymbol{\mu}_U, \boldsymbol{\Lambda}_U)$ および $q(\boldsymbol{\mu}_V, \boldsymbol{\Lambda}_V)$ の計算に関してですが，観測データがそれぞれ $\mathbf{U}_{:,n}$ および $\mathbf{V}_{:,m}$ に関する期待値となっているような多次元ガウス分布の推論と考えれば，3章で得られた式（3.132）と同じような結果が得られます．したがって，それぞれの分布は次のような D 次元ガウス・ウィシャート分布として得られ，それぞれ

$$q(\boldsymbol{\mu}_U, \boldsymbol{\Lambda}_U) = \mathcal{N}(\boldsymbol{\mu}_U|\hat{\mathbf{m}}_U, (\hat{\beta}_U\boldsymbol{\Lambda}_U)^{-1})\mathcal{W}(\boldsymbol{\Lambda}_U|\hat{\nu}_U, \hat{\mathbf{W}}_U) \tag{5.206}$$

212 **Chapter 5** 応用モデルの構築と推論

ただし $\quad \hat{\beta}_U = N + \beta_U$

$$\hat{\mathbf{m}}_U = \frac{1}{\hat{\beta}_U}\Big(\sum_{n=1}^N \langle \mathbf{U}_{:,n} \rangle + \beta_U \mathbf{m}_U\Big)$$

$$\hat{\nu}_U = N + \nu_U \tag{5.207}$$

$$\hat{\mathbf{W}}_U^{-1} = \sum_{n=1}^N \langle \mathbf{U}_{:,n}\mathbf{U}_{:,n}^\top \rangle + \beta_U \mathbf{m}_U \mathbf{m}_U^\top - \hat{\beta}_U \hat{\mathbf{m}}_U \hat{\mathbf{m}}_U^\top + \mathbf{W}_U^{-1}$$

および

$$q(\boldsymbol{\mu}_V, \boldsymbol{\Lambda}_V) = \mathcal{N}(\boldsymbol{\mu}_V | \hat{\mathbf{m}}_V, (\hat{\beta}_V \boldsymbol{\Lambda}_V)^{-1}) \mathcal{W}(\boldsymbol{\Lambda}_V | \hat{\nu}_V, \hat{\mathbf{W}}_V) \tag{5.208}$$

ただし $\quad \hat{\beta}_V = M + \beta_V$

$$\hat{\mathbf{m}}_V = \frac{1}{\hat{\beta}_V}\Big(\sum_{m=1}^M \langle \mathbf{V}_{:,m} \rangle + \beta_V \mathbf{m}_V\Big)$$

$$\hat{\nu}_V = M + \nu_V$$

$$\hat{\mathbf{W}}_V^{-1} = \sum_{m=1}^M \langle \mathbf{V}_{:,m}\mathbf{V}_{:,m}^\top \rangle + \beta_V \mathbf{m}_V \mathbf{m}_V^\top - \hat{\beta}_V \hat{\mathbf{m}}_V \hat{\mathbf{m}}_V^\top + \mathbf{W}_V^{-1}$$

$$\tag{5.209}$$

となります. $q(\boldsymbol{\mu}_S, \boldsymbol{\Lambda}_S)$ に関しては, 式 (5.191) からまず $q(\boldsymbol{\mu}_S | \boldsymbol{\Lambda}_S)$ を求め, 次に $\ln q(\boldsymbol{\Lambda}_S) = \ln q(\boldsymbol{\mu}_S, \boldsymbol{\Lambda}_S) - \ln q(\boldsymbol{\mu}_S | \boldsymbol{\Lambda}_S)$ から計算できます. 結果的には

$$q(\boldsymbol{\mu}_S, \boldsymbol{\Lambda}_S) = \mathcal{N}(\boldsymbol{\mu}_S | \hat{\mathbf{m}}_S, (\hat{\beta}_S \boldsymbol{\Lambda}_S)^{-1}) \mathcal{W}(\boldsymbol{\Lambda}_S | \hat{\nu}_S, \hat{\mathbf{W}}_S) \tag{5.210}$$

ただし $\quad \hat{\beta}_S = 1 + \beta_S$

$$\hat{\mathbf{m}}_S = \frac{1}{\hat{\beta}_S}(\langle \mathbf{S}_{:,1} \rangle + \beta_S \mathbf{m}_S)$$

$$\hat{\nu}_S = K + \nu_S$$

$$\begin{aligned}
\hat{\mathbf{W}}_S^{-1} = \langle S_1 S_1^\top \rangle + \sum_{k=2}^K \big\{ &\langle \mathbf{S}_{:,k}\mathbf{S}_{:,k}^\top \rangle + \langle \mathbf{S}_{:,k-1}\mathbf{S}_{:,k-1}^\top \rangle \\
&- \langle \mathbf{S}_{:,k-1}\mathbf{S}_{:,k}^\top \rangle - \langle \mathbf{S}_{:,k}\mathbf{S}_{:,k-1}^\top \rangle \big\} \\
&+ \beta_S \mathbf{m}_S \mathbf{m}_S^\top - \hat{\beta}_S \hat{\mathbf{m}}_S \hat{\mathbf{m}}_S^\top + \mathbf{W}_S^{-1}
\end{aligned} \tag{5.211}$$

となります. ただし, 時間方向の分解の仮定から, 時刻 $k-1$ と k の間の期待値は $\langle \mathbf{S}_{:,k-1}\mathbf{S}_{:,k}^\top \rangle = \langle \mathbf{S}_{:,k-1} \rangle \langle \mathbf{S}_{:,k}^\top \rangle$ のように分けて計算できることに注意

してください.

以上，近似事後分布の更新式がすべて明らかになったので，計算に必要な
期待値も次のように解析的に書き直すことができます.

$$\langle \lambda \rangle = \frac{\hat{a}}{\hat{b}} \tag{5.212}$$

$$\langle \mathbf{U}_{:,n} \rangle = \hat{\boldsymbol{\mu}}_{U_n} \tag{5.213}$$

$$\langle \mathbf{U}_{:,n} \mathbf{U}_{:,n}^\top \rangle = \hat{\boldsymbol{\mu}}_{U_n} \hat{\boldsymbol{\mu}}_{U_n}^\top + \hat{\boldsymbol{\Lambda}}_U^{-1} \tag{5.214}$$

$$\langle \boldsymbol{\Lambda}_U \rangle = \hat{\nu}_U \hat{\mathbf{W}}_U \tag{5.215}$$

$$\langle \boldsymbol{\Lambda}_U \boldsymbol{\mu}_U \rangle = \hat{\nu}_U \hat{\mathbf{W}}_U \hat{\mathbf{m}}_U \tag{5.216}$$

$$\langle \mathbf{V}_{:,m} \rangle = \hat{\boldsymbol{\mu}}_{V_m} \tag{5.217}$$

$$\langle \mathbf{V}_{:,m} \mathbf{V}_{:,m}^\top \rangle = \hat{\boldsymbol{\mu}}_{V_m} \hat{\boldsymbol{\mu}}_{V_m}^\top + \hat{\boldsymbol{\Lambda}}_V^{-1} \tag{5.218}$$

$$\langle \boldsymbol{\Lambda}_V \rangle = \hat{\nu}_V \hat{\mathbf{W}}_V \tag{5.219}$$

$$\langle \boldsymbol{\Lambda}_V \boldsymbol{\mu}_V \rangle = \hat{\nu}_V \hat{\mathbf{W}}_V \hat{\mathbf{m}}_V \tag{5.220}$$

$$\langle \mathbf{S}_{:,k} \rangle = \hat{\boldsymbol{\mu}}_{S_k} \tag{5.221}$$

$$\langle \mathbf{S}_{:,k} \mathbf{S}_{:,k}^\top \rangle = \hat{\boldsymbol{\mu}}_{S_k} \hat{\boldsymbol{\mu}}_{S_k}^\top + \hat{\boldsymbol{\Lambda}}_{S_k}^{-1} \tag{5.222}$$

$$\langle \boldsymbol{\Lambda}_S \rangle = \hat{\nu}_S \hat{\mathbf{W}}_S \tag{5.223}$$

$$\langle \boldsymbol{\Lambda}_S \boldsymbol{\mu}_S \rangle = \hat{\nu}_S \hat{\mathbf{W}}_S \hat{\mathbf{m}}_S \tag{5.224}$$

ところで，式 (5.178) で表されるような，潜在変数の時系列を線形なガウス
分布の連鎖によって表現したモデルを**線形動的システム（linear dynami-
cal system）**と呼びます．これは式 (5.70) で表される隠れマルコフモデル
の状態系列の分布の連続値版と考えることもできます．これらの時系列モデ
ルは総称して**状態空間モデル（state-space model）**とも呼ばれています．
今回のような線形動的システムに対しても，式 (5.185) のような時系列の分
解を仮定することなく，メッセージパッシングアルゴリズムによって直接近
似分布 $q(\mathbf{S})$ から周辺分布を求めることが可能です．導出は多少複雑になる
ためここでは省略しますが，結果として得られるメッセージパッシングは，
カルマンフィルタ（Kalman filter）および**カルマンスムーサ（Kalman
smoother）**の一例として知られています．詳しくは文献 [1] を参照してく
ださい．

5.5.4 欠損値の補間

実際の推薦システムでは，すべてのユーザーがすべてのアイテムに対して

214 **Chapter 5** 応用モデルの構築と推論

レーティングを付けているわけではないので，$\mathbf{R}$ におけるほとんどの要素が欠損値となります．したがって，アイテムの推薦を行うにはそれらの欠損値を推定することが目標になります．もっとも単純なやり方としては，線形次元削減で説明した欠損値補間のアイデアをそのまま適用することで，欠損値のある箇所 $R_{n,m,k}$ に対して，

$$\ln q(R_{n,m,k})$$
$$= \langle \ln \mathcal{N}(R_{n,m,k}| \sum_{d=1}^{D} U_{d,n}V_{d,m}S_{d,k}, \lambda^{-1}) \rangle_{q(\mathbf{U},\mathbf{V},\mathbf{S},\lambda)} + \text{const.} \quad (5.225)$$

とすることによって，その他の変数と同様に近似分布を計算することができます．このとき，レーティングの予測精度の期待値は $\langle \lambda \rangle = \hat{a}/\hat{b}$ となりますが，分母に現れる $\hat{b}$ は式 (5.204) を詳しく見てみると，レーティング値とモデルによって表現されるレーティング値の差の期待値の総和

$$\sum_{n=1}^{N} \sum_{m=1}^{M} \sum_{k=1}^{K} \langle (R_{n,m,k} - \sum_{d=1}^{D} U_{d,n}V_{d,m}S_{d,k})^2 \rangle \quad (5.226)$$

に依存することがわかります．つまり，式 (5.226) で表される値が大きいほどモデルがうまくレーティングを説明しきれていないことになるので，その結果レーティングの予測精度は低くなることが示唆されています．今回のモデルではすべての評価値 $R_{n,m,k}$ に対して単一の精度 λ を仮定していますが，例えばこれを $\lambda_{n,m}$ などとしてユーザーやアイテムごとに異なる予測精度の推論を行うこともできます．このようなモデルを使って得られた予測精度の情報をうまく使えば，レーティングの予測平均 $\langle R_{n,m,k} \rangle$ 自体は多少低くても，不確実性の大きいアイテムを推薦することも可能であり，こちらのほうがユーザーにとっての新しい「発見」につながるかもしれません．

最後に，ほかの変数の近似分布に関しても，$R_{n,m,k}$ が欠損値となっている箇所に関しては，各期待値計算を

$$\langle R_{n,m,k} \rangle = \sum_{d=1}^{D} \langle U_{d,n} \rangle \langle V_{d,m} \rangle \langle S_{d,k} \rangle \quad (5.227)$$

$$\langle R_{n,m,k}^2 \rangle = \langle R_{n,m,k} \rangle^2 + \langle \lambda \rangle^{-1} \quad (5.228)$$

とすれば，簡単に更新式を修正できます．

5.6 ロジスティック回帰

　ここでは，入力変数 $\mathbf{x}$ から離散のラベルデータ $\mathbf{y}$ を直接学習するようなモデルである**ロジスティック回帰（logistic regression）**を紹介します．3 章の最後で線形回帰モデルによる連続値の予測を行いましたが，そこではパラメータの事後分布や新規データに対する予測分布が厳密に計算することができました．ロジスティック回帰は線形回帰の場合と違い，内部に非線形な変数変換が含まれているために，このような解析計算が行えません．ここでは変分推論の使い方として，線形次元削減や LDA で用いた事後分布の分解による平均場近似のアプローチではなく，ガウス分布による事後分布の近似と勾配情報を利用した最適化のアプローチを紹介します．このテクニックはすぐあとに続くニューラルネットワークモデルの学習においてもまったく同じものが使えます．

5.6.1 モデル

　1 章で簡単に紹介したモデルでは，出力値 $\mathbf{y}_n$ を 2 値に限定していましたが，ここではより一般的に，入力値 $\mathbf{x}_n \in \mathbb{R}^M$ を D 個あるクラスの 1 つに分類するモデルを考えることにします．すなわち，ここでは多次元ベクトル $\mathbf{y}_n \in \{0,1\}^D$ が $\sum_{d=1}^{D} y_{n,d} = 1$ を満たすとし，次のようなカテゴリ分布にしたがって出力されると仮定します．

$$p(\mathbf{Y}|\mathbf{X}, \mathbf{W}) = \prod_{n=1}^{N} p(\mathbf{y}_n|\mathbf{x}_n, \mathbf{W})$$
$$= \prod_{n=1}^{N} \mathrm{Cat}(\mathbf{y}_n|f(\mathbf{W}, \mathbf{x}_n)) \tag{5.229}$$

ここで行列 $\mathbf{W} \in \mathbb{R}^{M \times D}$ はこのモデルのパラメータであり，ここでは $\mathbf{W}$ の各要素 $w_{m,d}$ に対して次のようなガウス事前分布を仮定することにします．

$$p(\mathbf{W}) = \prod_{m=1}^{M} \prod_{d=1}^{D} \mathcal{N}(w_{m,d}|0, \lambda^{-1}) \tag{5.230}$$

また，式 (5.229) における非線形関数 f に対して，ここでは D 次元のソフトマックス関数（**softmax function**）を使うことにします．

$$f(\mathbf{W}, \mathbf{x}_n) = \mathrm{SM}(\mathbf{W}^\top \mathbf{x}_n) \tag{5.231}$$

216　**Chapter 5**　応用モデルの構築と推論

各次元 d に関しては次のように定義されます.

$$f_d(\mathbf{W}, \mathbf{x}_n) = \mathrm{SM}_d(\mathbf{W}^\top \mathbf{x}_n)$$
$$= \frac{\exp(\mathbf{W}_{:,d}^\top \mathbf{x}_n)}{\sum_{d'=1}^{D} \exp(\mathbf{W}_{:,d'}^\top \mathbf{x}_n)} \tag{5.232}$$

ここで $\mathbf{W}_{:,d} \in \mathbb{R}^M$ は,行列 $\mathbf{W}$ の d 番目の列ベクトルです.式 (5.232) を見ればわかるように,ソフトマックス関数 $\mathrm{SM}(\cdot)$ は,D 次元の各実数値の入力値を $\exp(\cdot)$ によって非負値に変換し,$\sum_{d=1}^{D} \mathrm{SM}_d(\mathbf{W}^\top \mathbf{x}_n) = 1$ となるように正規化された値を返す関数になっています.このような変換を行うことによって,線形モデル $\mathbf{W}^\top \mathbf{x}_n$ を使ってカテゴリ分布のパラメータを表現できるようになります.

5.6.2　変分推論

ロジスティック回帰の目標は,出力値と入力値の訓練データセット $\{\mathbf{X}, \mathbf{Y}\}$ が与えられた場合の $\mathbf{W}$ の事後分布を推論したうえで,新規の入力データ $\mathbf{x}_*$ が与えられたときの出力値 $\mathbf{y}_*$ の予測を行うことです.事後分布はベイズの定理を使えば次のように書けます.

$$p(\mathbf{W}|\mathbf{Y}, \mathbf{X}) = \frac{p(\mathbf{Y}|\mathbf{X}, \mathbf{W})p(\mathbf{W})}{p(\mathbf{Y}|\mathbf{X})} \tag{5.233}$$

しかし,式 (5.232) のソフトマックス関数を $p(\mathbf{Y}|\mathbf{X}, \mathbf{W})$ の中に導入したことによる非線形性から,$\mathbf{W}$ の事後分布は解析的な確率分布として求めることができません.ロジスティック回帰モデルの事後分布の推論にはさまざまな手法が提案されており,代表的なものとしては**ラプラス近似(Laplace approximation)**や,局所的な関数の近似を用いた手法があるほか,**ハミルトニアンモンテカルロ(Hamiltonian Monte Carlo)**といったサンプリング手法も使われています.ここでは,文献 [4] で紹介されている比較的シンプルな実装で,データサイズの増加に対してスケールしやすいガウス分布による事後分布の近似手法を紹介します.つまり,近似事後分布として次のような $M \times D$ 個の 1 次元ガウス分布をあらかじめ仮定します.

$$q(\mathbf{W}; \boldsymbol{\eta}) = \prod_{m=1}^{M} \prod_{d=1}^{D} \mathcal{N}(w_{m,d}|\mu_{m,d}, \sigma_{m,d}^2) \tag{5.234}$$

ここで $\mu_{m,d}$ および $\sigma_{m,d}$ はこの近似分布の変分パラメータであり,$\boldsymbol{\eta}$ はそれらすべての変分パラメータをまとめた表記です.したがって次のように,この近似分布と式 (5.233) で表される真の事後分布の KL ダイバージェンスを

変分パラメータに関して最小化することが変分推論の目標になります.

$$\boldsymbol{\eta}_{\text{opt.}} = \underset{\boldsymbol{\eta}}{\operatorname{argmin}} \operatorname{KL}[q(\mathbf{W}; \boldsymbol{\eta}) || p(\mathbf{W}|\mathbf{Y}, \mathbf{X})] \tag{5.235}$$

これまでに線形次元削減や LDA で使ってきた平均場近似による変分推論では, 式 (4.15) で表されるような分解の仮定を行うことによって, それぞれの近似分布の変分パラメータの更新式が閉じた解として得ることができました. 一方で, ロジスティック回帰では一般的にそのような解析的な交互更新の手続きを得ることができません. そこで, 式 (5.235) の KL ダイバージェンスを変分パラメータ $\boldsymbol{\eta}$ に関して偏微分することにより, **勾配法 (gradient method)** による最小化を行うことを検討します (勾配法に関しては付録 A.3 を参照してください).

式 (5.235) の KL ダイバージェンスをもう少し詳しく見てみましょう. 期待値の表記を使って展開すると,

$$\begin{aligned}
&\operatorname{KL}[q(\mathbf{W}; \boldsymbol{\eta}) || p(\mathbf{W}|\mathbf{Y}, \mathbf{X})] \\
&= \langle \ln q(\mathbf{W}; \boldsymbol{\eta}) \rangle_{q(\mathbf{W}; \boldsymbol{\eta})} - \langle \ln p(\mathbf{W}) \rangle_{q(\mathbf{W}; \boldsymbol{\eta})} \\
&\quad - \sum_{n=1}^{N} \langle \ln p(\mathbf{y}_n | \mathbf{x}_n, \mathbf{W}) \rangle_{q(\mathbf{W}; \boldsymbol{\eta})} + \text{const.}
\end{aligned} \tag{5.236}$$

となります. ここで, はじめの 2 つの項は単純にガウス分布に対数をとったものの期待値ですので, これまでのモデルで何度か計算してきたようにガウス近似分布 $q(\mathbf{W}; \boldsymbol{\eta})$ による解析的な期待値計算が可能であり, 結果として $\boldsymbol{\eta}$ の関数として表すことができます. しかしその一方で, 最後の尤度関数の期待値の項は, 内部に非線形関数を含んでしまうために解析的な期待値計算ができません. また, 2 章で紹介した式 (2.14) で表されるシンプルなモンテカルロ法を用いれば期待値を $\mathbf{W}$ のサンプルを使って近似することも可能ですが, その場合は結果が $\boldsymbol{\eta}$ の関数として表現されないため, 勾配情報を使った最適化が適用できなくなってしまいます.

ここでは, **再パラメータ化トリック (re-parameterization trick)** と呼ばれる手法を使うことにより, 式 (5.236) から勾配の近似を求めることにします. ここからは表記を簡単化するため, 必要に応じて行列 $\mathbf{W}$ のある要素をインデックスを省略して $w = w_{m,d}$ と書き, 対応する変分パラメータも μ, σ とします. 一般に, ガウス分布によって得られるサンプル値 $\tilde{w} \sim \mathcal{N}(w|\mu, \sigma^2)$ は次のような表現を使って得ることもできます.

$$\tilde{w} = \mu + \sigma \tilde{\epsilon} \tag{5.237}$$

$$\text{ただし}\quad \tilde{\epsilon} \sim \mathcal{N}(\epsilon|0,1) \tag{5.238}$$

このようにして式 (5.237) の決定的な関数と式 (5.238) のパラメータのないガウス分布を使って w のサンプルの表現を書き直すことにより，式 (5.236) は 1 つのサンプル $\tilde{\mathbf{W}}$ を使えば次のように近似することができます．

$$\text{KL}[q(\mathbf{W};\boldsymbol{\eta})||p(\mathbf{W}|\mathbf{Y},\mathbf{X})]$$

$$\approx \ln q(\tilde{\mathbf{W}};\boldsymbol{\eta}) - \ln p(\tilde{\mathbf{W}}) - \sum_{n=1}^{N} \ln p(\mathbf{y}_n|\mathbf{x}_n,\tilde{\mathbf{W}}) + \text{const.}$$

$$= g(\tilde{\mathbf{W}},\boldsymbol{\eta}) \tag{5.239}$$

$\tilde{\mathbf{W}}$ は式 (5.237) で表されるように変分パラメータ $\boldsymbol{\eta}$ の関数ですので，結果として KL ダイバージェンスは変分パラメータの関数 $g(\tilde{\mathbf{W}},\boldsymbol{\eta})$ としての近似表現が得られることがわかりました[*8]．あとは $g(\tilde{\mathbf{W}},\boldsymbol{\eta})$ を各 μ および σ で偏微分すれば，各パラメータの近似勾配を得ることができます．

さて，ここでは $\sigma = \ln(1+\exp(\rho))$ と置き換えることによって，σ が正でなければならない制約を気にすることなく実数値 ρ を最適化することにします．すなわち，各変分パラメータの勾配は，

$$\Delta_\mu = \frac{\partial g(\tilde{\mathbf{W}},\boldsymbol{\eta})}{\partial \mu} \tag{5.240}$$

$$\Delta_\rho = \frac{\partial g(\tilde{\mathbf{W}},\boldsymbol{\eta})}{\partial \sigma}\frac{\partial \sigma}{\partial \rho} \tag{5.241}$$

として計算することができ，$\gamma > 0$ を勾配法における**学習率 (learning rate)** とすれば，

$$\mu \leftarrow \mu - \gamma\Delta_\mu \tag{5.242}$$

$$\rho \leftarrow \rho - \gamma\Delta_\rho \tag{5.243}$$

として変分推論の更新式を得ることができます．

残りは，勾配を具体的に計算するだけの作業になります．式 (5.240) および式 (5.241) から

$$\frac{\partial g(\tilde{\mathbf{W}},\boldsymbol{\eta})}{\partial \mu} = \frac{\partial}{\partial \mu} \ln q(\tilde{\mathbf{W}};\boldsymbol{\eta}) - \frac{\partial}{\partial \mu} \ln p(\tilde{\mathbf{W}}) - \sum_{n=1}^{N} \frac{\partial}{\partial \tilde{w}} \ln p(\mathbf{y}_n|\mathbf{x}_n,\tilde{\mathbf{W}})$$

$$\tag{5.244}$$

[*8] 式 (5.239) の 2 行目におけるはじめの 2 つの項は解析的に期待値が計算できますが，文献 [4] および [22] によれば，式 (5.239) のような共通のサンプル $\tilde{\mathbf{W}}$ によってすべての項を評価すれば，近似勾配の分散が削減できることが示唆されています．

$$\frac{\partial g(\tilde{\mathbf{W}}, \sigma)}{\partial \sigma} = \frac{\partial}{\partial \sigma} \ln q(\tilde{\mathbf{W}}; \boldsymbol{\eta}) - \frac{\partial}{\partial \sigma} \ln p(\tilde{\mathbf{W}}) - \sum_{n=1}^{N} \frac{\partial}{\partial \tilde{w}} \ln p(\mathbf{y}_n|\mathbf{x}_n, \tilde{\mathbf{W}}) \tilde{\epsilon} \tag{5.245}$$

$$\frac{\partial \sigma}{\partial \rho} = \frac{1}{1 + \exp(-\rho)} \tag{5.246}$$

となります．$\ln q(\tilde{\mathbf{W}}; \boldsymbol{\eta})$ および $\ln p(\tilde{\mathbf{W}})$ に対する各偏微分は次のように求められます．

$$\frac{\partial}{\partial \mu} \ln q(\tilde{\mathbf{W}}; \boldsymbol{\eta}) = 0 \tag{5.247}$$

$$\frac{\partial}{\partial \mu} \ln p(\tilde{\mathbf{W}}) = -\lambda \tilde{w} \tag{5.248}$$

$$\frac{\partial}{\partial \sigma} \ln q(\tilde{\mathbf{W}}; \boldsymbol{\eta}) = -\frac{1}{\sigma} \tag{5.249}$$

$$\frac{\partial}{\partial \sigma} \ln p(\tilde{\mathbf{W}}) = -\lambda \tilde{w} \tilde{\epsilon} \tag{5.250}$$

また，尤度の項 $\ln p(\mathbf{y}_n|\mathbf{x}_n, \tilde{\mathbf{W}})$ の微分に関してですが，これは誤差関数 E_n を

$$\mathrm{E}_n = -\ln p(\mathbf{y}_n|\mathbf{x}_n, \tilde{\mathbf{W}}) \tag{5.251}$$

と新たに定義すれば，

$$\frac{\partial}{\partial \tilde{w}} \ln p(\mathbf{y}_n|\mathbf{x}_n, \tilde{\mathbf{W}}) = -\frac{\partial}{\partial \tilde{w}} \mathrm{E}_n \tag{5.252}$$

と書き直せます．この誤差関数の微分は，式（5.229）による尤度関数と，付録 A.2 のソフトマックス関数に関する微分公式（A.33）を使えば，

$$\frac{\partial}{\partial \tilde{w}_{m,d}} \mathrm{E}_n = \{\mathrm{SM}_d(\tilde{\mathbf{W}}^\top \mathbf{x}_n) - y_{n,d}\} x_{n,m} \tag{5.253}$$

と評価できます．

5.6.3　離散値の予測

　式（5.235）で表される近似の目的関数を再パラメータ化トリックを使った勾配法によって十分に最小化することにより，パラメータの近似事後分布 $q(\mathbf{W}; \boldsymbol{\eta}_{\mathrm{opt.}})$ が得られます．今度は得られた近似事後分布を使うことにより，次のような新規データ $\mathbf{x}_*$ が入力された際の $\mathbf{y}_*$ の予測分布を近似的に計算してみます．

$$p(\mathbf{y}_*|\mathbf{Y}, \mathbf{x}_*, \mathbf{X}) = \int p(\mathbf{y}_*|\mathbf{x}_*, \mathbf{W})p(\mathbf{W}|\mathbf{Y}, \mathbf{X})\mathrm{d}\mathbf{W}$$
$$\approx \int p(\mathbf{y}_*|\mathbf{x}_*, \mathbf{W})q(\mathbf{W}; \boldsymbol{\eta}_{\mathrm{opt.}})\mathrm{d}\mathbf{W} \quad (5.254)$$

しかしここでも，式 (5.254) の $p(\mathbf{y}_*|\mathbf{x}_*, \mathbf{W})$ には非線形関数 SM が存在するために解析的な積分計算が実行できないため，さらなる近似を使って $\mathbf{y}_*$ を予測する必要があります．ここでは単純なモンテカルロ法によって $\mathbf{y}_*$ の傾向を調べてみます．サンプル数を L とすれば，近似事後分布からパラメータの実現値 $\mathbf{W}^{(1)}, \ldots, \mathbf{W}^{(L)}$ を次のように得ることができます．

$$\mathbf{W}^{(l)} \sim q(\mathbf{W}; \boldsymbol{\eta}_{\mathrm{opt.}}) \quad (5.255)$$

いま，クラス数を $D = 2$ とすれば，これらのパラメータのサンプルを使って，$\mathbf{y}_*$ が 0 をとる確率と 1 をとる確率が同じ 0.5 になる境界線を図示することができます．図 5.15 の左図は，入力次元を $M = 2$ として 2 次元平面上にデータ点と複数の境界線の候補を 10 個ほどプロットしたものです．さらに，これらのサンプルを使って最終的な予測値を

$$\langle \mathbf{y}_* \rangle \approx \frac{1}{L} \sum_{l=1}^{L} \mathrm{SM}(\mathbf{W}^{(l)\top}\mathbf{x}_*) \quad (5.256)$$

と推定することにし，平面上の各 $\mathbf{x}_*$ に対して評価すれば，図 5.15 の右図のような等高線を描くことができます．赤が濃いほど赤の確率が高く，青が濃いほど青の確率が高いことを示しています．直観的には，左図のような L 個の直線による境界線を複数統合することによって，右図で示される直線ではない確率を割り当てることができることになります．特に，データが少ない領域においては，確率がよりソフト（0 や 1 よりも 0.5 に近い）な値をとる

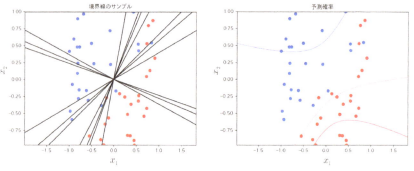

図 5.15 パラメータのサンプルと予測確率．

傾向があることに注目してください.

5.7 ニューラルネットワーク

　ニューラルネットワーク（**neural network**）は本書で紹介した線形回帰やロジスティック回帰と同様に，入力 $\mathbf{x}$ から予測値 $\mathbf{y}$ を直接推定するような確率モデルです．ここでは，ニューラルネットワークを使った連続値の回帰アルゴリズムを取り扱います．ニューラルネットワークは式（3.143）で表される線形回帰のモデルとは違い，$\mathbf{x}$ から $\mathbf{y}$ を予測するための非線形関数をデータから学習できるのが大きな特徴です．もちろん，線形回帰でも入力データ $\mathbf{x}$ に対して2次関数などの非線形関数を適用したり，あるいはもっと広義の特徴量抽出を駆使した非線形変換 ϕ を適用することはできるのですが，そこではそれらの変換自体は学習されずに，あくまで変換後の値をパラメータ $\mathbf{w}$ によって線形に足し合わせているだけになっています．ニューラルネットワークでは，このような特徴量変換を行う非線形関数 ϕ 自体にもパラメータをもたせて学習できるようにすることによって，よりデータに対して柔軟な回帰アルゴリズムを構築することができます.

　また，ここでは本書でこれまで紹介してきた多くのモデルと同様，ニューラルネットワークを完全にベイズ的に取り扱うことにし，学習や予測をすべて確率的な（近似）推論で解きます．これは最尤推定や MAP 推定によって得られる一般的なニューラルネットワークと比べて，過剰適合を自然に抑制できたり，予測の不確かさや自信の度合いを定量的に取り扱えるという利点があります．さらに，ここで紹介する変分推論に基づく学習法は，**誤差逆伝播法（back propagation）** と呼ばれる勾配評価の手法と組み合わせることにより，ロジスティック回帰の学習で解説した変分推論とまったく同じ方法が適用できます.

5.7.1 モデル

　ここではもっとも単純な2層のニューラルネットワークを用いることにします．入力値を $\mathbf{x}_n \in \mathbb{R}^M$，出力値を $\mathbf{y}_n \in \mathbb{R}^D$ とし，ガウス分布によってモデル化すれば，

$$
\begin{aligned}
p(\mathbf{Y}|\mathbf{X}, \mathbf{W}) &= \prod_{n=1}^{N} p(\mathbf{y}_n|\mathbf{x}_n, \mathbf{W}) \\
&= \mathcal{N}(\mathbf{y}_n | f(\mathbf{W}, \mathbf{x}_n), \lambda_y^{-1}\mathbf{I}_D)
\end{aligned}
\tag{5.257}
$$

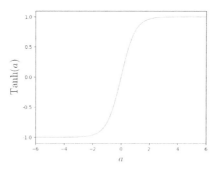

図 5.16　Tanh 関数.

となります.ここで λ_y は固定の精度パラメータです.また,非線形関数 f は次のように定義することにします.

$$f(\mathbf{W}, \mathbf{x}_n) = \mathbf{W}^{(2)\top}\mathrm{Tanh}(\mathbf{W}^{(1)\top}\mathbf{x}_n) \tag{5.258}$$

ベイズ学習では,学習したい値に対してはすべて確率分布を導入します.ここでは,モデルのパラメータ $\mathbf{W}^{(1)} \in \mathbb{R}^{M \times K}$ および $\mathbf{W}^{(2)} \in \mathbb{R}^{K \times D}$ に対して,各要素に次のようなシンプルなガウス事前分布を仮定することにします.

$$p(w_{m,k}^{(1)}) = \mathcal{N}(w_{m,k}^{(1)}|0, \lambda_w^{-1}) \tag{5.259}$$

$$p(w_{k,d}^{(2)}) = \mathcal{N}(w_{k,d}^{(2)}|0, \lambda_w^{-1}) \tag{5.260}$$

また,$\mathrm{Tanh}(\cdot)$ は,

$$\mathrm{Tanh}(a) = \frac{\exp(a) - \exp(-a)}{\exp(a) + \exp(-a)} \tag{5.261}$$

と定義され,図 5.16 のような非線形変換を行う関数であり,シグモイド関数を移動させただけの関数になっています(付録 A.2 参照).ただし式 (5.258) の関数の入力 $\mathbf{W}^{(1)\top}\mathbf{x}_n$ は K 次元ベクトルになっているので,その場合は単純に各要素 k ごとに式 (5.261) を使って値が評価されるものとします.

ところで,$\mathbf{W}^{(1)}$ および $\mathbf{W}^{(2)}$ のサイズを決めるモデルパラメータ K は,ニューラルネットワークの分野では隠れユニットの個数として解釈されています.図 5.17 には,K の値を変えた場合のニューラルネットワークモデルによる関数のサンプルがプロットされています.非線形関数 f は,$\mathbf{W}_{:,k}^{(1)} \in \mathbb{R}^M$,$\mathbf{W}_k^{(2)\top} \in \mathbb{R}^D$ と表記すれば,

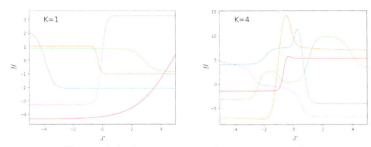

図 5.17 事前分布からのニューラルネットワークのサンプル．

$$f(\mathbf{W}, \mathbf{x}_n) = \sum_{k=1}^{K} \mathbf{W}_k^{(2)\top} \text{Tanh}(\mathbf{W}_{:,k}^{(1)\top} \mathbf{x}_n) \quad (5.262)$$

と書き直せるため，$K=1$ の場合は単純に Tanh 関数をスケールするだけのモデルになりますが，$K>1$ の場合は，異なる複数個の Tanh 関数を足し合わせた，より表現力の豊かな関数によってガウス分布の平均ベクトル $f(\mathbf{W}, \mathbf{x}_n)$ をモデル化することになります．理論的には $K \to \infty$ としたとき，ニューラルネットワークは任意の滑らかな非線形関数を表現できることが知られています．

ちなみに，式 (5.258) で表される非線形変換にさらにソフトマックス関数による変換を加え，観測モデルとしてガウス分布の代わりにカテゴリ分布を用いれば，多クラス分類のためのニューラルネットワークが構築できます．また，得られた多クラス分類ニューラルネットワークの非線形変換の部分 $\mathbf{W}_k^{(2)\top}\text{Tanh}(\cdot)$ を恒等変換に置き換えれば，1 つ前の節で紹介した多クラスロジスティック回帰を復元することができます．さらに，本書では深くは触れませんが，線形回帰モデルの入力変数を潜在変数にすると線形次元削減モデルが得られることと同様，ニューラルネットワークの入力変数を潜在変数にすれば**オートエンコーダ**（**autoencoder**）と呼ばれる非線形の次元削減手法を得ることができます．

5.7.2 変分推論

ここではニューラルネットワークモデルのパラメータ $\mathbf{W} = \{\mathbf{W}^{(1)}, \mathbf{W}^{(2)}\}$ の事後分布を推論する問題を考えます．ロジスティック回帰で行った議論と同様，対角ガウス分布を使った近似事後分布 $q(\mathbf{W}; \boldsymbol{\eta})$ の利用を検討してみます．ここで $\boldsymbol{\eta}$ は変分パラメータの集合であり，ここでは合計 $MK + KD$ 個のすべての $\mathbf{W}$ の要素に対して，1 次元ガウス分布を仮定することになりま

224　Chapter 5　応用モデルの構築と推論

す．このような仮定をすれば，変分推論における最小化すべき目的関数の近似表現は式 (5.239) とまったく同じになります．

　ここでも式 (5.237) によるガウス分布の再パラメータ化トリックを使って，関数 $g(\tilde{\mathbf{W}}, \boldsymbol{\eta})$ を最小化することを考えます．事前分布の設定および事後分布の近似に関してはロジスティック回帰と同じ仮定をおいているので，ニューラルネットワークの学習に必要な新規の計算は，次の尤度関数における $\tilde{w}$ に関する微分の評価のみとなります．

$$\frac{\partial}{\partial \tilde{w}} \ln p(\mathbf{y}_n | \mathbf{x}_n, \tilde{\mathbf{W}}) = -\frac{\partial}{\partial \tilde{w}} \mathrm{E}_n \tag{5.263}$$

ここで誤差関数 $\mathrm{E}_n = -\ln p(\mathbf{y}_n | \mathbf{x}_n, \tilde{\mathbf{W}})$ をおきました．式 (5.263) を展開し，合成関数の微分を使えば，それぞれの層におけるパラメータの微分は次のように評価できます．

$$\frac{\partial}{\partial \tilde{w}_{k,d}^{(2)}} \mathrm{E}_n = \lambda_y \delta_d^{(2)} z_k \tag{5.264}$$

$$\frac{\partial}{\partial \tilde{w}_{m,k}^{(1)}} \mathrm{E}_n = \lambda_y \delta_k^{(1)} x_{n,m} \tag{5.265}$$

ただし，ここでは各文字を次のようにおきました．

$$z_k = \mathrm{Tanh}(\sum_{m=1}^{M} \tilde{w}_{m,k}^{(1)} x_{n,m}) \tag{5.266}$$

$$\delta_d^{(2)} = f_d(\tilde{\mathbf{W}}, \mathbf{x}_n) - y_{n,d} \tag{5.267}$$

$$\delta_k^{(1)} = (1 - z_k^2) \sum_{d=1}^{D} \tilde{w}_{k,d}^{(2)} \delta_d^{(2)} \tag{5.268}$$

実装上は，まず近似分布からサンプルされた重みと入力データを使って式 (5.266) を評価します．そのあと順番に，式 (5.267) から誤差 $\delta_d^{(2)}$ を評価し，その結果を使って式 (5.268) の誤差 $\delta_k^{(1)}$ を評価します．このような合成関数の微分に基づいた勾配評価の方法は，誤差 δ がネットワークの出力側から入力側に順番に伝わっていくことから**誤差逆伝播法（back propagation）**と呼ばれています．

　また，ニューラルネットワークの学習にはしばしば大量の訓練データを必要とすることが多く，一度にすべてのデータを使って尤度の勾配を計算するのは効率的ではない場合があります．そのため，データを 1 つ 1 つ逐次的に与えて勾配を計算する**確率的勾配降下法（stochastic gradient descent）**が実践ではよく使われています．変分推論で確率的勾配降下法を用いる場合

は，次のように事前分布および近似分布に関する項の影響を抑える必要があります．

$$\frac{\partial}{\partial \boldsymbol{\eta}} g_n(\tilde{\mathbf{W}}, \boldsymbol{\eta}) = \frac{1}{N} \Big\{ \frac{\partial}{\partial \boldsymbol{\mu}} \ln q(\tilde{\mathbf{W}}; \boldsymbol{\eta}) - \frac{\partial}{\partial \boldsymbol{\mu}} \ln p(\tilde{\mathbf{W}}) \Big\}$$
$$- \frac{\partial}{\partial \tilde{\mathbf{W}}} \ln p(\mathbf{y}_n | \mathbf{x}_n, \tilde{\mathbf{W}}) \tag{5.269}$$

確率的勾配降下法は，データ全体を一度に投入するバッチ学習（**batch learning**）と比べて高速でメモリ効率もよく，データ点ごとの勾配を計算するために**局所最適解**（**local optimum**）を避けやすいという利点もあります．

5.7.3 連続値の予測

さて，学習された近似事後分布 $q(\mathbf{W}; \boldsymbol{\eta}_{\text{opt.}})$ を使うことによって新規データ $\mathbf{y}_*$ に対する予測を行うことにします．ここでも，解析的な予測分布 $p(\mathbf{y}_* | \mathbf{Y}, \mathbf{x}_*, \mathbf{X})$ を直接求めることはできないので，近似事後分布からのサンプルをいくつか得ることによって予測を可視化してみます．図 5.18 は $N = 50$ 個の 1 次元入力データ $\mathbf{X}$ および出力データ $\mathbf{Y}$ に対して変分推論を用いて近似事後分布を学習したあと，$L = 100$ 個のサンプルされた $\mathbf{W}$ を使って予測関数をプロットした結果です．また，青線は近似事後分布で得られた平均値をそのまま使って計算された予測関数です．結果を見ると，データの観測されていない領域ほど予測が不確かになっていることがわかります．このようなデータの存在しない領域に関する予測は，$\mathbf{W}$ に対する事前分布の設定，K の値，非線形関数 f の選択などの事前構造によって大きく異なってきます．

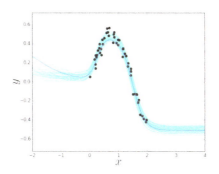

図 5.18 学習後のニューラルネットワークによる予測．

226　**Chapter 5**　応用モデルの構築と推論

参考 **5.2 ベイズ学習のこれから**

　本書では，機械学習アルゴリズムの成り立ちを「モデル × 推論」の組み合わせで捉え，あらゆる問題がこのアプローチで一貫性をもって解かれることを解説しました．今後，ベイズ学習の研究や応用はどのような道をたどっていくのでしょうか．

　ベイズ学習で行っていることは，極言をすれば，不確実性を伴うシステムの挙動解析であるといえます．モデル化されたシステムの一部分を固定してみたり（条件付け），関心のない部分をまとめあげたり（周辺化）することによって，知りたい事象（未来の値やデータの潜在的なパターンなど）の振る舞い（分布）を理解しようとします．この枠組みを用いれば，センサーやウェブデータの解析だけではなく，人間の脳活動や，多種多様な要因が絡み合う社会現象に至るまで，さまざまな問題を任意の粒度・視点で解析することができます．

　また，それと並行して，クラウドや分散処理をはじめとした，大量のデータを取得・処理するための計算環境も年々進化を続けており，これからはそれに応じた大規模かつ非線形性の高いモデルの効率学習が重要な課題になるでしょう．このような話題は，特に深層学習の分野を中心として現在活発に議論や応用が進められています．

　このことから，ベイズ学習のもつ適用範囲の広さと，大量データに対する複雑なモデルの効率計算の 2 つがうまく組み合わされば，いままで行えなかったような大規模かつ包括的な問題解決に取り組むことが可能になるといえます．ベイズ学習は，深層学習や最適化理論で培われた効率的な計算のノウハウと組み合わさることにより，さらなるエキサイティングな応用領域を拡大していくでしょう．

Appendix A

計算に関する補足

A.1 基本的な行列計算

ここでは本書で使用する基本的な行列計算を，必要最小限の範囲で説明します．行列計算に関する便利なガイドブックとしては文献 [23] があり，行列やベクトルに関する微分や発展的な行列演算に関する公式などが豊富に載っています．

A.1.1 転置

サイズが $M \times N$ の行列 $\mathbf{A}$ に対して，m 行 n 列目の要素と n 行 m 列目の要素を入れ替えて作ったサイズが $N \times M$ の行列を $\mathbf{A}$ の**転置**（**transpose**）と呼び，$\mathbf{A}^\top$ と表記します．転置の定義から次のような等式が成り立ちます．

$$(\mathbf{A} + \mathbf{B})^\top = \mathbf{A}^\top + \mathbf{B}^\top \tag{A.1}$$

$$(\mathbf{AB})^\top = \mathbf{B}^\top \mathbf{A}^\top \tag{A.2}$$

また，次の等式が成り立つような行列 $\mathbf{A}$ を**対称行列**（**symmetric matrix**）と呼びます．

$$\mathbf{A} = \mathbf{A}^\top \tag{A.3}$$

対称行列の例としては，多次元ガウス分布の共分散行列などが挙げられます．

A.1.2 逆行列

$\mathbf{A}^{-1}$ を N 次元正方行列 $\mathbf{A}$ の**逆行列**（**inverse matrix**）と呼び，次の等式を満たします．

$$\mathbf{A}\mathbf{A}^{-1} = \mathbf{A}^{-1}\mathbf{A} = \mathbf{I}_N \tag{A.4}$$

ここで $\mathbf{I}_N$ は N 次元の単位行列です．逆行列と転置の定義から，次のような

等式が成り立ちます.

$$(\mathbf{AB})^{-1} = \mathbf{B}^{-1}\mathbf{A}^{-1} \tag{A.5}$$

$$(\mathbf{A}^\top)^{-1} = (\mathbf{A}^{-1})^\top \tag{A.6}$$

転置の逆行列が逆行列の転置であるという結果から，多次元ガウス分布の共分散行列の逆行列である精度行列も対称行列であることがわかります.

　以下はウッドベリーの公式（**Woodbury formula**）と呼ばれ，多次元のガウス分布における推論計算などに用いると便利な逆行列の公式です.

$$(\mathbf{A} + \mathbf{UBV})^{-1} = \mathbf{A}^{-1} - \mathbf{A}^{-1}\mathbf{U}(\mathbf{B}^{-1} + \mathbf{VA}^{-1}\mathbf{U})^{-1}\mathbf{VA}^{-1} \tag{A.7}$$

また，次の公式もよく利用されます.

$$(\mathbf{A} + \mathbf{BC})^{-1} = \mathbf{A}^{-1} - \mathbf{A}^{-1}\mathbf{B}(\mathbf{I} + \mathbf{CA}^{-1}\mathbf{B})^{-1}\mathbf{CA}^{-1} \tag{A.8}$$

公式 (A.8) の $\mathbf{B}$ および $\mathbf{C}$ をそれぞれベクトル $\mathbf{b}$ および $\mathbf{c}^\top$ に置き換えたものは，次のようなシャーマン–モリソンの公式（**Sherman–Morrison formula**）として知られています.

$$(\mathbf{A} + \mathbf{bc}^\top)^{-1} = \mathbf{A}^{-1} - \frac{\mathbf{A}^{-1}\mathbf{bc}^\top\mathbf{A}^{-1}}{1 + \mathbf{c}^\top\mathbf{A}^{-1}\mathbf{b}} \tag{A.9}$$

これは行列 $(\mathbf{A} + \mathbf{bc}^\top)^{-1}$ を求める際に，$\mathbf{A}^{-1}$ の計算結果をすでにもっていれば，計算時間のかかる逆行列の演算を避けられることを意味しています. このような行列 $\mathbf{A}$ の逆行列の更新方法は**ランク 1 更新**（**rank–1 update**）としても知られ，サイズの大きな行列の逆行列計算を伴うようなアルゴリズムの計算高速化に使われることがあります.

A.1.3　トレース

　$\mathrm{Tr}(\mathbf{A})$ を正方行列 $\mathbf{A}$ に対する**トレース**（**trace**）と呼び，次のように行列の対角成分を足し合わせる操作になっています.

$$\mathrm{Tr}(\mathbf{A}) = \sum_{n=1}^{N} A_{n,n} \tag{A.10}$$

定義から，行列 $\mathbf{A}$，$\mathbf{B}$ に対して次のような等式が成り立ちます.

$$\mathrm{Tr}(\mathbf{A}) = \mathrm{Tr}(\mathbf{A}^\top) \tag{A.11}$$

$$\mathrm{Tr}(\mathbf{A} + \mathbf{B}) = \mathrm{Tr}(\mathbf{A}) + \mathrm{Tr}(\mathbf{B}) \tag{A.12}$$

$$\mathrm{Tr}(\mathbf{AB}) = \mathrm{Tr}(\mathbf{BA}) \tag{A.13}$$

A.1.4 行列式

$|\mathbf{A}|$ を正方行列 $\mathbf{A}$ に対する**行列式**（**determinant**）と呼び，次のように求められます．

$$|\mathbf{A}| = \prod_{n=1}^{N} \lambda_n \tag{A.14}$$

ただし λ_n は行列 $\mathbf{A}$ の固有値です．行列式の有用な性質としては，次のようなものがあります．

$$|c\mathbf{A}| = c^N |\mathbf{A}| \tag{A.15}$$

$$|\mathbf{A}^\top| = |\mathbf{A}| \tag{A.16}$$

$$|\mathbf{AB}| = |\mathbf{A}||\mathbf{B}| \tag{A.17}$$

$$|\mathbf{A}^{-1}| = |\mathbf{A}|^{-1} \tag{A.18}$$

$$|\mathbf{I}_N + \mathbf{CD}^\top| = |\mathbf{I}_M + \mathbf{C}^\top\mathbf{D}| \tag{A.19}$$

A.1.5 正定値行列

固有値がすべて正の実正方行列を**正定値行列**（**positive definite matrix**）と呼びます．実正方行列 $\mathbf{A}$ が正定値行列である必要十分条件は，任意の非ゼロベクトル $\mathbf{x}$ に関して，

$$\mathbf{x}^\top \mathbf{A} \mathbf{x} > 0 \tag{A.20}$$

が成り立つことです．正定値行列の例としては，ガウス分布の精度行列 $\mathbf{\Lambda}$ が挙げられます．また，正定値行列の逆行列も正定値行列になるので，共分散行列 $\mathbf{\Sigma} = \mathbf{\Lambda}^{-1}$ は正定値行列になります．

また，正定値行列 $\mathbf{A}$ はすべての固有値が正であることから，

$$|\mathbf{A}| > 0 \tag{A.21}$$

が成り立ちます．

A.2 特殊な関数

A.2.1 ガンマ関数とディガンマ関数

ガンマ関数（**gamma function**）$\Gamma(\cdot)$ は，階乗を一般化した関数で，正の実数 $x \in \mathbb{R}^+$ に対して次のように定義されます．

230   **Appendix A**   計算に関する補足

$$\Gamma(x) = \int t^{x-1} e^{-t} \mathrm{d}t \tag{A.22}$$

ガンマ関数の重要な性質としては次のようなものがあります.

$$\Gamma(x+1) = x\Gamma(x) \tag{A.23}$$

$$\Gamma(1) = 1 \tag{A.24}$$

したがって, 自然数 n に対しては

$$\Gamma(n+1) = n! \tag{A.25}$$

が成り立ちます. ガンマ関数はその性質上, 巨大な値をとることがあるため, プログラムで実装する際はガンマ関数に対数をとったものを扱うほうが便利です. 多くのプログラミング言語では lgamma() や gammaln() といった名前の関数が用意されています.

ディガンマ関数（**digamma function**）$\psi(\cdot)$ は, 次のようにガンマ関数の対数の微分として定義されます.

$$\psi(x) = \frac{\mathrm{d}}{\mathrm{d}x} \ln \Gamma(x) \tag{A.26}$$

こちらに関しても多くのプログラミング言語では digamma() といった名前の関数が用意されています.

A.2.2 シグモイド関数とソフトマックス関数

シグモイド関数（**sigmoid function**）$\mathrm{Sig}(\cdot)$ は, 実数値入力 $a \in \mathbb{R}$ に対して次のように定義されます.

$$\mathrm{Sig}(a) = \frac{1}{1 + \exp(-a)} \tag{A.27}$$

シグモイド関数は図 1.2 に示されるように, 連続値の入力を $(0, 1)$ の範囲の実数値に押し込めるような非線形関数です.

Tanh関数（**tanh function**）あるいは**双曲線正接関数**（**hyperbolic tangent function**）$\mathrm{Tanh}(\cdot)$ も実数値入力 $a \in \mathbb{R}$ に対する非線形関数で, 次のように定義されています.

$$\mathrm{Tanh}(a) = \frac{\exp(a) - \exp(a)}{\exp(a) + \exp(-a)} \tag{A.28}$$

また, シグモイド関数と Tanh 関数の間には次の等式が成り立っています.

$$\mathrm{Tanh}(a) = 2\mathrm{Sig}(2a) - 1 \tag{A.29}$$

したがって，Tanh 関数は単純にシグモイド関数をスケーリングし直した関数になっています．

ソフトマックス関数（softmax function） SM(·) は，シグモイド関数を K 次元に拡張したものになります．入力変数を $\mathbf{a} \in \mathbb{R}^K$ とすれば，k 次元目の出力は，

$$\mathrm{SM}_k(\mathbf{a}) = \frac{\exp(a_k)}{\sum_{k'=1}^{K} \exp(a_{k'})} \tag{A.30}$$

となります．$K = 2$ とおけば，式（A.27）のシグモイド関数と同等の表現が得られます．

5 章で紹介するロジスティック回帰やニューラルネットワークの学習には，これらの非線形関数の微分情報が必要になってきます．シグモイド関数および Tanh 関数の入力値 $a \in \mathbb{R}$ に関する微分はそれぞれ次のようになります．

$$\frac{\partial \mathrm{Sig}(a)}{\partial a} = \mathrm{Sig}(a)(1 - \mathrm{Sig}(a)) \tag{A.31}$$

$$\frac{\partial \mathrm{Tanh}(a)}{\partial a} = 1 - \mathrm{Tanh}(a)^2 \tag{A.32}$$

また，ソフトマックス関数の k 番目の出力 $\mathrm{SM}_k(\mathbf{a})$ を，$\mathbf{a} \in \mathbb{R}^K$ のある k' 番目の要素 $a_{k'}$ で微分した場合は次のようになります．

$$\frac{\partial \mathrm{SM}_k(\mathbf{a})}{\partial a_{k'}} = \begin{cases} \mathrm{SM}_k(\mathbf{a})(1 - \mathrm{SM}_k(\mathbf{a})) & \text{if } k = k' \\ -\mathrm{SM}_k(\mathbf{a})\mathrm{SM}_{k'}(\mathbf{a}) & \text{otherwise} \end{cases} \tag{A.33}$$

A.3 勾配法

与えられた制約条件のもとで，ある関数の最小値または最大値を数値的に求める計算を**最適化（optimization）**と呼びます．ここでは多次元ベクトル $\mathbf{x} \in \mathbb{R}^D$ を入力とする関数 $f(\mathbf{x})$ の最小化問題を考えます．また，関数 $f(\mathbf{x})$ の勾配情報を利用した最適化手法を**勾配法（gradient method）**と呼び，ここでは勾配法の例として，**最急降下法（steepest descent method）**および**座標降下法（coordinate descent method）**を紹介します．

A.3.1 関数の勾配

関数 $f(\mathbf{x})$ の**勾配（gradient）** ∇f は次のように定義されます．

232　**Appendix A**　計算に関する補足

$$\nabla f(\mathbf{x}) = \begin{bmatrix} \partial f(\mathbf{x})/\partial x_1 \\ \vdots \\ \partial f(\mathbf{x})/\partial x_D \end{bmatrix} \tag{A.34}$$

勾配 ∇f は，点 $\mathbf{x}$ のユークリッド距離の近傍で関数値 $f(\mathbf{x})$ がもっとも急に変化する向きを示しています．

A.3.2　最急降下法

ある初期値 $\mathbf{x} = \mathbf{x}_0$ を与えたとき，勾配の情報に従って関数の値がもっとも急に小さくなるような方向を選んで $\mathbf{x}$ を更新していけば，関数の局所的な最小値を探索することができます．

$$\mathbf{x} \leftarrow \mathbf{x} - \gamma \nabla f(\mathbf{x}) \tag{A.35}$$

一般的に**学習率**（**learning rate**）γ はある小さな正の値に設定しておきます．γ を大きい値に設定すれば，一度の更新で $\mathbf{x}$ が大きく移動するために学習の高速化が期待できますが，逆に大きすぎると関数が増大してしまったり，最適化自体が発散してしまったりすることがあります．そのため，何度か γ の設定を変えてアルゴリズムを動かしてみて経験的に決定することが多いようです．ほかにも単純な解決策としては**直線探索**（**line search**）があり，毎回の $\mathbf{x}$ の更新の前に γ の値をさまざまに変えて移動後の関数の値 $f(\mathbf{x} - \gamma \nabla f(\mathbf{x}))$ をチェックし，値がもっとも小さくなる点を見つけてから $\mathbf{x}$ を更新します．関数の微分情報を利用した最適化手法としては他にも，**自然勾配降下法**（**natural gradient descent**）や**ニュートン・ラフソン法**（**Newton-Raphson iteration**），**共役勾配法**（**conjugate gradient method**）などがあります．また，微分情報に頼ったアルゴリズムは関数の局所最適解に陥りやすいという欠点をもっているため，**焼きなまし法**（**simulated annealing**）や**確率的勾配降下法**（**stochastic gradient descent**）といった，最適化の過程にランダムノイズを加えるような手法もよく使われています．勾配法をはじめとしたこれらの手法はすべて，KL ダイバージェンスの最小化に基づく変分推論アルゴリズムに応用することができます．

A.3.3　座標降下法

座標降下法では，$\mathbf{x}$ の次元をいくつかのブロックに分割し，各ブロック i ごとに値を更新していく手続きをとります．

$$\mathbf{x}^{(i)} \leftarrow \mathbf{x}^{(i)} - \gamma \frac{\partial f(\mathbf{x})}{\partial \mathbf{x}^{(i)}} \tag{A.36}$$

また，$\mathbf{x}$ を適切に分割することにより，各 $\mathbf{x}^{(i)}$ の偏微分が 0 になるような最小解 $\mathbf{x}_*^{(i)}$ を求められる場合があります．この場合は学習率 γ は必要とせず，次のように各 $\mathbf{x}^{(i)}$ が解析的な形で更新できるアルゴリズムになります．

$$\mathbf{x}^{(i)} \leftarrow \mathbf{x}_*^{(i)} \tag{A.37}$$

$$\left(\text{s.t.} \quad \frac{\partial f(\mathbf{x})}{\partial \mathbf{x}^{(i)}}\big|_{\mathbf{x}_*^{(i)}} = 0 \right) \tag{A.38}$$

本書ではガウス混合モデルや LDA をはじめとしたほとんどの確率モデルに対して平均場近似による変分推論アルゴリズムを導いてきましたが，それらは近似事後分布と真の事後分布との間の KL ダイバージェンスを目的関数 f とした座標降下法の例になっています．

A.4　周辺尤度の下限

A.4.1　周辺尤度と ELBO

4 章では，変分推論は近似事後分布と真の事後分布との間の KL ダイバージェンスの最小化問題であるとして議論を進めました．一方で，変分推論を周辺尤度の下限を最大化するアルゴリズムとして説明することもできます．

ある観測データ $\mathbf{X}$ と未観測の変数 $\mathbf{Z}$ をもつような確率モデル $p(\mathbf{X}, \mathbf{Z})$ を考えることにします．$\mathbf{Z}$ に関する何かしらの確率分布 $q(\mathbf{Z})$ を仮定することにすれば，このモデルの周辺尤度 $p(\mathbf{X})$ の対数に対して，次のような下限を求めることができます．

$$\begin{aligned} \ln p(\mathbf{X}) &= \ln \int p(\mathbf{X}, \mathbf{Z}) \mathrm{d}\mathbf{Z} \\ &= \ln \int q(\mathbf{Z}) \frac{p(\mathbf{X}, \mathbf{Z})}{q(\mathbf{Z})} \mathrm{d}\mathbf{Z} \\ &\geq \int q(\mathbf{Z}) \ln \frac{p(\mathbf{X}, \mathbf{Z})}{q(\mathbf{Z})} \mathrm{d}\mathbf{Z} \\ &= \mathcal{L}[q(\mathbf{Z})] \end{aligned} \tag{A.39}$$

ここで，3 行目では次のイェンセンの不等式（**Jensen's inequality**）を使用しました．

$$f\left(\int y(x)p(x)\mathrm{d}x\right) \geq \int f(y(x))p(x)\mathrm{d}x \tag{A.40}$$

ここで $y(x)$ は任意の関数，$f(x)$ は任意の上に凸の関数，$p(x)$ は任意の確率分布です．式 (A.39) における周辺尤度の下限 $\mathcal{L}[q(\mathbf{Z})]$ を，任意の確率分布 $q(\mathbf{Z})$ に対する **ELBO**（evidence lower bound）と呼びます．複雑な確率モデルにおいては周辺尤度は厳密には計算できませんが，代わりに $\mathcal{L}[q(\mathbf{Z})]$ をなるべく大きくするような $q(\mathbf{Z})$ を求めることによって，対数周辺尤度 $\ln p(\mathbf{X})$ を近似的に計算することができます．このように計算された $\mathcal{L}[q(\mathbf{Z})]$ を対数周辺尤度の代わりに使って，3.5.3 節で解説したようなモデル選択を行うこともしばしば行われます．

また，対数周辺尤度と ELBO の差は，次のように確率分布 $q(\mathbf{Z})$ と真の事後分布 $p(\mathbf{Z}|\mathbf{X})$ との KL ダイバージェンスになっていることが示せます．

$$\ln p(\mathbf{X}) - \mathcal{L}[q(\mathbf{Z})] = \mathrm{KL}[q(\mathbf{Z})||p(\mathbf{Z}|\mathbf{X})] \tag{A.41}$$

周辺尤度はデータとモデルが与えられれば一意的に値が決まるので，式 (A.41) における KL ダイバージェンスを $q(\mathbf{Z})$ に関して最小化することは，下限 $\mathcal{L}[q(\mathbf{Z})]$ を $q(\mathbf{Z})$ に関して最大化することと等価になります．なお，周辺尤度自体を最大化するわけではないことに注意してください．

A.4.2　ポアソン混合分布の例

ここでは例として，4 章で扱ったポアソン混合モデルに対する ELBO の計算を行い，変分推論のより深い洞察を行うことにします．近似分布を式 (4.46) のように分解された形で表現すれば，ELBO は，

$$\mathcal{L}[q] = \sum_{n=1}^{N} \langle \ln p(x_n|\mathbf{s}_n,\boldsymbol{\lambda}) \rangle_{q(\mathbf{s}_n)q(\boldsymbol{\lambda})} + \sum_{n=1}^{N} \langle \ln p(\mathbf{s}_n|\boldsymbol{\pi}) \rangle_{q(\mathbf{s}_n)q(\boldsymbol{\pi})}$$
$$- \sum_{n=1}^{N} \langle \ln q(\mathbf{s}_n) \rangle_{q(\mathbf{s}_n)} - \mathrm{KL}[q(\boldsymbol{\lambda})||p(\boldsymbol{\lambda})] - \mathrm{KL}[q(\boldsymbol{\pi})||p(\boldsymbol{\pi})] \tag{A.42}$$

と書くことができます．各項はカテゴリ分布，ガンマ分布およびディリクレ分布の基本的な期待値計算を使うことによって求めることができます．ちなみに，それぞれの近似分布 $q(\mathbf{S})$，$q(\boldsymbol{\lambda})$ および $q(\boldsymbol{\pi})$ にあらかじめパラメトリックな分布を仮定しておき，式 (A.42) をそれらの変分パラメータに関して最大化することによって変分推論の更新式を導くこともできます．

ところで，式 (A.42) の意味を少し掘り下げることにより，ベイズ学習に基づく変分推論アルゴリズムがなぜ過剰適合しにくいのかをある程度説明する

ことができます．変分推論では，下限 $\mathcal{L}[q]$ を各近似分布 $q(\mathbf{S})$，$q(\boldsymbol{\lambda})$ および $q(\boldsymbol{\pi})$ に関して最大化することになります．式（A.42）の最初の3つの期待値の項は，潜在変数も入っているので少し複雑ではありますが，基本的にはデータに対する当てはまり具合を最大化するようなパラメータや分布 $q(\mathbf{S})$ が望ましいことを示しています．実際，これら3つの項だけを最大化するアルゴリズムは EM アルゴリズム（expectation maximization algorithm）と呼ばれる最尤推定の手法に一致します．一方で，注目してほしいのは式（A.42）の2つの（負の）KL ダイバージェンスの項で，これらは近似分布 $q(\boldsymbol{\lambda})$ および $q(\boldsymbol{\pi})$ が事前分布 $p(\boldsymbol{\lambda})$ および $p(\boldsymbol{\pi})$ から大きく離れていくことを防ぐ働きを持っています．すなわち，データに極端にフィットしてしまうような近似分布は，変分推論の枠組みにおいては自然に抑制されることを示しています．機械学習の文脈では，似たようなアイデアとしてパラメータの正則化（regularization）がありますが，ベイズ学習の枠組みでは，精度の高い事後分布の近似表現を得るという目的が自然に過剰適合を防ぐ役割を果たしていることがわかります．

Bibliography

参考文献

[1] M. J. Beal. *Variational algorithms for approximate Bayesian inference*. PhD thesis, University College London, 2003.

[2] C. M. Bishop. *Pattern recognition and machine learning*. Springer, 2006.

[3] D. M. Blei, A. Y. Ng, and M. I. Jordan. Latent Dirichlet allocation. *Journal of machine learning research*, 3:993–1022, 2003.

[4] C. Blundell, J. Cornebise, K. Kavukcuoglu, and D. Wierstra. Weight uncertainty in neural networks. In *International Conference on Machine Learning*, pages 1613–1622, 2015.

[5] A. T. Cemgil. Bayesian inference for nonnegative matrix factorisation models. *Computational Intelligence and Neuroscience*, 2009.

[6] Y. Gal. *Uncertainty in deep learning*. PhD thesis, University of Cambridge, 2016.

[7] A. Gelman, J. B. Carlin, H. S. Stern, D. B. Dunson, A. Vehtari, and D. B. Rubin. *Bayesian data analysis*, volume 2. CRC press, 2014.

[8] Z. Ghahramani. Bayesian non-parametrics and the probabilistic approach to modelling. *Philosophical Transactions of the Royal Society A*, 371(1984):20110553, 2013.

[9] Z. Ghahramani and M. J. Beal. Variational inference for Bayesian mixtures of factor analysers. In *Advances in neural information processing systems*, pages 449–455, 2000.

[10] Z. Ghahramani and T. L. Griffiths. Infinite latent feature models and the Indian buffet process. In *Advances in neural information processing systems*, pages 475–482, 2006.

[11] Z. Ghahramani and G. E. Hinton. Variational learning for switching state-space models. *Neural computation*, 12(4):831–864, 2000.

[12] T. L. Griffiths and M. Steyvers. Finding scientific topics. *Proceedings of the National academy of Sciences*, 101(suppl 1):5228–5235,

2004.

[13] T. L. Griffiths, M. Steyvers, D. M. Blei, and J. B. Tenenbaum. Integrating topics and syntax. In *Advances in neural information processing systems*, pages 537–544, 2005.

[14] M. D. Hoffman, D. M. Blei, C. Wang, and J. Paisley. Stochastic variational inference. *Journal of machine learning research*, 14:1303–1347, 2013.

[15] M. I. Jordan, Z. Ghahramani, T. S. Jaakkola, and L. K. Saul. An introduction to variational methods for graphical models. *Machine learning*, 37(2):183–233, 1999.

[16] H. Kameoka. Non-negative matrix factorization and its variants for audio signal processing. In *Applied Matrix and Tensor Variate Data Analysis*, pages 23–50. Springer, 2016.

[17] A. Krizhevsky, I. Sutskever, and G. E. Hinton. ImageNet classification with deep convolutional neural networks. In *Advances in neural information prosessing systems*, pages 1097–1105, 2012.

[18] D. D. Lee and H. S. Seung. Algorithms for non-negative matrix factorization. In *Advances in neural information prosessing systems*, pages 556–562, 2001.

[19] T. P. Minka. Expectation propagation for approximate Bayesian inference. In *Proceedings of the Seventeenth conference in uncertainty in artificial intelligence*, pages 362–369. Morgan Kaufmann Publishers, 2001.

[20] K. P. Murphy. *Machine learning: a probabilistic perspective.* MIT press, 2012.

[21] R. M. Neal. MCMC using Hamiltonian dynamics. In *Handbook of Markov Chain Monte Carlo*, pages 113, CRC Press, 2011.

[22] M. Opper and C. Archambeau. The variational Gaussian approximation revisited. *Neural computation*, 21(3):786–792, 2009.

[23] K. B. Petersen, M. S. Pedersen. The matrix cookbook. *Technical University of Denmark*, 7, 2012.

[24] C. E. Rasmussen and C. K. Williams. *Gaussian processes for machine learning*, MIT press, 2006.

[25] J. Snoek, H. Larochelle, and R. P. Adams. Practical Bayesian optimization of machine learning algorithms. In *Advances in neural information processing systems*, pages 2951–2959, 2012.

[26] M. Steyvers and T. Griffiths. Probabilistic topic models. In *Handbook of latent semantic analysis*, 427(7):424–440, Erlbaum, 2007.

[27] C. Szepesvári. Algorithms for reinforcement learning. *Synthesis lectures on artificial intelligence and machine learning*, 4(1):1–103, Morgan and Claypool, 2010.

[28] H. M. Wallach. Topic modeling: beyond bag-of-words. In *Proceedings of the 23rd international conference on machine learning*, pages 977–984, 2006.

[29] L. Xiong, X. Chen, T.-K. Huang, J. Schneider, and J. G. Carbonell. Temporal collaborative filtering with Bayesian probabilistic tensor factorization. In *Proceedings of the 2010 SIAM International Conference on Data Mining*, pages 211–222, 2010.

[30] キャメロン・デビッドソン＝ピロン（著），玉木徹（訳）. Python で体験するベイズ推論. 森北出版, 2017.

[31] 金森敬文，鈴木大慈，竹内一郎，佐藤一誠. 機械学習のための連続最適化. 講談社, 2016.

[32] 佐藤一誠. トピックモデルによる統計的潜在意味解析. コロナ社, 2015.

[33] 杉山将. 機械学習のための確率と統計. 講談社, 2015.

[34] 中島伸一. 変分ベイズ学習. 講談社, 2016.

索引

欧字

bag of words —————— 191

DAG (directed acyclic graph) ——— 23

ELBO (evidence lower bound)
—————————— 76, 126, 234

EM アルゴリズム (expectation maximization algorithm) —————— 133, 235

head-to-head 型 —————— 27

head-to-tail 型 —————— 26

i.i.d. (independent and identically distributed) —————— 73

KL ダイバージェンス (Kullback-Leibler divergence) —————— 47

LDA (latent Dirichlet allocation) ——— 191

MAP 推定 (maximum a posteriori estimation) —————— 113

MCMC (Markov chain Monte Carlo)
—————————— 35, 75, 121

tail-to-tail 型 —————— 26

Tanh 関数 (tanh function) ——— 230

あ行

アダマール積 (Hadamard product) ——— 209

イェンセンの不等式 (Jensen's inequality) 233

意思決定 (decision making) ——— 36

1 次マルコフ連鎖 (first order Markov chain)
—————————— 179

因子分析 (factor analysis) ——— 162

ウィシャート分布 (Wishart distribution) — 68

ウッドベリーの公式 (Woodbury formula) 228

エントロピー (entropy) ——— 46

オートエンコーダ (autoencoder) ——— 223

親ノード (parent) —————— 23

オンライン学習 (online learning) ——— 21

か行

回帰 (regression) —————— 2

ガウス・ウィシャート分布 (Gaussian-Wishart distribution) —————— 102

ガウス過程 (Gaussian process) ——— 38, 74

ガウス・ガンマ分布 (Gauss-gamma distribution) —————— 94

ガウス混合モデル (Gaussian mixture model)
—————————— 6, 116, 145

ガウス分布 (Gaussian distribution) — 12, 62

過学習 (overfitting) —————— 40

学習 (training, learning) —————— 71

学習率 (learning rate) ——— 218, 232

確率質量関数 (probability mass function) 13

確率的行列分解 (probabilistic matrix factorization) —————— 162

確率的勾配降下法 (stochastic gradient descent) —————— 224, 232

確率的主成分分析 (probabilistic principal component analysis) —————— 162

確率的プログラミング言語 (probabilistic programming language) ——— 43

確率的ブロックモデル (stochastic block model)
—————————— 11

確率分布 (distribution) —————— 13

確率密度関数 (probability density function)
—————————— 12

確率モデル (probabilistic model) ——— 23

隠れ変数 (hidden variable) ——— 33, 118

隠れマルコフモデル (hidden Markov model)
—————————— 10, 177

過剰適合 (overfitting) —————— 40

過剰な自信 (over confident) ——— 39

カテゴリ分布 (categorical distribution) — 52

カルマンスムーサ (Kalman smoother) ——— 213

カルマンフィルタ（Kalman filter）——10, 213

完全グラフ（complete graph）——137

完全分解変分推論（completely factorized variational inference）——182

ガンマ関数（gamma function）——57, 229

ガンマ分布（gamma distribution）——60

機械学習（machine learning）——1

期待値（expectation）——36, 44

期待値伝播（expectation propagation）——35

ギブスサンプリング（Gibbs sampling）35, 122

逆行列（inverse matrix）——227

強化学習（reinforcement learning）——38

教師あり学習（supervised learning）——9, 34

教師なし学習（unsupervised learning）——34

協調フィルタリング（collaborative filtering）——202

共同親（co-parent）——29

共分散行列（covariance matrix）——65

共役勾配法（conjugate gradient method）232

共役事前分布（conjugate prior）——55, 74

行列式（determinant）——65, 229

行列分解（matrix factorization）——6

局所最適解（local optimum）——225

近似推論（approximate inference）——121

クラス（class）——156

クラスタ（cluster）——116

クラスタリング（clustering）——6

グラフィカルモデル（graphical model）——23

経験ベイズ法（empirical Bayes）——79

語彙（vocabulary）——192

構造化変分推論（structured variational inference）——128, 186

勾配（gradient）——231

勾配法（gradient method）——76, 217, 231

誤差逆伝播法（back propagation）——221, 224

子ノード（child）——23

混合比率（mixing proportion）——118

混合モデル（mixture model）——115

さ行

最急降下法（steepest descent method）– 231

最近傍法（nearest neighbor）——9, 111

最適化（optimization）——231

再パラメータ化トリック（re-parameterization trick）——217

最尤推定（maximum likelihood estimation）——40, 113

座標降下法（coordinate descent method）231

サポートベクターマシン（support vector machine）——9

サンプリング（sampling）——35

識別モデル（discriminative model）——32

シグモイド関数（sigmoid function）——4, 230

時系列モデル（time series model）——10

事後分布（posterior）——18

自然勾配降下法（natural gradient descent）——232

事前分布（prior）——18

シャーマン–モリソンの公式（Sherman–Morrison formula）——228

自由度（degree of freedom）——68

周辺化（marginalization）——14

周辺分布（marginal distribution）——14

周辺尤度（marginal likelihood）——30, 109

条件付き期待値（conditional expectation）46

条件付き独立性（conditional independence）——26

条件付き分布（conditional distribution）– 14

条件付きモデル（conditional model）——32

状態空間モデル（state-space model）–10, 213

状態系列（state sequence）——179

状態遷移図（state transition diagram）– 180

初期確率（initial probability）——179

人工知能（artificial intelligence）——1

深層学習（deep learning）——11

推薦システム（recommender system）——202

推論（inference）——— 15

スチューデントの t 分布（Student's t distribution）———74, 93, 101

正規化（normalization）——— 20

正規分布（normal distribution）——— 12, 62

生成モデル（generative model）— 8, 33, 118

正則化（regularization）———40, 113, 235

正定値行列（positive definite matrix）65, 229

精度（precision）——— 87

精度行列（precision matrix）——— 68

遷移確率行列（transition probability matrix）——— 179

線形回帰（linear regression）——— 3, 104

線形次元削減（linear dimensionality reduction）———6, 161

線形動的システム（linear dynamical system）——— 10, 213

潜在トピック（latent topic）——— 191

潜在変数（latent variable）———33, 118

双曲線正接関数（hyperbolic tangent function）——— 230

ソフトマックス関数（softmax function）——— 5, 215, 231

損失関数（loss function）——— 36

た行

対称行列（symmetric matrix）——— 227

多項式回帰（polynomial regression）———4

多項分布（multinomial distribution）——— 53

多次元ガウス分布（multivariate Gaussian distribution）——— 64

逐次学習（sequential learning）——— 21

逐次推論（sequential inference）——— 21

逐次モンテカルロ（sequential Monte Carlo）——— 35

中華料理店過程（Chinese restaurant process）——— 201

超パラメータ（hyperparameter）——— 77

直線探索（line search）——— 232

追加学習（incremental learning）——— 21

ディガンマ関数（digamma function）–58, 230

ディリクレ分布（Dirichlet distribution）——— 22, 58

データマイニング（data mining）——— 2

デルタ分布（delta distribution）——— 171

点推定（point estimation）——— 113

テンソル分解（tensor factorization）— 8, 202

転置（transpose）——— 227

同時分布（joint distribution）——— 14

同時モデル（joint model）——— 32, 33

特異行列（singular matrix）——— 113

特徴量抽出（feature extraction）———4, 9

独立性（independence）——— 15

トピック比率（topic proportion）——— 192

トピックモデル（topic model）———10, 191

トピック割り当て（topic assignment）——— 192

トレース（trace）——— 228

な行

二項分布（binomial distribution）——— 51

ニュートン・ラフソン法（Newton-Raphson iteration）——— 232

ニューラルネットワーク（neural network）——— 4, 221

ノンパラメトリックモデル（nonparametric model）——— 111

は行

パターン認識（pattern recognition）———2

バッチ学習（batch learning）——— 225

ハミルトニアンモンテカルロ（Hamiltonian Monte Carlo）——— 35, 216

パラメータ（parameter）——— 22

パラメトリックモデル（parametric model）111

半教師あり学習（semi-supervised learning）———34, 156

非負値行列因子分解（nonnegative matrix

factorization) —————8, 128, 170

フォワードバックワードアルゴリズム（forward
backward algorithm）————— 187

不確実性（uncertainty）————— 36

ブースティング（boosting）————— 9

負の二項分布（negative binomial
distribution）—————————74, 86

ブロッキングギブスサンプリング（blocking Gibbs
sampling）————— 123

分散（variance）————— 45

文書集合（document collection）— 192

分類（classification）————— 4

平均（mean）————— 45

平均場近似（mean-field approximation） 124

ベイジアンノンパラメトリクス（Bayesian
nonparametrics）————— 74

ベイズ学習（Bayesian machine learning） 29

ベイズ最適化（Bayesian optimization）— 38

ベイズ推論（Bayesian inference, Bayesian
reasoning）————— 15

ベイズの定理（Bayes' theorem）————— 14

ベータ分布（beta distribution）—————22, 57

ベルヌーイ分布（Bernoulli distribution）
————————————13, 48

変分近似（variational approximation）
————————————35, 124

変分推論（variational inference）
————————— 5, 35, 75, 124

変分パラメータ（variational parameter）— 76

変分ベイズ（variational Bayes）————— 35

変分ベイズ EM アルゴリズム（variational
Bayesian expectation maximization
algorithm）————— 133

ポアソン混合モデル（Poisson mixture model）
————————————128

ポアソン分布（Poisson distribution）——— 55

崩壊型ギブスサンプリング（collapsed Gibbs
sampling）————— 123

ま行

マルコフブランケット（Markov blanket）— 28

マルチタスク学習（multi-task learning）— 25

ミニバッチ（mini-batch）————— 190

メッセージパッシング（message passing）– 187

モデルエビデンス（model evidence）—30, 109

モデル選択（model selection）————— 109

や行

焼きなまし法（simulated annealing）——— 232

尤度関数（likelihood function）————— 72

予測分布（predictive distribution）—32, 72

ら行

ラプラス近似（Laplace approximation）
————————————35, 216

ランク 1 更新（rank-1 update）————— 228

ランダムフォレスト（random forest）————9

ロジスティック回帰（logistic regression）
————————————4, 215

わ行

1 of K 表現（1 of K representation）— 52

著者紹介

須山敦志 (すやまあつし)
2009年　東京工業大学工学部情報工学科卒業
2011年　東京大学大学院情報工学系研究科博士前期課程修了
　　　　国内メーカーの研究職、UKのベンチャー企業の研究職を経て、現在はデータ解析に関するコンサルティングに従事。
　　　　ブログ「作って遊ぶ機械学習。」にて実践的な機械学習技術に関する情報を発信中。
　　　　twitter ID：@sammy_suyama

監修者紹介

杉山 将 (すぎやままさし)　博士（工学）
2001年　東京工業大学大学院情報理工学研究科博士課程修了
現　在　理化学研究所 革新知能統合研究センター センター長
　　　　東京大学大学院新領域創成科学研究科 教授

NDC007　255p　21cm

機械学習スタートアップシリーズ
ベイズ推論による機械学習入門

2017年10月20日　第1刷発行
2018年12月17日　第6刷発行

著　者　須山敦志
監修者　杉山 将
発行者　渡瀬昌彦
発行所　株式会社　講談社
　　　　〒112-8001　東京都文京区音羽2-12-21
　　　　　販売　(03)5395-4415
　　　　　業務　(03)5395-3615
編　集　株式会社　講談社サイエンティフィク
　　　　代表　矢吹俊吉
　　　　〒162-0825　東京都新宿区神楽坂2-14　ノービィビル
　　　　　編集　(03)3235-3701
本文データ制作　藤原印刷株式会社
カバー・表紙印刷　豊国印刷株式会社
本文印刷・製本　株式会社　講談社

落丁本・乱丁本は、購入書店名を明記のうえ、講談社業務宛にお送りください。送料小社負担にてお取替えします。なお、この本の内容についてのお問い合わせは、講談社サイエンティフィク宛にお願いいたします。定価はカバーに表示してあります。

©Atsushi Suyama, 2017

本書のコピー、スキャン、デジタル化等の無断複製は著作権法上での例外を除き禁じられています。本書を代行業者等の第三者に依頼してスキャンやデジタル化することはたとえ個人や家庭内の利用でも著作権法違反です。

JCOPY　〈(社)出版者著作権管理機構 委託出版物〉

複写される場合は、その都度事前に (社) 出版者著作権管理機構（電話03-3513-6969, FAX 03-3513-6979, e-mail: info@jcopy.or.jp）の許諾を得てください。

Printed in Japan

ISBN 978-4-06-153832-0